中国工程院重大咨询研究项目
我国煤矿安全及废弃矿井资源开发利用战略研究

袁　亮　主编

第8卷

废弃矿山工业遗产
旅游战略研究

彭苏萍　汪秋菊　董　爽
常　江　刘　宇　邓元媛　著

科学出版社
北　京

内 容 简 介

本书从我国废弃矿山工业遗产旅游开发现实出发，基于供给和需求两个角度分析废弃矿山工业遗产旅游开发的现状与存在的问题；构建废弃矿山旅游资源适宜性评价指标体系，分析我国废弃矿山旅游资源的特性及空间分布；探讨我国废弃矿山工业遗产旅游开发的优势、劣势、机遇和威胁，以及各省份废弃矿山工业遗产旅游开发的差异性；构建废弃矿山+旅游产品、废弃矿山+旅游产业融合、废弃矿山+区域旅游协作三大开发模式；明确我国废弃矿山工业遗产旅游开发战略的思路、目标、开发时序和实施路径，并提出相应的政策建议和措施。

本书可供旅游资源开发、旅游经济与管理、区域经济等领域的科技人员、大专院校师生及国家相应管理部门人员参考。

审图号：GS(2019)6025号

图书在版编目(CIP)数据

废弃矿山工业遗产旅游战略研究/彭苏萍等著. —北京：科学出版社，2020.9

(我国煤矿安全及废弃矿井资源开发利用战略研究/袁亮主编；8)

中国工程院重大咨询研究项目

ISBN 978-7-03-065890-6

Ⅰ. ①废… Ⅱ. ①彭… Ⅲ. ①矿井-工业建筑-文化遗产-旅游资源开发-研究 Ⅳ. ①TD214

中国版本图书馆CIP数据核字(2020)第156144号

责任编辑：刘翠娜 崔元春 / 责任校对：樊雅琼

责任印制：师艳茹 / 封面设计：蓝正设计

科学出版社 出版

北京东黄城根北街16号

邮政编码：100717

http://www.sciencep.com

北京汇瑞嘉合文化发展有限公司 印刷

科学出版社发行 各地新华书店经销

*

2020年9月第 一 版 开本：787×1092 1/16

2020年9月第一次印刷 印张：14 1/4

字数：300 000

定价：160.00元

(如有印装质量问题，我社负责调换)

中国工程院重大咨询研究项目

我国煤矿安全及废弃矿井资源开发利用战略研究

项目顾问 李晓红 谢克昌 赵宪庚 张玉卓 黄其励
苏义脑 宋振骐 何多慧 罗平亚 钱鸣高
薛禹胜 邱爱慈 周世宁 陈森玉 顾金才
张铁岗 陈念念 袁士义 李立浧 马永生
王　安 于俊崇 岳光溪 周守为 孙龙德
蔡美峰 陈　勇 顾大钊 李根生 金智新
王双明 王国法

项目负责人 袁　亮

课题负责人

课题 1	我国煤矿安全生产工程科技战略研究	袁　亮　康红普
课题 2	国内外废弃矿井资源开发利用现状研究	刘炯天
课题 3	废弃矿井煤及可再生能源开发利用战略研究	凌　文
课题 4	废弃矿井地下空间开发利用战略研究	赵文智
课题 5	废弃矿井水及非常规天然气开发利用战略研究	武　强
课题 6	废弃矿井生态开发及工业旅游战略研究	彭苏萍
课题 7	抚顺露天煤矿资源综合开发利用战略研究	袁　亮
课题 8	项目战略建议	袁　亮

本书研究和撰写人员

姓名	单位	职称
彭苏萍	中国矿业大学(北京)	院士
汪秋菊	北京联合大学旅游学院	教授
董爽	北京联合大学管理学院	副教授
常江	中国矿业大学	教授
刘宇	北京联合大学旅游学院	教授
邓元媛	中国矿业大学	副教授
秦岭南	北京联合大学旅游学院	副教授
吴春焕	北京联合大学旅游学院	助理研究员
刘冰洁	印第安纳-普渡大学 印第安纳波利斯联合分校	教授助理
沈欣	上海海洋大学	副教授
罗萍嘉	中国矿业大学	教授
刘乔	上海海洋大学	副教授
林柏雨	北京联合大学旅游学院	讲师
周佳丽	北京联合大学旅游学院	研究生

丛 书 序 一

煤炭是我国能源工业的基础，在未来相当长时期内，煤炭在我国一次能源供应保障中的主体地位不会改变。习近平总书记指出，在发展新能源、可再生能源的同时，还要做好煤炭这篇文章①。随着我国社会经济的快速发展和煤炭资源的持续开发，部分矿井已到达其生命周期，也有部分矿井不符合安全生产要求，或开采成本过高而亏损严重，正面临关闭或废弃。预计到2030年，我国关闭/废弃矿井将达到1.5万处。直接关闭或废弃此类矿井不仅会造成资源的巨大浪费和国有资产流失，还有可能诱发后续的安全、环境等问题。据调查，目前我国已关闭/废弃矿井中赋存煤炭资源量就高达420亿吨、非常规天然气近5000亿立方米、地下空间资源约为72亿立方米，并且还具有丰富的矿井水资源、地热资源、旅游资源等。以美国、加拿大、德国为代表的欧美国家，在废弃矿井储能及空间利用等方面开展了大量研究工作，并已成功应用于工程实践，而我国对于关闭/废弃矿井资源开发利用的研究起步较晚、基础理论研究薄弱、关键技术不成熟，开发利用程度远低于国外。因此，开展我国煤矿安全及废弃矿井资源开发利用研究迫在眉睫，且对于减少资源浪费、变废为宝具有重大的战略研究意义，同时可为关闭/废弃矿井企业提供一条转型脱困和可持续发展的战略路径，对于推动资源枯竭型城市转型发展具有十分重要的经济意义和政治意义。

中国工程院作为我国工程科学技术界最高荣誉性、咨询性学术机构，深入贯彻落实党中央和国务院的战略部署，针对我国煤矿安全及废弃矿井资源开发利用面临的问题与挑战，及时组织三十余位院士和上百名专家于2017～2019年开展了“我国煤矿安全及废弃矿井资源开发利用战略研究”重大咨询研究项目。项目负责人袁亮院士带领项目组成员开展了系统性的深入研究，系统调研了国内外煤矿安全及废弃矿井资源开发利用现状，足迹遍布国内外主要关闭/废弃矿井；归纳总结了国内外关闭/废弃矿井资源开发利

① 中国共产党新闻网. 谢克昌:“乌金”产业绿色转型.(2016-01-18)[2020-05-30]. http://theory.people.com.cn/n1/2016/0118/c40531-28063101.html.

用的主要途径和模式；根据我国煤矿安全发展面临的新挑战和不同废弃矿井资源禀赋条件下进行开发利用所面临的制约因素，从科技创新、产业管理等方面，提出了我国煤矿安全及废弃矿井资源开发利用的战略路径和政策建议。该项目凝聚了众多院士和专家的集体智慧，研究成果将为政府相关规划、政策制订和重大决策提供支持，具有深远的意义。

在此对各位院士和专家在项目研究过程中严谨的学术作风致以崇高的敬意，衷心感谢他们为国家能源发展付出的辛勤劳动。

李晓红

中国工程院　院长

2020 年 6 月

丛书序二

煤炭是我国的主导能源，长期以来为我国经济发展和社会进步做出了重要贡献。我国资源赋存的基本特点是贫油、少气、相对富煤，煤炭的主体能源地位相当长一段时期内无法改变，仍将长期担负国家能源安全、经济持续健康发展重任。随着我国煤炭资源的持续开发，很多煤矿正面临关闭或废弃，预计到 2030 年，我国关闭/废弃矿井将到达 1.5 万处。这些关闭/废弃矿井仍赋存着多种、巨量的可利用资源，运用合理手段对其进行开发利用具有重大意义。但目前我国煤炭企业的关闭/废弃矿井资源再利用意识相对淡薄，大量矿井直接关闭或废弃，这不仅造成了资源的巨大浪费，还有可能诱发后续的安全、环境等问题。

我国关闭/废弃矿井资源开发利用存在极大挑战：首先，我国阶段性废弃矿井数量多，且煤矿地质条件极其复杂，难以照搬国外利用模式；其次，在国家层面，我国目前尚缺少废弃矿井资源开发利用整体战略；最后，我国关闭/废弃矿井资源开发利用基础理论研究薄弱、关键技术还不成熟。

目前，我国关闭/废弃矿井资源有两类开发利用模式：一类是储气库，利用关闭盐矿矿井建设地下储气库是目前比较成熟的模式，如金坛地区成功改造 3 口关闭老腔，形成近 5000 万立方米的工作气量。另一类是矿山地质公园，当前全国有超过 50 余处国家矿山公园。可见我国对关闭/废弃矿井资源开发利用的研究正在不断取得突破，但是整体处于试验阶段，仍有待深入研究。

我国政府高度关注煤矿安全和关闭/废弃矿井资源开发利用。十八大以来，习近平总书记多次强调要加强安全生产监管，分区分类加强安全监管执法，强化企业主体责任落实，牢牢守住安全生产底线，切实维护人民群众生命财产安全[①]。2017 年 12 月，习近平总书记考察徐州采煤塌陷地整治工程，指出“资源枯竭地区经济转型发展是一篇大文章，实践证明这篇文章完全可以做好”[②]。2018 年 9 月，习近平总书记来到抚顺矿业集团西露天矿，了解采煤沉

① 新华网. 习近平对安全生产作出重要指示强调 树牢安全发展理念 加强安全生产监管 切实维护人民群众生命财产安全. (2020-04-10) [2020-05-10]. http://www.xinhuanet.com/2020-04/10/c_1125837983.htm.

② 新华网. 城市重生的徐州逻辑——资源枯竭城市的转型之道. (2019-04-19) [2020-05-10]. http://www.xinhuanet.com/politics/2019-04/19/c_1124390726.htm.

陷区综合治理情况和矿坑综合改造利用打算时强调，开展采煤沉陷区综合治理，要本着科学的态度和精神，搞好评估论证，做好整合利用这篇大文章①。

为了深入贯彻落实党中央和国务院的战略部署，中国工程院于 2017～2019 年开展了“我国煤矿安全及废弃矿井资源开发利用战略研究”重大咨询研究项目。项目研究提出：首先，我国应把关闭/废弃矿井资源开发利用作为“能源革命”的重要支撑，推动储能及多能互补开发利用，开展军民融合合作，研究国防及相关资源利用，盘活国有资产。其次，政府尽快制定关闭/废弃矿井资源开发利用中长期规划，健全关闭/废弃矿井资源治理机制，由国家有关部门牵头，统筹做好关闭/废弃矿井资源开发利用顶层设计，建立关闭/废弃矿井资源综合协调管理机构，开展示范矿井建设，加大资金项目和财税支持力度，为关闭/废弃矿井资源开发利用营造良好发展生态。最后，还应加大关闭/废弃矿井资源开发利用国家科研项目支持力度，支持地下空间国际前沿原位测试等领域基础研究，将关闭/废弃矿井资源开发利用关键性技术攻关项目列入国家重点研发计划、能源技术重点创新领域和重点创新方向，促进国家级科研平台建立，培养高素质人才队伍，突破关键核心技术，提升关闭/废弃矿井资源开发利用科技支撑能力，助力蓝天、碧水、净土保卫战。

开展我国煤矿安全及废弃矿井资源开发利用战略研究，不仅能够构建煤矿安全保障体系，提高我国关闭/废弃矿井资源开发利用效率，而且可为我国关闭/废弃矿井企业提供一条转型脱困和可持续发展的战略路径，对于提高我国煤矿安全水平、促进能源结构调整、保障国家能源安全和经济持续健康发展具有重大意义。

中国工程院　院士

2020 年 5 月

① 人民网. 抚顺西露天矿综合治理与整合利用总体思路和可研报告评估论证会在京举行. (2020-05-29)[2020-05-29]. http://ln.people.com.cn/n2/2020/0529/c378318-34051917.html.

前　言

近些年来，随着我国工业化进程的深入和宏观层面的“供给侧结构性改革”和“去产能”，废弃矿山数量不断增加。据统计，“十一五”以来，我国关闭煤矿1.7万余处，“十二五”期间关闭煤矿7100处。中国工程院重点咨询项目“我国煤炭资源高效回收及节能战略研究”预测：到2020年，我国“去产能”矿井数量达到12000处，到2030年将达到15000处。关闭煤矿数量的增加，引发了一系列经济、社会和生态问题，严重影响了区域经济可持续发展。寻求可替代的新兴产业、实现经济转型、激发区域经济增长活力，已成为废弃矿山所在地一项紧迫而必要的任务。

工业遗产旅游开发是解决废弃矿山现实问题的重要途径之一。我国高度重视工业遗产旅游开发，自2004年以来积极探索废弃矿山工业遗产旅游开发路径，开发了以国家矿山公园为代表的工业遗产旅游目的地。在制度层面，2016年国家旅游局出台了《全国工业旅游发展纲要(2016—2025年)(征求意见稿)》，提出要在全国创建1000个以企业为依托的国家工业旅游示范点，100个以专业工业城镇和产业园区为依托的工业旅游基地，10个以传统老工业基地为依托的工业旅游城市等。国务院印发的《“十三五”旅游业发展规划》提出“旅游+新型工业化”开发模式，鼓励工业企业因地制宜发展工业旅游，促进转型升级。支持老工业城市和资源型城市通过发展工业遗产旅游助力城市转型发展。《工业和信息化部　财政部关于推进工业文化发展的指导意见》提出，统筹利用各类工业文化资源。大力发展工业旅游。倡导绿色发展理念，鼓励各地利用工业博物馆、工业遗址、产业园区及现代工厂等资源，打造具有鲜明地域特色的工业旅游产品。这些支持性的政策为废弃矿山工业遗产旅游开发带来了难得的机遇。

工业遗产旅游最早起源于英国，并在欧美等国家和地区得到了长足的发展。英国铁桥峡谷、威尔士煤矿工业区，德国鲁尔区，法国洛林老工业区，波兰维利奇卡盐矿等依托自身工业遗产和地理区位优势，开发了多种形式的工业遗产旅游目的地。工业遗产旅游在废弃矿山再利用方面取得了巨大成功：一方面通过工业遗产旅游开发，为经济发展注入了新活力，实现了产业升级、经济复兴；另一方面在旅游资源开发中，尽可能地保持工业遗产的完整性和原真性，使工业遗产得到了最大程度的保护。

目前，我国正处于步入工业化后期的关键阶段，加强废弃矿山工业遗产旅游开发对于资源枯竭型城市转型、扩大矿工就业渠道、保护工业遗产、提高居民的生活质量等都具有十分重要的现实意义。

废弃矿山工业遗产旅游开发有利于资源枯竭型城市转型。废弃矿山与其他土地资源一样具有资源和资产的双重内涵，具备负载、养育、仓储、提供景观、储蓄和增值等土地的功能。因地制宜地对废弃矿山进行工业遗产旅游开发，把废弃地变成“可居、可业”的发展空间，有利于资源的充分利用。废弃矿山工业遗产旅游开发在充分利用资源的同时，将废弃闲置资源就地转换为旅游资源，形成特色鲜明的旅游产品，可以催生经济发展新的“动力源”，加速推进废弃矿山由生产功能向服务功能转变，促进资源枯竭型城市经济转型升级。

废弃矿山工业遗产旅游开发有利于解决矿工再就业问题。劳动力需求为引致需求，通过废弃矿山+旅游创新模式，形成新型旅游产品，为废弃矿山矿工带来新的就业与创业机会，有利于促进矿工再就业。同时，通过旅游+战略，利用旅游产业关联性强、渗透性高的产业特征，促进废弃矿山与城镇化、农业现代化、新型工业化、现代服务业高度化融合发展，形成新型旅游业态，可以扩宽与旅游相关产业的就业空间。

废弃矿山工业遗产旅游开发有利于保护工业遗产。很多废弃矿山是中国工业化过程中留下的最鲜明的时代烙印，见证了中国从洋务运动，到中华人民共和国成立，再到改革开放经济转型的历史递进，工业遗产价值极高。世界上很多地区的工业遗产都是通过旅游开发形式保存下来的。废弃矿山工业遗产旅游开发是在尽可能保持工业遗产的原真性的前提下打造的具有观光、休闲和游憩功能的旅游吸引物，可以有效地延续工业文脉，实现工业遗产保护。

废弃矿山工业遗产旅游开发有利于提高当地居民的生活质量。废弃矿山周边生态环境问题普遍较为突出，且随着废弃矿山数量的增多，生态环境问题越发凸显。废弃矿山旅游开发是以生态修复和生态重建为前提的，在旅游开发过程中，通过废弃矿山塌陷坑的充填平整、矸石堆污染治理、边坡加固与绿化、新型旅游景观的营造，将废弃矿山置换为宜居宜游的生活空间，可以提高居民的生活质量，为他们融入现代城市文化生活提供契机。

中国工程院"废弃矿井生态开发及工业旅游战略研究"重大咨询研究项目课题研究历时三年。在研究中，以废弃矿山为研究对象，从供给和需求两个角度分析废弃矿山工业遗产旅游开发的现状与存在的问题；构建废弃矿山旅游资源适宜性评价指标体系，分析我国废弃矿山旅游资源的独特性，识别废弃矿山旅游资源空间分布与特征；全面梳理英国、美国、德国等发达国家废弃矿山工业遗产旅游开发的开发背景、资源禀赋、开发模式、经营方式、政策支撑等，探讨国外废弃矿山工业遗产旅游开发的经验与启示；分析我国废弃矿山工业遗产旅游开发的优势、劣势、机遇和威胁，以及各省份废弃矿山工业遗产旅游开发的差异性；构建废弃矿山+旅游产品开发模式、废弃矿山+旅游产业融合开发模式、废弃矿山+区域旅游协作开发模式；明确我国废弃矿山工业遗产旅游开发战略的思路、目标、开发时序和实施路径，并提出相应的政策建议和措施。本书的技术路线如图 0-1 所示。

课题研究认为，我国自 2004 年以来积极探索废弃矿山工业遗产旅游开发路径，形成了以国家矿山公园为代表的旅游目的地。从开发产品类型上看，开发了矿业遗产展览展示项目，矿山遗迹、矿山生产景象参观项目、矿业生产工艺流程参观项目。依托自然与人文类资源，开发了拓展运动类，餐饮、娱乐住宿类，风土民情类等旅游项目。但整体而言，空间分布零散，关联性差，没有形成完整的、成熟的工业遗产旅游线路。工业遗产旅游产品滞后于旅游产品业态的整体开发水平。在需求层面，游客对目前已开发的国家矿山公园感知维度单一、体验性差、满意度低，旅游产品缺乏娱乐性、吸引力。

中国废弃煤矿旅游资源具有独特性和稀缺性。在科学技术方面，代表了中国工业化进程和科技发展的先进性；在美学方面，呈现出古今交融、东西合璧的艺术特征；在历史方面，见证了殖民者侵略史和中国革命发展史；在文化方面，构筑了艰苦奋斗的工匠精神；在社会方面，创造了计划时期"企业办社会"独有的工业文化。煤矿旅游资源的特点决定了利用废弃矿山进行工业遗产旅游开发更容易产生具有吸引力的旅游产品。

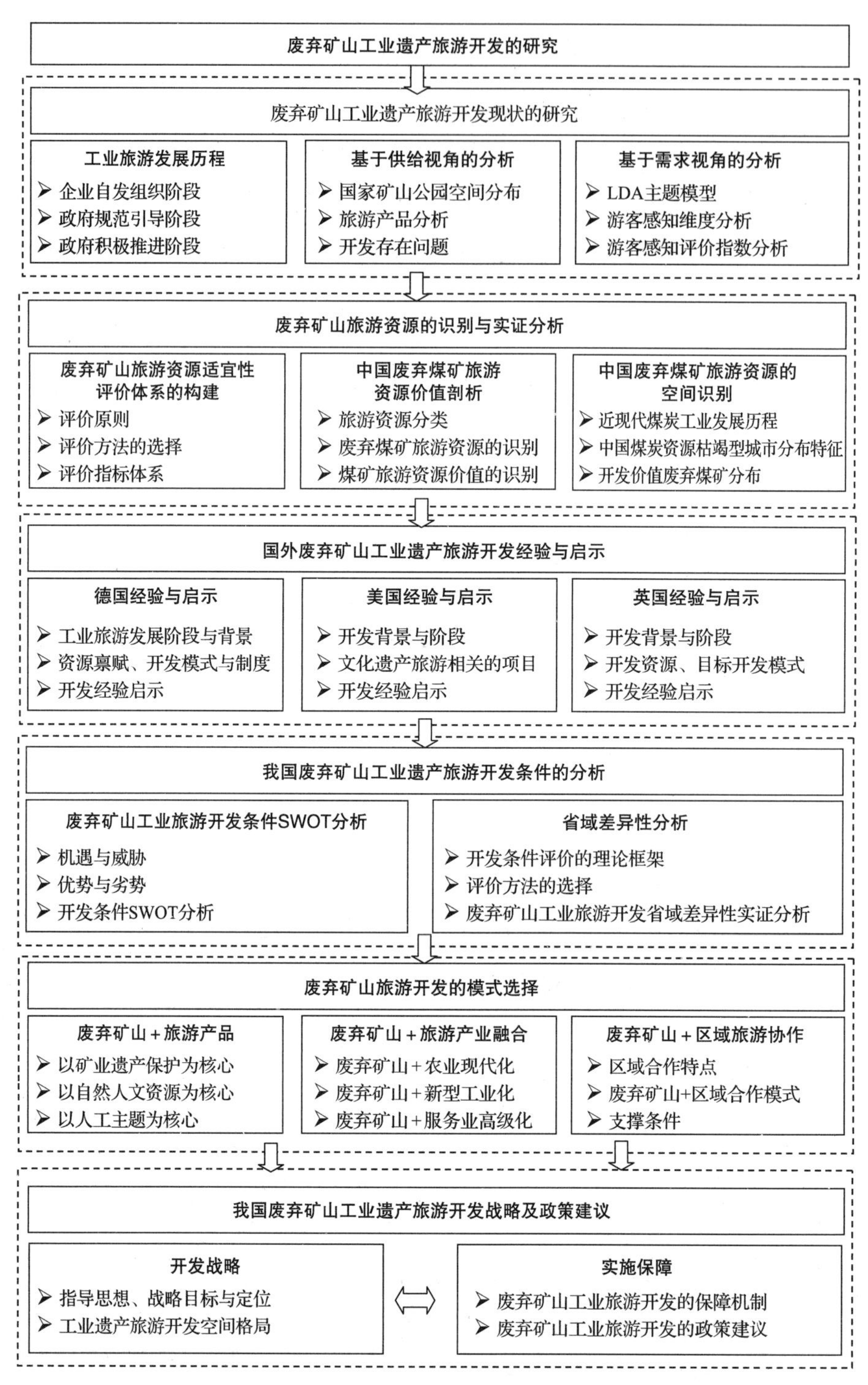

图 0-1　技术路线

中国各省份废弃矿山工业遗产旅游开发的外部条件——经济区位支撑、开发政策支撑、旅游公共服务支撑、旅游产业支撑和旅游市场支撑 5 个方面存在很大差异。整体而言，东部地区开发条件较好，其次是东北部、中部和西部地区。遗产旅游开发条件最好的省(直辖市)分别是江苏、广东、北京、上海、浙江等，开发条件最差的省(自治区)是宁夏、青海和西藏。

未来废弃矿山工业遗产旅游开发要积极培育废弃矿山+旅游的新产品、新业态、新模式，创新旅游产品体系，分阶段、分目标形成“以点成线，以线带面”的“点”“线”“面”空间发展格局。2020 年，完成全国废弃矿山工业遗产旅游开发的资源普查准备工作，初步绘制全国废弃矿山工业遗产旅游分布图，制定全国废弃矿山工业遗产旅游资源评价标准及分级体系。全面启动废弃矿山资源开发利用，依托老工业基地，选择条件较为成熟的废弃矿山，初步打造 10～20 个全国废弃矿山工业遗产旅游开发示范区，承接中国将发展成为比较集约型旅游大国的目标。2021～2030 年，编制完成全国废弃矿山工业遗产旅游发展规划，确定全国废弃矿山工业旅游区开发的重点时序，依托废弃矿山资源，对全国旅游资源型城市进行分级、分类型开发；加快全国废弃矿山工业遗产旅游区的建设；建设较为成熟的废弃矿山工业遗产旅游示范区，推动实现跨区域联合，形成全国性的工业遗产旅游精品旅游带，承接中国将发展成为较高集约型旅游大国的目标。2031～2040 年，建设跨区域特色废弃矿山工业遗产旅游功能区和多元产业体系，形成 3～5 个全国性的跨区域工业旅游集群。在此基础上，开发“一带一路”沿线工业遗产旅游廊带，联合申报世界工业遗产，使我国成为废弃矿山工业遗产旅游带上的领头羊，承接中国将发展成为高集约型世界旅游大国的目标。在战略目标实施过程中，尽快开展废弃矿山工业遗产的普查和认定工作；制定废弃矿山工业遗产保护与旅游开发的政策法规；成立废弃矿山工业遗产保护和旅游开发利用的专门机构；编制废弃矿山工业遗产保护与旅游开发的专项规划；建设一批废弃矿山旅游开发示范区及工业博物馆。

本书是集体智慧的结晶。在课题研究过程中，得到了中国矿业大学(北京)、北京联合大学、中国矿业大学、煤炭资源与安全开采国家重点实验室、上海海洋大学、印第安纳-普渡大学等大学(机构)的专家学者的大力支持，在此一并表示感谢！

编　者

2019 年 12 月

目　　录

第一章

废弃矿山工业遗产旅游开发现状的研究

近些年来，旅游理念发生深刻改变，求新求异、历史怀旧愿望与日俱增。通常被忽视的废弃矿山(abandoned mine)、矿坑及冶炼、加工等工业遗址和遗迹焕发出了新的价值和意义，工业遗产成了资源枯竭型城市中最具有吸引力的旅游资源(tourism resources)。因为矿业废弃地(mining wastelands)与废弃矿山，工业遗产(industrial heritage)、矿业遗产(mining heritage)与矿业遗迹，矿业遗产文化景观(mining cultural landscape)、矿业遗产线路(line of mining heritage)与矿业遗产城市(mining heritage city)等概念既有关联，又有一定的差异，所以本章首先界定与废弃矿山相关的概念，其次结合我国工业用地旅游开发的发展历程，研究我国废弃矿山工业遗产旅游开发的政策制度建设现状，并从供给和需求两个角度来研究废弃矿山工业遗产旅游开发现状及存在的问题。

第一节　相关概念的界定

一、矿业废弃地与废弃矿区

矿业废弃地是“棕地”(brown field)的一种类型。美国在《综合环境反应、赔偿和责任法》(CERCLA)中最早提出“棕地”概念，将其定义为废弃、未充分利用、疑为或已经受到污染的工业用地。矿业废弃地强调因矿产资源开发等采矿活动(mining activity)占用、破坏后弃置不用的，未经处理而无法使用的土地。它包括矿区工业用地内的采矿作业面，以及与生产相关的建筑物、构筑物、机械设施及相关的道路交通等占用的废弃地、废石堆积地、采矿废弃地、尾矿废弃地[1]。从土地利用现状来看，矿业废弃地处于闲置、废弃状态；从土地功能来看，矿业废弃地以工业用地为主；从生态环境来看，矿业废弃地存在一定程度的污染，需要进行生态修复和生态治理。

废弃矿山包括露天矿和井工矿。废弃矿山是开展矿业生产、生活的空间。它不仅包括因矿业生产活动终止，失去原有矿业开采、生产功能而闲置的矿业废弃地，还包括专门为工业生产服务的仓储用地、对外交通用地、市政公用设施用地和生活用地，以及沿用资源生产技术方法所形成的采掘沉陷区用地、废弃露天采场用地、工业废弃物堆场用地等[2]。

二、工业遗产、矿业遗产与矿业遗迹

工业遗产最早由国际工业遗产保护委员会(The International Committee for the Conservation of the Industrial Heritage，TICCIH)发起的 *The Nizhny Tagil Charter for the Industrial Heritage*(《关于工业遗产的下塔吉尔宪章》(2003年))给出明确定义。工业遗产是具有历史、技术、社会、建筑及科学价值的工业文化遗存。这些工业文化遗存由建筑物、构筑物和机械设备、车间、工厂、矿山、仓库和储藏室，能源生产、传送、使用和运输及所有的地下构筑物与所在的场所组成，与工业相联系的社会活动场所(如住宅、宗教朝拜地、教育机构)也包含在工业遗产范畴之内。广义的工业遗产包括第一次工业革命前的采矿业、加工业等年代久远的遗址，狭义的工业遗产是指18世纪第一次工业革命以后，采用钢铁、煤炭、石油等新材料、新能源并以机器生产为主的工业遗存[3]。

2014年，我国国家文物局发布的《工业遗产保护和利用导则(征求意见稿)》指出，工业遗产是文化遗产的重要组成部分，是指1840年中国近代工业产生以来，具有历史、科技、艺术、社会价值的近现代工业文化遗存。工业遗产包括物质遗产和非物质遗产。物质遗产包括车间、作坊、厂房、矿场、仓库、码头桥梁道路等运输基础设施、办公楼、住房教育休闲等附属生活服务设施及其他构筑物等不可移动的物质遗存，以及机器设备、生产工具、办公用具、生活用具、历史档案、商标徽章及文献、手稿、影像录音、图书资料等可移动的物质遗存。非物质遗产包括生产工艺流程、手工技能、原料配方、商号、经营管理、企业文化等工业文化形态。

矿业遗产隶属于工业遗产，是指与矿业生产直接相关的场地、设施及其生产过程所遗留下来的空间痕迹。物质文化遗产包括矿井、采掘设施等主体，以及厂房、道路、交通工具、生活设施、矿工社区等附属设施；非物质文化遗产包括制度层面和采矿活动相关的各类组织机构、规章制度、法律法规、精神象征、采掘加工技术、矿业文化艺术、矿区风俗习惯等[4, 5]。

矿业遗迹主要指矿产地质遗迹和矿业生产过程中探、采、选、冶、加工等活动的遗迹、遗址和史迹，它表征某一阶段某一个地方某种矿业发展的历程，是人类采矿活动的历史记录[6]。矿业遗迹广义上可归入地质遗迹的组成部分，既包括在漫长的地质历史时期形成的能被人类利用的不可再生的岩石和矿物，又包括在人类的开采利用下正在或已经消失的特定空间地域。国外最初是将矿业遗迹作为文化遗产的一个分支纳入国家公园和地质公园中加以保护与利用[7]。

三、矿业遗产文化景观、矿业遗产线路与矿业遗产城市

1992 年的《世界遗产公约》提出了文化景观的概念。1993 年，世界遗产委员会提出了文化景观的含义：文化景观是透过空间与时间反映人类与其自然环境的互动。

从文化景观的角度来看，矿业遗产文化景观是由于采矿而形成的在自然环境的地表、生态、河川等透过时间而产生的改变。例如，大型机具露天采矿对于地形的直接破坏、钻探时所开凿的痕迹、地势的转变、建造机具设备所修整的环境等都可以形成矿业遗产文化景观。

矿业遗产线路是指河流峡谷、运河、道路及铁路线等拥有特殊文化资源集合的线性景观，通常带有明显的经济中心、蓬勃发展的旅游、老建筑适应性再利用、娱乐及环境改善功能。矿业遗产线路可以理解为一种具有选择性的地域空间遗产保护和开发框架，是一个基于网络协作的区域概念[8]。

矿业遗产城市是历史上因矿业而产生和发展、经济上以矿业为主要依托、空间上与矿业生产保持紧密联系的城市，其中保留有矿业遗产的城市就是矿业遗产城市，而保存最为完整、能够反映历史的真实状况、拥有杰出普遍价值的，可以被列入世界遗产。

四、工业旅游与工业遗产旅游

工业旅游（industrial tourism）是以产业形态、工业遗产、建筑设备、厂区环境、研发和生产过程、工人生活、工业产品，以及企业发展历史、发展成就、企业管理方式和经验、企业文化等内容为吸引物，集观光、学习、参与、体验、娱乐和购物为一体，经创意开发，满足游客审美、求知、求新与保健等需求，以实现经营主体的经济、社会和环境效益的专项旅游活动。依据旅游开发依托的资源不同，工业旅游可以分为现代工业旅游和工业遗产旅游。

现代工业旅游主要依托正在生产运营的建筑设备、工业园区、工业生产流程、工业产品及企业文化等有形或无形的要素而开展的旅游活动[9, 10]。

工业遗产旅游在西方通常被当作流行的、广义的文化遗产旅游的一类，与“工业考古学”密切相关，依托于工业遗产、工业遗存而开展的旅游活动，

专注于帮助人们认识历史工业遗迹和遗物、了解工业文明。随着大众对工业遗址的兴趣渐浓，工业遗产旅游已经成为人们了解工业文化和文明，体验传统矿业生产、生活的新方式。

废弃矿山旅游开发既涵盖了在废弃遗址上利用工业遗产资源开展工业遗产旅游开发，又涵盖了利用废弃遗址空间增加旅游功能，开展各类旅游主题（theme）的开发。本书主要从工业遗产旅游开发的视角进行研究。

第二节　我国工业用地旅游开发的发展历程

我国利用工业用地开展旅游的发展历程主要分为 3 个阶段：第一阶段，企业自发组织阶段（1990～2000 年）；第二阶段，政府规范引导阶段（2001～2009 年）；第三阶段，政府积极推进阶段（2010 年至今）。

一、企业自发组织阶段（1990～2000 年）

这一阶段是我国工业旅游的发起阶段，一些企业由于自身发展需要，推出了一些以观光、度假为主的旅游项目，奠定了中国工业旅游发展的基础。

工业旅游起源于欧美国家，我国起步较晚。20 世纪 90 年代初，一些企业集团开始探索工业旅游。例如，1990 年，山西杏花村汾酒集团首先对外开放，供游客参观；1994 年，中国一汽集团通过一汽实业旅行社，对外开放了卡车生产线、红旗轿车生产线、捷达轿车生产线及汽车研究所样车陈列室，供游客参观体验[11]；1997 年，宝山钢铁（集团）公司开始在集团领导的帮助和支持下开展工业旅游，先后获得了“上海市优秀旅游产品”的称号并被国家旅游局评为“全国工业旅游示范点”；此后北京三元食品股份有限公司、中国石化燕山石化公司、北京燕京啤酒集团公司等企业纷纷对游客开放，国内其他一些知名企业也开始涉足工业旅游项目[12]。

二、政府规范引导阶段（2001～2009 年）

这一阶段的特点是政府主要通过工业旅游示范点标准化，实现规范和引导工业旅游的开发。北京、山东、广西、江西、山西、浙江等省（自治区、直辖市）及广州、太原、青岛等城市也编制了本地的工业旅游地方标准，促进和规范工业旅游管理。

(一)工业旅游示范点的标准化建设

标准化建设是推进工业旅游示范点的重要举措。2002年，国家旅游局审议通过并发布《全国农业旅游示范点、工业旅游示范点检查标准(试行)》(以下简称《标准》)。该《标准》作为示范点验收的重要依据在很长一段时间内对工业旅游示范点的建设起着有效的引领作用。《标准》从以下10个方面设置大类分值：示范点的接待人数和经济效益(200分)、示范点的社会效益(150分)、示范点的生态环境效益(50分)、示范点的旅游产品(100分)、示范点的旅游设施(140分)、示范点的旅游管理(60分)、示范点的旅游经营(130分)、示范点的旅游安全(80分)、示范点的周边环境和可进入性(60分)、示范点的发展后劲评估(30分)。《标准》检查得分最高为1000分，另有加分项目最高为50分。工业旅游点合计得分在650分(含)以上，方具有被评定为“全国工业旅游示范点”的资格。通过政府的规范管理，可以合理开发旅游资源，确保旅游业平稳、持续发展，避免因主题的趋同化而造成资源浪费等问题。

工业旅游的地方标准建设也是工业旅游标准化建设的重要组成部分。应该说明的是，在工业旅游标准化建设过程中，虽然上述全国范围内统一的示范点验收标准起到了规范作用，但是并没有设定全国范围内适用的更细化的工业旅游示范点服务质量方面的标准，而是交由各地方自行制定相关的工业旅游示范点服务质量及评定标准。

上海曾于2007年由质量技术监督局发布了首个工业旅游地方性标准——《工业旅游景点服务质量要求》。此后，上海的工业企业、产业园区、创意园区等发展工业旅游的开放度、积极性逐步提高，主动以此工业旅游标准为蓝本进行工业旅游建设发展。工业旅游景点数量不断增加，并初具规模，上海工业旅游标准化工作会议每年召开一次，是继上海市旅游工作会议后第一个专项旅游标准化的工作会议。上海工业旅游标准化建设在全国起到了示范作用。

北京2009年发布《工业旅游区(点)服务质量要求及分类》(DB11/T 665—2009)地方标准，天津同年发布实施了《工业旅游示范点服务质量与评定》(DB12/T 410—2009)。此外，山东、广西、江西、山西、浙江等省(自治区)及广州、太原、青岛等城市也编制了本地的工业旅游地方标准。工业旅游地方标准化建设工作是近年来促进并规范管理工业旅游的重要抓手和内容。

(二)工业旅游目的地初具规模

2001 年，国家旅游局开始正式倡导开展工农业旅游。2002 年发布施行《全国农业旅游示范点、工业旅游示范点，检查标准(试行)》，鼓励创建全国工农业旅游示范点。截至 2004 年 3 月，全国 31 个省(自治区、直辖市)共有 340 多个企业向国家旅游局提出申报验收的要求。在汇总和审议验收结果的基础上，国家旅游局于 2004 年 7 月正式命名 306 家全国工农业旅游示范点，其中工业旅游示范点 103 家。这些示范点成为我国发展工业旅游的样板，促进了工业旅游健康有序的发展。

2004～2007 年，先后有 4 批 345 家工业企业成为全国工业旅游示范点。据统计，与矿业密切相关的工业旅游示范点有 28 家，占全国工业旅游示范点的 8%，其中以能源矿产型旅游(如煤、石油)为主，约占 43%[12]。与此同时，我国开始依托矿业遗产资源开展矿山公园建设，开辟了工业旅游开发的新渠道。

三、政府积极推进阶段(2010 年至今)

这一阶段，政府部门在经济、社会和生态效应多重目标的驱动下，大力推广、引导和规范工业旅游发展，我国工业旅游已初具规模，形成了一些比较成熟的旅游目的地，工业旅游发展进入了新阶段。与此同时，在政策方面，形成了一批工业旅游的政策性文件、以标准化促进示范点建设的保障措施、地方层级的工业旅游组织保障机制等，初步构建了引导和规范工业旅游管理的政策框架。

(一)实践中涉及的法律适用领域非常广泛

工业遗产旅游在我国虽然没有统一适用的国家层面的专门立法，但实践中涉及的法律适用领域非常广泛。工业旅游在本质上是工业与旅游结合的产物，是通过整合开发各种工业旅游资源(industrial tourism resources)，满足旅游消费需求的旅游体验活动，在我国同时还是一种相对新型的旅游产品，是一种产业融合的新形式。虽然没有专门的工业旅游立法，但从工业旅游认识的不同角度来看，其适用的法律范围又很广泛。

工业旅游项目从建设环节来看，涉及土地、环境保护、建筑管理等领域的法律适用；如果从工业旅游建设依托城市建设角度来看，又涉及城市建设规划领域的法律适用，还可能涉及历史文化名城领域的法律适用。从工业旅游资源角度来看，因资源类型和属性的不同，涉及的法律适用范围更广泛，如建筑保护、文物保护与利用、遗产保护与利用等方面的法律适用。矿山公园在建设和运营过程中，既要符合文物领域的法律适用要求，又要满足文化遗产方面的法律适用要求。

所以，工业遗产旅游在我国虽然没有统一适用的国家层面的专门立法，但实践中涉及的法律适用领域非常广泛。

(二)已初步构建了引导和规范工业废弃地旅游开发的政策框架

目前我国在政策方面，形成了一批工业旅游的政策性文件、以标准化促进示范点建设的保障措施、地方层级的工业遗产旅游组织保障机制等，初步构建了引导和规范工业遗产旅游管理的政策框架。

1. 基本政策文件

2014 年，《国务院关于促进旅游业改革发展的若干发展意见》明确提出：支持各地依托自然和文化遗产资源、大型公共设施、知名院校、工矿企业、科研机构，建设一批研学旅行基地，逐步完善接待体系。鼓励对研学旅行给予价格优惠。

2016 年，国务院发布《“十三五”旅游业发展规划》提出：业态创新、拓展发展新领域。实施“旅游+”战略，推动旅游与城镇化、新型工业化、农业现代化和现代服务业的融合发展，拓展旅游发展新领域。构建旅游+新型工业化模式，鼓励工业企业因地制宜发展工业旅游，促进转型升级。支持老工业城市和资源型城市通过发展工业遗产旅游助力城市转型发展。推出一批工业旅游示范基地。

2016 年，《全国矿产资源规划(2016—2020 年)》提出，按照谁投资谁受益的原则，逐步建立以政府资金为引导的多元化投入融资渠道，鼓励各方力量开展历史遗留损毁土地复垦。建立土地复垦监测和后评价制度，强化监管。加强土地复垦研究和先进技术推广应用，全面提升矿山土地复垦水平。完善配套支持政策，在用地、用矿等方面对绿色矿山建设予以倾斜。

2017 年初，国家发展和改革委员会出台《关于加强分类引导培育资源型城市转型发展新动能的指导意见》，提出随着我国经济发展步入新常态，能源、原材料等行业产能过剩问题凸显，大宗资源性产品价格低位震荡，进一步加剧了转型的困难和压力。并提出坚持分类指导、特色发展，努力推动资源型城市在经济发展新常态下发展新经济、培育新功能，加快实现转型升级。

2. 利用废弃矿山开展工业旅游的政策文件

2013 年，国务院发布的《全国资源型城市可持续发展规划(2013—2020 年)》提出：结合资源型城市产业基础和发展导向，积极发展类型丰富、特色鲜明的现代服务业。大力推进废弃土地复垦和生态恢复，支持开展历史遗留工矿废弃地复垦利用试点，积极引导社会力量参与矿山环境治理。

2014 年 8 月，国务院颁布《国务院关于促进旅游业改革发展的若干意见》(以下简称《意见》)。《意见》提出“支持各地依托自然和文化遗产资源、大型公共设施、知名院校、工矿企业、科研机构，建设一批研学旅行基地，逐步完善接待体系。”“进一步细化利用荒地、荒坡、荒滩、垃圾场、废弃矿山、边远海岛和石漠化土地开发旅游项目的支持措施。”可以说，我国发展旅游业的思路有所拓宽，将参观工厂、开发矿山等工业遗产景点纳入了旅游规划中来。

2015 年 12 月，《国土资源部　住房和城乡建设部　国家旅游局关于支持旅游业发展用地政策的意见》提出：积极保障旅游业发展用地供应。支持使用未利用地、废弃地、边远海岛等土地建设旅游项目。明确旅游新业态用地政策。促进文化、研学旅游发展。利用现有文化遗产、大型公共设施、知名院校、科研机构、工矿企业、大型农场开展文化、研学旅游活动，在符合规划、不改变土地用途的前提下，上述机构土地权利人利用现有房产兴办住宿、餐饮等旅游接待设施的，可保持原土地用途、权利类型不变。

2016 年，《发展改革委关于支持老工业城市和资源型城市产业转型升级的实施意见》强调通过工业化与信息化融合发展、制造业与服务业融合发展促转型升级。大力发展工业文化，重视工业遗产的保护利用，引导与科普教育、旅游、文化创意产业发展相结合，鼓励改造利用老厂区、老厂房、老设施及露天矿坑等，建设特色旅游景点，发展工业旅游。

2016年，国家旅游局发布的《全国工业旅游发展纲要(2016—2025年)(征求意见稿)》提出，要在全国创建1000个以企业为依托的国家工业旅游示范点，100个以专业工业城镇和产业园区为依托的工业旅游基地，10个以传统老工业基地为依托的工业旅游城市，初步构建协调发展的产品格局，成为我国城乡旅游业升级转型重要战略支点。

2016年，《工业和信息化部 财政部关于推进工业文化发展的指导意见》提出，重点抓好工业设计、工业遗产、工业旅游等。统筹利用各类工业文化资源。开展工业文化资源调查，梳理和挖掘工业遗产、工业旅游、工艺美术、工业精神及专业人才等资源，建立工业文化资源库。大力发展工业旅游。倡导绿色发展理念，鼓励各地利用工业博物馆、工业遗址、产业园区及现代工厂等资源，打造具有鲜明地域特色的工业旅游产品。加强与相关部门协同，促进工业旅游与传统观光旅游、工业科普教育相结合。开展调查摸底，建立工业遗产名录和分级保护机制，保护一批工业遗产，抢救濒危工业文化资源。引导社会资本进入工业遗产保护领域，合理开发利用工业遗存，鼓励有条件的地区利用老旧厂房、设备等依法建设工业博物馆。

2017年，国家旅游局组织编制完成了《国家工业旅游示范基地规范与评价》行业标准，该标准从基本条件、基础设施及服务、配套设施及服务、旅游安全、旅游信息化、综合管理等方面对工业旅游示范基地的建设发展提出了要求。

2018年11月，工业和信息化部印发了《国家工业遗产管理暂行办法》，提出支持有条件的地区和企业依托国家工业遗产建设工业博物馆。鼓励利用国家工业遗产资源，建设工业文化产业园区、特色小镇(街区)、创新创业基地等。

3. 工业旅游组织机制

我国工业旅游产业才刚刚开始，没有统一的归口监管部门，目前也没有工业旅游行业协会。目前工业旅游产业实际运行中，有两类组织行使了行业协会的职能：一类是地区工业旅游促进中心，以上海工业旅游促进中心为代表，除上海以外，江苏、广东、天津等省(直辖市)先后也成立了工业旅游促进中心；另一类是区域工业旅游协调小组，以北京市工业旅游协调小组为代表。这两类的机构的本质是不同的，地区工业旅游促进中心是非营利性的机构，其主要职责是制定工业旅游服务质量标准和地区工业旅游发展总体规划，行使的是行业协会的职能。区域工业旅游协调小组主要是站在政府监管的角度，由文化旅游局、宣传部、教育委员会、财政局等多个部门负责，共同指导地区工业旅游工作健康发展，其同样在行使行业协会的职能[13]。

业已形成与工业旅游开发相关的政策文件及组织保障机制，为废弃矿山工业旅游开发提供了重要的政策保障与制度支持。

（三）建成的工业旅游示范点和工业遗产旅游基地

2017年11月，初步建成了10个国家工业旅游示范基地和10个国家工业遗产旅游基地。根据《国家工业旅游示范基地规范与评价》行业标准，经各地推荐，由全国旅游资源规划开发质量评定委员会专家组评定，推出山东省烟台张裕葡萄酒文化旅游区、江苏省苏州隆力奇养生小镇、福建省漳州片仔癀中药工业园、内蒙古自治区伊利集团·乳都科技示范园、云南省天士力帝泊洱生物茶谷、山西省汾酒文化景区、新疆生产建设兵团伊帕尔汗薰衣草观光园景区、黑龙江省齐齐哈尔市中国一重工业旅游区、辽宁省大连市海盐世界公园、安徽省合肥市荣事达工业旅游基地10个国家工业旅游示范基地。同时推出了湖北黄石国家矿山公园、河北唐山开滦国家矿山公园、吉林省长春市长影旧址博物馆、上海国际时尚中心、浙江省新昌达利丝绸世界旅游景区、江西省萍乡市安源景区、湖南省株洲市醴陵瓷谷、广西壮族自治区柳州工业博物馆、四川省成都市东郊记忆景区、贵州省仁怀市“茅酒之源”旅游景区10个国家工业遗产旅游基地。

国家矿山公园建设规模不断扩大。国家矿山公园建设工作于2004年启动。2005年，第一批28个国家矿山公园获得批准。2010年5月6日，经国家矿山公园评审委员会评审通过，由国家矿山公园领导小组研究批准，又授予黑龙江大庆油田等33个矿业单位国家矿山公园资格。2013年，第三批11个国家矿山公园获得批准。截至2013年底，我国已有72个矿山公园获国家矿山公园资格。

第三节　废弃矿山工业遗产旅游开发实证分析

供给和需求是旅游经济学中最重要、最基本的组成内容。本节从供给和需求两个角度来分析废弃矿山工业遗产旅游开发现状。旅游供给角度，主要分析废弃矿山工业遗产旅游目的地空间分布、发展方向及存在问题。旅游需求角度，主要识别旅游者对工业遗产旅游目的地的感知维度，分析旅游者满意度及影响旅游者游览意向的因素。考虑到目前我国废弃矿山工业遗产旅游开发刚刚起步，国家矿山公园是利用废弃矿山进行旅游开发最有代表性的旅游目的地。因此，本节以国家矿山公园作为研究对象，从供给和需求两个方面进行分析，为工业遗产旅游目的地感知形象的提升及废弃矿山工业遗产旅游开发路径的选择提供参考。

一、基于供给视角的国家矿山公园现状分析

矿山公园是以展示人类矿业遗迹景观为主体，体现矿业发展历史内涵，具备研究价值和教育功能，可供人们游览观赏、进行科学考察与科学知识普及的特定的空间地域。建设矿山公园是工业遗产得以保护和永续利用的有效途径，既可以充分展示工业文脉的发展轨迹和文化特色，为人们提供游览观赏景观，为科学活动提供考察和研究对象，同时对改善矿山生态环境、促进矿山经济转型和社会发展具有非常重要的意义。

按矿业遗迹等级、基础开发条件和建设规划设计等评价标准，矿山公园分为国家级和省级。本节主要以 72 个国家矿山公园为研究对象，重点研究已开园的煤炭类国家矿山公园。

（一）国家矿山公园的类型

依据现状情况来划分，国家矿山公园包括已报废的、正在生产中的、即将报废的矿山或矿井上建设的矿山公园。依据功能来划分，国家矿山公园包括观光型、展览展示型、科普型、探险型、健身型、矿山环境恢复治理示范型等。

矿山公园的资源类别分为矿业开发史籍、矿业活动遗址、矿业生产遗址、矿业制品、矿产地质遗址及与矿业活动有关的人文景观等。本节依据矿业活动遗迹类型来划分，见表 1-1。

表 1-1　国家矿山公园类型分布

类型	数量	分布
煤矿	20	唐山、大同、满洲里、阜新、鸡西、鹤岗、淮北、韶关、太原、辽源、淮南、萍乡、枣庄、焦作、合山、乐山、江合、石嘴山、史家营、汪清
金矿	13	平谷、嘉荫乌拉嘎、遂昌、上杭、黑河、大兴安岭、怀柔、临沂、威海、迁西、额尔古纳、潼关、金昌
铜矿	7	白银、德兴、宝山、林西、铜陵、东川、瑞昌
铁矿	5	黄石、武安、白山、首云、南京
石材矿	5	盱眙、深圳(2)、宁波、温岭

续表

类型	数量	分布
石油	4	大庆、任丘、玉门、潜江
巴林石	1	赤峰
高岭土	1	景德镇
钻石	1	沂蒙
独玉山	1	南阳
汞矿	1	万山
寿山石	1	福州
白云母	1	丹巴
盐矿	1	格尔木察尔汗
膏盐	1	应城
钨矿	1	郴州
石灰石	1	新乡
钼矿	1	梅州
锰矿	2	全州、湘潭
磷矿	1	宜昌
稀有金属矿	1	阿勒泰
铅锌矿	2	凡口、韶关
合计	72	

资料来源：作者根据资料整理绘制。

(二)国家矿山公园的空间分布

我国已批准了72个国家矿山公园，从区域位置来看，除了西藏、天津、上海、海南、港澳台外，其他省(自治区、直辖市)均有分布，其中安徽3个、湖北4个、北京4个、河北4个、山西2个、内蒙古4个、辽宁1个、吉林3个、黑龙江6个、江苏2个、陕西1个、浙江3个、福建2个、江西4个、山东4个、河南3个、湖南3个、广东6个、广西2个、重庆1个、四川2个、贵州1个、云南1个、甘肃3个、青海1个、宁夏1个、新疆1个(图1-1)。

国家矿山公园空间分布具有明显的地域特征，形成了“一带、三中心”高密度区；三中心高密度区主要集中在北京及周边、鲁南与皖北、湘南与粤北地区。带状高密度区主要为长江中下游地区。京津冀地区共有8个国家矿山公园；东北地区共有10个；鲁南和皖北地区共7个；湘南与粤北地区共9个；长江中下游矿山公园密集带主要分布在湖北西部、江西北部、安徽南部至浙江东部地区，共集中了11个国家矿山公园[14]。

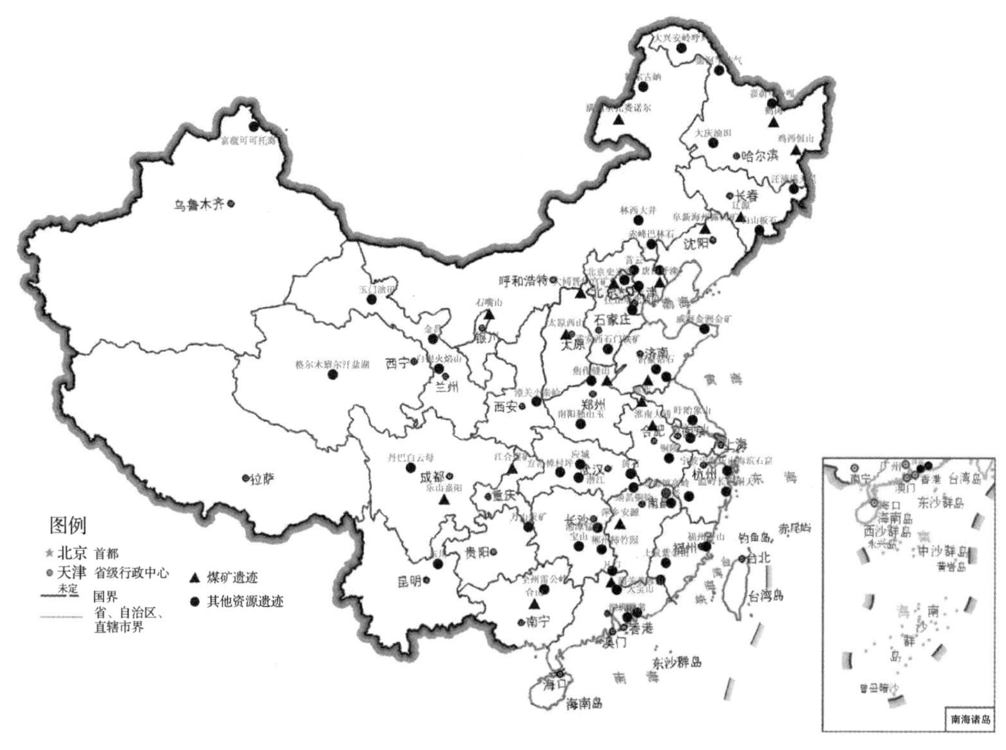

图 1-1　国家矿山公园空间分布

(三)煤矿遗迹类国家矿山公园的发展方向

在前三批国家批准的 72 个国家矿山公园中，煤矿遗迹类国家矿山公园共 20 个，占国家矿山公园总数的 27.8%。截至 2017 年底，开园的国家矿山公园中煤矿遗迹类 10 个，占煤矿遗迹类国家矿山公园总数的 52.6%，见表 1-2。

表 1-2　已揭碑开园的国家矿山公园中煤矿遗迹类矿山公园

序号	矿山公园名称
1	内蒙古满洲里扎赉诺尔国家矿山公园
2	黑龙江鹤岗国家矿山公园
3	黑龙江鸡西恒山国家矿山公园
4	河北唐山开滦国家矿山公园
5	辽宁阜新海州露天矿国家矿山公园
6	安徽淮北国家矿山公园
7	广东韶关芙蓉山国家矿山公园
8	四川嘉阳国家矿山公园
9	山西大同晋华宫国家矿山公园
10	江西萍乡安源国家矿山公园

资料来源：作者根据资料整理绘制。

(四)煤炭类国家矿山公园的旅游项目

旅游资源主要包括自然风景旅游资源和人文景观旅游资源。自然风景旅游资源包括高山、峡谷、森林、火山、江河、湖泊、海滩、温泉、野生动植物、气候等，可归纳为地貌、水文、气候、生物四大类。人文景观旅游资源包括历史文化古迹、古建筑、民族风情、现代建设新成就、饮食、购物、文化艺术和体育娱乐等，可归纳为人文景物、文化传统、民情风俗、体育娱乐四大类[15]。废弃矿山的旅游资源主要包括：①在矿业开采过程中具有稀缺性的地表或地下矿业遗迹、遗址。②非矿业旅游资源。指矿山保留了未被矿业活动扰动的地物地貌，包含自然风景旅游资源和人文景观旅游资源。目前我国国家矿山公园已开发的旅游项目按开发利用资源可分为基于矿业旅游资源的工业观光类旅游项目和基于非矿业旅游资源的休闲类旅游项目，见表 1-3。

表 1-3 开发的旅游项目种类

产品类型	子项目
基于矿业旅游资源的工业观光类旅游项目	矿业遗产展览展示项目 矿山遗迹、矿山生产景象参观项目 矿业生产工艺流程参观项目
基于非矿业旅游资源的休闲类旅游项目	拓展运动类项目 风土民情类项目 餐饮、娱乐住宿类项目 自然景观类项目

资料来源：作者根据资料整理绘制。

1. 基于矿业旅游资源的工业观光类旅游项目

该类项目指凭借矿业开采形成的具有区域稀有性地表或地下矿业遗迹、遗址等开发旅游项目。目前这类旅游项目主要有：矿业遗产展览展示项目，矿山遗迹、矿山生产景象参观项目，矿业生产工艺流程参观项目等。

1)矿业遗产展览展示项目

目前所有开园的煤炭类国家矿山公园大都开发了博物馆参观项目。主要利用图片、文字、影视及信息系统多媒体形式，向游客全面介绍矿业开采各个不同历史时期的生产生活场景，展示其开发利用的发展历史。例如，四川嘉阳国家矿山公园的博物馆，以图片、文字、视频、实物等游客喜闻乐见的形式，展现工业文明、采矿历史、矿山文化、抗战艰辛，弘扬爱国精神。又如，河北唐山开滦国家矿山公园的博物馆，主要展示了开滦煤矿的创办历程、煤炭的开采历史、开采方式及历史上煤矿工人多次罢工运动场景。游客可以了解到清末洋务运动知识和煤矿的历史知识等。

2)矿山遗迹、矿山生产景象参观项目

这类旅游项目主要是让游客参观、体验煤矿工人的工作环境，煤矿工人的生产生活条件，以及了解乘坐的交通工具、矿井的基本构造、煤炭开采方式、煤炭的形成和生产过程等。四川嘉阳国家矿山公园的黄村井煤矿体验项目，利用嘉阳煤矿抗战遗迹矿井，建成了中国唯一一个用于游客观光的抗战煤矿真实体验场馆[16]。游客可下井了解煤炭形成原理，了解从古代到现代煤炭开采技术的演变过程，体验矿工的艰辛及其生活，乘坐矿工猴儿车，增强对煤矿安全和矿工群体的认识。江西萍乡安源国家矿山公园及河北唐山开滦国家矿山公园等都开发了井下探秘旅游项目。游客可以乘坐闷罐式电梯直接下到曾经开滦煤矿的矿井内，体验当年井下矿工开采煤矿的情境。辽宁阜新海州露天矿国家矿山公园的露天矿坑具有侏罗系、白垩系等中生代沉积地层的完整剖面；主题广场陈列有单斗挖掘机、蒸汽机车、推土犁、钻孔爆破机等大型采掘运输设备。黑龙江鹤岗国家矿山公园利用煤炭开采形成的地质大剖面和国内罕见的地震、矿床、折皱、断层等地质景观，将 1.4 亿年前至今的地质遗迹直观地展现在游客面前。

3)矿业生产工艺流程参观项目

这类项目主要展示矿业生产工业流程。例如，北京首云国家矿山公园在矿山的生产区分别设立几个点(采矿区、选矿车间、尾矿库)，向游客展示其生产工艺流程：穿孔—爆破—铲装—运输(废石运往排土场，矿石运往溜井)—粗破—磨矿—筛分—磁选—过滤(生产出精矿粉)—配料(加适量的皂土)—混料—造球(利用造球盘生产生球)—焙烧(以重油为燃料)—生产出成品球，让游客全面了解铁矿生产流程[17]。游客也可以参与体验采矿、选矿、洗矿等生产工作。

2. 基于非矿业旅游资源的休闲类旅游项目

基于非矿业旅游资源的休闲类旅游项目是围绕非矿业旅游资源，依托废弃矿山空间资源及地理位置的优越性开发的“吃、住、行、游、购、娱”等旅游项目。

1）拓展运动类项目

结合地形特点和体育竞技运动来设置项目，主要有两类：一类是游乐探险类，即利用采矿形成的岩壁盆地等，设置飞跃、摩天轮、滑梯、中流击水、龙宫、极地飞车、峡谷小舟、空中缆车等娱乐项目；另一类是体育竞技类，主要项目有攀岩、排球、足球、篮球、天外飞渡等。

2）风土民情类项目

这类项目主要依托地区人文、地理、景观而建设，以讲述或舞蹈、场景表演的形式展现地方民俗或传说。在表演过程中还可以邀请游客参与表演，增强参与性与趣味性。设计民俗类旅游活动，使游客全面地了解当地的风土民情，包括山歌民谣、民间传说、饮食起居、婚嫁交往等。该主题旅游产品也可以将民俗、饮食、娱乐融合为一体，既能展现风土民情，又能满足人们的餐饮需求。

3）餐饮、娱乐住宿类项目

这类项目指凭借废弃矿山地理位置的优越性、旅游资源的稀有性等，主要围绕“游”这一要素以外的“吃、住、行、购、娱”等其他旅游要素开发的项目。黑龙江鸡西恒山国家矿山公园利用采煤井巷塌陷区建成红旗湖旅游观光区；依托小恒山煤矿立井遗址，建成地宫探奇景区；依托日军侵华遗迹，建成历史和爱国主义景区；依托南山万亩人工生态林，建成森林旅游景区等[18]。

嘉阳小火车是全世界目前唯一一个每天还在载客运行的窄轨蒸汽小火车，被称为“第一次工业革命的活化石”“末代晃舞”，也有外国人称其为“在中国比熊猫都还珍贵的国宝”。四川嘉阳国家矿山公园凭借小火车资源优势，以蒸汽文明为工业景观亮点，打造油菜花大地艺术（earthworks 或 earth art）景观、蒸汽机车喷汽冲烟特殊景观，营造蒸汽彩虹、弥漫蒸汽、彩烟表演等项目，提升蒸汽的文化内涵和吸引力，每年可吸引 14 余万游客前来观光旅游。

江西萍乡安源国家矿山公园构建了江西最大的影视拍摄基地。其浓缩老安源的建筑，共有茶楼、烟馆、祠堂、工人俱乐部等 50 多处景观，重现 20 世纪二三十年代的安源老街旧景色，同时还呈现出早期在萍乡拍摄过的矿井、道具、演出剧照、名人题词[19]。

4）其他类项目

这类项目是指主要依托废弃矿山内的自然资源、人文资源开发的旅游项目。四川嘉阳国家矿山公园利用芭马桫椤峡（曾经是嘉阳煤矿运煤通道），开发自然观光旅游。犍为县境内生长有被称为植物“活化石”的桫椤树53万株，因此，四川嘉阳国家矿山公园是国内唯一一个获得“中国桫椤之乡”称号的景区。在该景区可乘坐观光车或步行浏览芭马桫椤峡，享受大自然恩赐的新鲜空气和负离子，沿途欣赏优美的自然风光，细细观赏远古时期的植物“活化石”——桫椤树。芙蓉山是韶关的历史文化名山，史书记载2100年前西汉时期就有道士于此修道炼丹，唐朝时又有僧人在此建庙，是道佛两栖的圣地，历代文人墨客在此留下了许多诗篇。广东韶关芙蓉山国家矿山公园利用韶关的自然与文化资源优势，开发了蓉山古刹、气象站、观景台、木芙蓉园、木兰园、芙蓉仙洞、芙蓉湖等旅游景点。

目前我国已开园的煤炭类国家矿山公园利用自身的资源优势，开发了多种旅游项目，具体内容见表1-4。

表1-4　煤矿遗迹类国家矿山公园发展方向

国家矿山公园	煤矿［始建年代、省（自治区）］	旅游资源	开发旅游产品
内蒙古满洲里扎赉诺尔国家矿山公园	扎赉诺尔矿（1902年、内蒙古）	灵泉露天矿典型褶皱带、“扎赉诺尔群”煤层剖面、煤田F断层遗迹、俄国勒·依·留毕莫夫所著《扎赉诺尔煤矿》一书的真实场景地、俄国人的办公场所和住宅、开采扎赉诺尔煤矿的第一位俄国工程师波洛尼科夫的居住地	①扎赉诺尔蒸汽机车博物馆；②蒸汽机车实物展示区、露天矿景区；③古生物化石和文化遗迹
黑龙江鸡西恒山国家矿山公园	鸡西煤矿（1906年、黑龙江）	鸡西煤矿具有重要的历史价值，它经历了从日本侵略者掠夺我国的煤炭资源到煤矿工人奋力反抗、从支援全国解放战争到支援国家建设、从原始的锤镐刨煤到机械化采煤，是中国第二大产煤基地。小恒山、恒山煤矿一井采空塌陷区	①大、小恒山矿业遗迹景区；②南山万亩人工林景区；③红旗湖主题景区
黑龙江鹤岗国家矿山公园	鹤岗煤矿（1924年、黑龙江）	新岭煤矿北露天坑遗址，益新煤矿，东山万人坑，“狼窝”日本秘密地下工事，采矿生产时的钻机、电铲、矿用铁路等设施，1.4亿年前至今包括地层构造、矿床产状、煤的形成、褶皱与断层等组成的地质遗迹	①鹤岗集团矿史馆；②万人坑；③新一矿；④岭北矿露天板块；⑤“狼窝”日本秘密地下工事
河北唐山开滦国家矿山公园	开滦煤矿（1878年、河北）	唐山矿一号井、二号井、三号井；中国最早的火力发电机组；唐山矿达道；部分矿用建筑、设备；中央电厂汽机间；马家沟砖厂建筑砖车间；赵各庄矿洋房；档案；中国迄今存世最早的股票	①开滦博物馆主馆；②“中国第一佳矿”分展馆；③电力纪元分展馆；④井下探秘游；⑤中国音乐城；⑥三大工业遗迹；⑦老唐山风情小镇
四川嘉阳国家矿山公园	嘉阳煤矿与中福煤矿（1938年、四川）	有“第一次工业革命的活化石”之称的嘉阳小火车、国内唯一专门用于观光体验的真实矿井——黄村井及具有中西合璧建筑特点的原生态小镇芭蕉沟等矿业遗迹	①嘉阳蒸汽小火车；②芭蕉沟工业老镇中外特色建筑群；③抗战时期中英合资煤矿遗迹；④嘉阳矿山博物馆；⑤探秘煤矿黄村井；⑥嘉阳国家矿山公园主碑广场；⑦桫椤之乡芭马桫椤峡

续表

国家矿山公园	煤矿 [始建年代、省(自治区)]	旅游资源	开发旅游产品
辽宁阜新海州露天矿国家矿山公园	海州露天矿 (1953年、辽宁)	亚洲第一大、世界闻名的现代化大型露天煤矿；电镐作业场面先后为1954年B-2邮票和1960年伍元人民币图案；中国现代工业“活化石”	①露天矿坑；②主题广场；③博物馆；④环坑公路
江西萍乡安源国家矿山公园	安源煤矿 (1898年、江西)	株萍铁路萍安段、盛公祠、八方井、绞车房、古樟、安源路矿工人俱乐部旧址、秋收起义安源军事会议旧址、安源路矿工人消费合作社旧址、安源路矿工人补习夜校旧址、张公祠、安源路矿工人大罢工谈判处旧址(公务总汇)	①红色历史文化长廊；②矿山公园博物馆；③影视城；④矿业文化博览区；⑤矿山生产流程博览园；⑥井下探秘体验区
广东韶关芙蓉山国家矿山公园	煤矿、石灰岩矿(1974年、广东)	采煤矿井、石灰岩露天采石场、石炭系剖面、倒转背斜、海相生物化石、峰丛-洼地岩溶地貌、近千年蓉山古刹、多普勒气象雷达观测站、结构复杂的岩溶洞窟芙蓉仙洞、将韶关市区三江六岸尽收眼底的芙蓉亭，以及木芙蓉园、木兰园和芙蓉湖等景观	①主题雕塑广场景区；②园林小品景区；③矿山公园博物馆
山西大同晋华宫国家矿山公园	同煤集团 (1956年、山西)	南山斜井吊车平台，南山斜井绞车房、百年绞车、锅炉房、压风机房、地面变电所、煤流系统等煤炭工业旧址和地面生产遗址	①煤炭博物馆；②工业遗址区；③晋阳潭；④石头村；⑤仰佛台；⑥棚户区遗址

资料来源：作者根据资料整理绘制。

(五)废弃矿山工业遗产旅游产品开发问题分析

工业遗产旅游需求旺盛推动着工业遗产旅游产品开发日趋深入，不论是不断推陈出新的产品类型、结构功能，还是表现手法、层次规模等，都呈现了旅游与废弃矿山交融发展的态势。现阶段，废弃矿山发展的观光旅游、商务旅游、特种旅游、乡村旅游、体育旅游、购物旅游等产品项目，在一定程度上基本满足了游客日趋多元的消费需求，实现了我国废弃矿山旅游从无到有的突破。但与国外旅游发达国家相比，我国废弃矿山旅游产品开发普遍存在着内涵不足、产业结构失衡、旅游开发模式单一、游客满意度不高等诸多问题。

1. 产品内涵不足，缺乏竞争力

目前我国在废弃矿山工业遗产旅游开发方面尚处于初级阶段，仅是将废弃矿山与旅游简单叠加，深层次、复合型的创意体验型工业遗产旅游产品较少，产品特色不浓、功能不完善、文化内涵挖掘不足，不能满足广大游客个性化、多样化的消费需求。相对于其他旅游产品而言，国家矿山公园并没有在全国乃至国际旅游市场上形成具有较强竞争力和吸引力的品牌优势[13]。废弃矿山工业遗产旅游产品滞后于我国旅游产品业态的整体开发水平。

2. 产品结构失衡，空间组织松散

旅游产品结构是指在一定地域范围内的旅游产品的种类、时空布局、组合方式、各产品之间的联系及在当地旅游收入贡献中的比重及作用。合理的旅游产品结构是实现资源充分利用和资源有效配置的重要手段，是促进旅游目的地消费合理化、高级化的基础。现代旅游产品主要包括观光旅游、度假旅游和特种旅游 3 个产品结构。目前国家矿山公园开发的旅游产品中观光旅游占了很大比重，游客体验性差，参与度不强。在产品内容呈现方面，国家矿山公园旅游产品更多侧重展览、展示，而互动性、趣味性、休闲性旅游产品不足。而且目前废弃矿山工业遗产旅游更多关注“游”的要素，“吃、住、行、购、娱”等其他要素配置不足，旅游基础设施不完备，旅游空间布局不合理等也无法适应大众旅游需求。

目前国家矿山公园空间组织松散，分布不均衡，单体旅游景点与周边旅游目的地缺乏有机的、内在的关联，国家矿山公园之间也没有形成成熟的、特色鲜明的旅游线路。空间分布松散的特征决定了我国国家矿山公园目前难以形成区域旅游规模效应。

3. 市场竞争激烈，可能出现内耗

废弃矿山工业遗产旅游本身不属于大众旅游产品，而是属于小众的利基市场。近些年来，随着废弃矿山工业遗产旅游开发的兴起，我国出现了国家矿山公园及工业遗产旅游示范点等新业态。这些工业遗产旅游示范点的存量已经构成了一定的竞争关系。与此同时，这些国家矿山公园旅游产品主题相似、项目雷同，在市场有限的条件下，竞争激烈，可能出现严重的内耗现象。

4. 资源利用率低，公众参与性不强

国家矿山公园旅游产品与市场需求衔接脱节。尽管目前已开园的国家矿山公园旅游产品体系建设日趋齐全，但是很多矿山公园旅游产品不是结合消费者的消费需求开发的，旅游产品差异度小，体验性差，缺乏竞争优势，市场效果并不理想，有些国家矿山公园游客稀少，门可罗雀，资源利用率低，公众参与度不高，有可能再一次面临废弃的危险。

5. 管理不规范，服务不专业

目前国家矿山公园突出的问题就是管理不规范，服务不专业。这类主题公园在经营中，依然按照工业企业的运行模式，对旅游业发展规律认识不足、营销手段单一、旅游服务质量不到位、矿山公园解说系统不完善、游客服务设施缺乏，无法给游客带来良好的旅游体验。

二、基于需求视角的国家矿山公园现状分析

旅游目的地游客感知形象是旅游者的满意度、忠诚度与重游率的重要因素，也是旅游供给质量的客观反映。国内外许多学者用旅游目的地游客感知形象，来评价旅游目的地的旅游开发效果。近些年来，随着网络信息技术的快速发展，网络信息的便利性、综合性、低成本使越来越多的旅游者借助互联网搜索信息获取信息和购买旅游产品。网络论坛、博客等电子社区和旅游评论网站深受在线旅游者的欢迎。旅游产品电子口碑可靠性的增强，以及旅游日志、博客等用户贡献内容得到了实践者和学者的关注，为了解游客对旅游目的地感知形象提供了便利。携程、同程、途牛、去哪儿等网站都拥有大量旅游者关于旅游景点相关信息的真实评论，目前这些评论已成为在线“数据库”，为国家矿山公园感知分析提供了便利。

本小节利用自然语言处理技术与LDA（latent dirichlet allocation, LDA）主题模型，构建旅游目的地游客感知形象维度识别的研究框架；利用网络爬虫程序，采集携程、同程、途牛、去哪儿等网站社区发布的国家矿山公园在线评论数据，基于LDA主题模型识别国家矿山公园游客感知形象构成要素。此方面的研究可以改进旅游目的地游客感知形象维度识别目前的研究方法，提升感知形象维度识别的信度与效度。同时，国家矿山公园游客感知形象维度的识别可以为国家矿山公园感知形象的提升及废弃矿井工业遗产旅游开发路径的选择提供参考。

感知形象是游客对旅游目的地的印象、信念及思想的综合。旅游目的地感知形象识别方法的研究，一直以来都是旅游业研究的热点问题。目前识别游客对旅游目的地感知维度的方法不尽相同，最为常见是采用田野调查法、调查问卷法和访谈等方法提取旅游目的地感知形象的构成维度。从目前的研究文献上看，旅游目的地游客感知形象维度主要包括8～44个不同指标，涉及“吃、住、行、游、购、娱”旅游要素的诸多方面。这些方法无论是在数据有效性方面，还是在研究效果上，都存在一定的局限性。首先，主体因素选取、抽样对象、分析方法的不统一性，以及作为问卷设计依据的先前研究结论均会存在一些甚至是明确的不确定性和复杂性，导致问卷数据的信度得不到可靠保证，并且这种方法获取数据的成本是很高的。其次，旅游目的地

形象既然是旅游者感知的结果，不同旅游目的地的具体情境不同，采用统一标准化的尺度是无法捕捉目的地整体属性和旅游者全部心理情感的。最后，不同类型旅游目的地获取感知形象的维度存在很大的差异性，研究文献归纳的方法依赖于之前旅游目的地感知维度识别的研究成果，如目前并没有此类旅游目的地感知维度识别的研究，则采用此方法构建的旅游目的地游客感知维度就不具有代表性。

近年来，主题模型方法凭借在主题识别、语义挖掘方面具有的显著优势，受到了广泛关注。主题模型在机器学习和自然语言处理等领域是用来从一系列文档中发现抽象主题的一种统计模型，具有较强的表示和组织文本信息的能力[20]。在众多主题模型中，LDA 主题模型是最具代表性的，由 Blei 等[21]于 2003 年首次提出，并应用于网络用户生成内容的分析，以识别热点主题、提取特征结构等，取得了较好的效果。

在主题识别方面，一些学者利用 LDA 主题模型，从文本文件中抽取有效、新颖、有用、可理解的、有价值的知识，服务于各个领域，如舆情监控、情感分析和用户偏好等，从这些分散的信息中挖掘用户观点，洞察大众舆情及消费者的意见，辅助政府、企业等的管理者进行科学决策。陈晓美等[22]采用 LDA 主题模型方法，在文本层面按照主题思想分析理解网络舆情的主要观点；张晨逸等[23]基于 LDA 主题模型提出了一种微博主题挖掘模型，用于挖掘微博的主题，而且还可以挖掘出联系人关注的主题；李真等[24]基于社会网络视角，利用 LDA 主题模型，构建网络舆情观点主题识别模型，以新浪微博为例，识别网络舆情中的观点主题，进而把握网民的主流观点。

LDA 主题模型在识别大规模文本数据集中潜藏的主题信息及识别其特征结构等细粒度信息方面的优势更为明显。刘三女牙等[25]利用 LDA 主题模型挖掘和解析文本评论信息的特征结构和语义内容，并以此为基础，探究和追踪学习者关注的热点话题演化趋势；谢永俊等[26]建立了 LDA 主题模型，提取北京各热点区域内用户微博的关注主题，分析北京各热点区域内的文化、功能和特征，深入挖掘人们对城市热点区域的普遍印象和认知。

尽管 LDA 主题模型应用广泛，但目前此方法在旅游目的地游客感知方面的研究十分有限。即使有些研究成果运用了主题模型，挖掘了在线评论的主题维度，然而这些研究仅是方法的应用，并没有全面呈现 LDA 主题模型的应用流程。

(一)基于LDA主题模型的游客感知维度识别研究框架设计

旅游目的地感知形象识别是一个涉及旅游管理、人工智能、数据挖掘、自然语言处理等多学科知识的前沿领域，信息采集、分析、处理、分类需要多学科技术方法的支持。本书整合旅游目的地感知形象研究中涉及的信息采集、自然语言处理、特征向量提取、语义挖掘等技术手段，构建基于LDA主题模型的旅游目的地游客感知维度识别研究框架。

本书利用自然语言处理技术，采用常用于主题提取的LDA机器学习方法，基于所收集的旅游在线评论数据，提取游客感知主题及相关因子，并结合文献综述所得到的国外研究成果，最终得到国家矿山公园游客感知评价体系，研究过程如图1-2所示，通过理论和实践研究的结合，最大限度地保障评价体系的全面性。

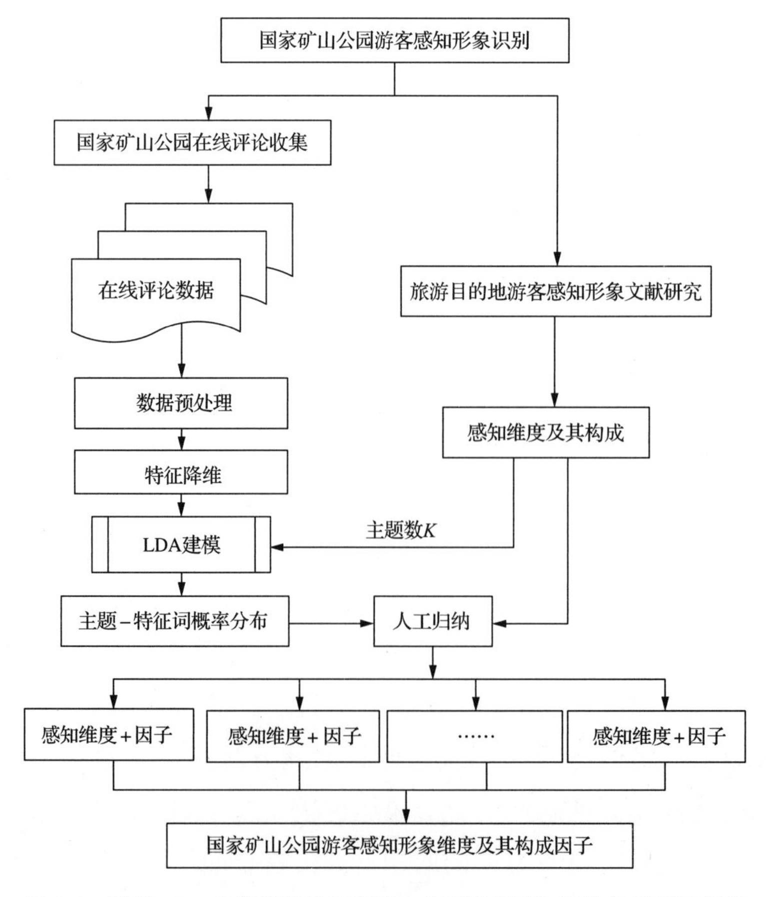

图1-2　基于LDA主题模型的国家矿山公园游客感知评价体系研究框架

信息采集与处理。运用 JAVA 多线程技术设计分布式爬虫程序，将旅游评价网站上的点评信息通过网页爬虫抽取出各种非结构化的信息，并将其进行预处理(过滤、修正)，建立结构化的旅游目的地用户生成内容信息集。

定义相应的文本集合和主题集合。针对国家矿山公园游客在线评论内容多样性的特点，本书定义所收集的游客在线评论的文本集合 $D=\{r_1,r_2,\cdots,r_m\}$ $(1\leqslant m\leqslant M)$，且相应的主题集合 $Q=\{Z_1,Z_2,\cdots,Z_k\}(1\leqslant k\leqslant K)$，其中，定义某个具体话题的单词集合 $Z_k=\{w_1,w_2,\cdots,w_n\}(Z_k\in L)$。本书假设每个单词都属于某一个具体的话题，则所有的评论集合可由高维单词向量空间构成 $\boldsymbol{R}=\{w_{1k}, w_{2k},\cdots,w_{nk}\}(1\leqslant k\leqslant K)$，$w_{nk}$ 表示属于第 k 个话题的某个单词，k 值通过数据处理及特征降维后确定。

文本预处理。文本预处理通常包含以下几个步骤：首先，采用中文文本挖掘系统 V1.0(软件著作登记号：2017SR116175)对收集的文本数据集进行初步分词，该系统可以进行中文分词、词性标注、定义和更新同义词词典与停用词词典等功能。其次，通过初步分词，得出每个词出现的频数并将其按升序排列，将出现频数较小且与本书研究无关的词编辑存入软件的停用词词典，更新停用词词典；发现表达意义相同或相近的词，采用定义同义词词典的方式，更新软件的同义词词典，以便减少文本数据集中的特征词数量，提高下一阶段主题提取的处理效率。最后，对文本数据集进行分词处理，对每一条游客评论内容进行分词后，得到一个词向量，其中，每个词都带有词性标记，如名词、动词、形容词、连词等。

利用 LDA 主题模型得到在线评论文本数据集的主题-特征词概率分布。国家矿山公园游客在线评论文本提取出的主题即本书所研究的游客感知形象维度，与主题相对应的特征词即相应的构成维度的因子。依据主题-特征词概率分布，将各主题下的特征词进行人工归纳得到各主题所代表的观点，即本书所研究的感知维度，与主题相对应的特征词便是构成维度的因子，至此，完成对游客感知维度的抽取，如图 1-3 所示。

其中，利用 LDA 主题模型进行游客感知维度抽取的过程主要包括在线评论文本数据预处理、特征降维、LDA 建模、主题-特征词提取、主题词合并归纳等步骤，最终得到主题-特征词概率分布，经人工归纳得到国家矿山公园游客感知形象维度及其构成因子。

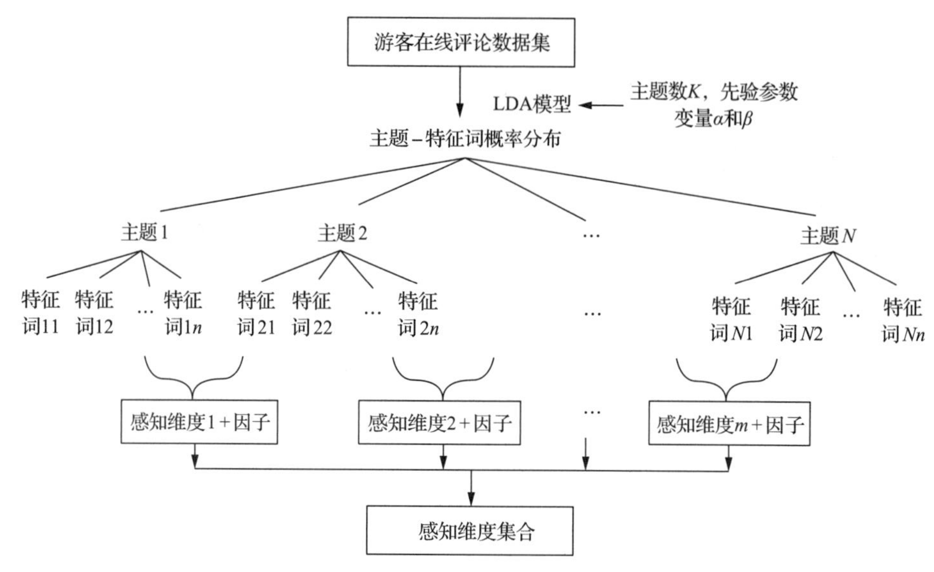

图 1-3　基于 LDA 技术的感知维度抽取模型

LDA 模型中无法直接获得参数，一般通过参数估计的方法近似推理参数值，常用的参数估计方法有吉布斯(Gibbs)采样方法、变分推理(variational Inference)、拉普拉斯(Laplace)近似和期望-扩散(expectation propagation)。本书选用 Gibbs 抽样方法推断 LDA 模型参数，该方法易于实现、计算速度快，且占用内存较小。

本书运用 LDA 主题模型的算法，采用 Gibbs 采样方法对 LDA 模型的参数进行近似估计，建模及求解过程如下：

(1)选择合适的主题数，选择合适的先验参数变量。

(2)对应语料库中每一篇文档的每一个词，随机赋予一个主题编号。

(3)重新扫描语料库，对于每一个词，利用 Gibbs 采样方法更新它的主题编号，并更新语料库中该词的编号。

(4)重复第(2)步基于坐标轴轮换的 Gibbs 采样，直到 Gibbs 采样收敛。

(5)统计语料库中各个文档、各个词的主题，得到文档-主题分布；统计语料库中各个主题词的分布，得到 LDA 主题词的分布。

由上述建模及求解过程可知，模型中存在 3 个可变量需要确定最佳取值，分别是狄利克雷函数的先验参数 α 和 β 及主题数 K。这里将狄利克雷函数的先验参数 α 和 β 设置为经验值，分别是 α=0.01、β=0.1。

构建国家矿山公园的游客感知框架，即以国家矿山公园作为感知对象的主要维度及因子体系是研究的首要步骤。考虑到国家矿山公园在我国还属于新兴事物，国外已经有相对比较长的发展历史，因此，选择国外文献综述了解主要维度及相关因子，作为本书的参考依据。另外，网络文本提供了一条较好的数据收集渠道，兼具非测度、低成本、大样本、“置身于外”等特点，已成为旅游者在线交流旅游信息的重要方式。研究发现网络文本的作者对特定旅游地的描述具有高度一致性，可以提供相当深入的游客对目的地形象感知的信息。来自互联网的大量用户贡献内容为研究国家矿山公园游客感知提供了丰富的信息，机器学习和自然语言处理技术为非结构化信息大数据的处理和应用提供了技术保障。

(二)游客感知维度分析

1. 样本选取

旅游网站是旅游者和旅游管理者获取旅客对旅游目的地形象感知信息的主要来源，因此，本书以国内著名旅游网站上游客关于国家矿山公园的在线评论信息为研究样本，选取携程、途牛、去哪儿、马蜂窝、同程、TripAdvisor(猫途鹰)、艺龙、驴妈妈 8 个国内著名的旅游网站，获取这些网站中游客对国家矿山公园的在线评论信息。由于国家矿山公园在我国还处于起步阶段，以矿山公园为旅游目的地的游客数量和游客在线评论信息有限，本书的在线评论信息获取不限定初始时间，截止时间为 2017 年 12 月 31 日。利用八爪鱼爬虫软件实现在线评论数据的获取。为每一家旅游网站建立一个文件夹，将从此网站上采集的关于每一个国家矿山公园景点的所有游客在线评论信息，保存到以该矿山公园名字命名的 Excel 文档中，旅客的每一条在线评论信息保存为 Excel 文档的一条数据。完成上述 8 个旅游网站游客对国家矿山公园的在线评论信息采集后，人工合并 8 个文件夹的所有 Excel 文档中的在线评论数据，形成本书研究的在线评论数据集样本。在线评论数据集共包括深圳市凤凰山国家矿山公园、福建寿山国家矿山公园、辽宁阜新海州露天矿国家矿山公园、湖南宝山国家矿山公园、山西大同晋华宫国家矿山公园、浙江遂昌金矿国家矿山公园、河北唐山开滦国家矿山公园、江苏盱眙象山国家矿山公园、内蒙古满洲里扎赉诺尔国家矿山公园、湖北黄石国家矿山公园、贵州铜仁万山国家矿山公园、广东韶关芙蓉山国家矿山公园、四川嘉阳国家矿山公园 13 家国家矿山公园的 5396 条在线评论数据。

2. 数据预处理和特征降维

本书利用中文文本挖掘系统 V1.0 完成数据预处理和特征降维。将在线评论数据集导入该系统，对数据集进行自动分词，输出结果为特征词、词性及相应的出现频数，且特征词按照频数升序的顺序排列。导出分词输出结果，将其中的 3 种词保存至停用词词典：①频数较低的词，如频数小于 50 的词；②数字，如 2016、30 等；③与感知无关的词，如年、几个、真的、一下、特别、其实、尤其等词。此外，将有相同意义的词加入同义词词典，如小孩、小孩子、小朋友。这样，再次进行分词处理时，小孩子和小朋友都会被替换为小孩。更新的停用词词典和同义词词典在将数据集生成向量空间时起到了特征降维的作用。在线评论数据集分词后按频数筛选从大到小排名前 50 的特征词，见表 1-5，其中，高频特征词反映了国家矿山公园感知的独特性，如金矿、矿山、矿洞、井下、煤矿、开采、黄金、矿井、金窟等体现了国家矿山公园特有的矿业遗迹。

表 1-5　国家矿山公园游客在线评论数据集高频特征词

特征词	词频	特征词	词频	特征词	词频	特征词	词频	特征词	词频
火车	1392	历史	514	国家	376	特色	291	矿井	246
不错	1384	孩子	468	很多	368	导游	291	景色	241
公园	1007	玩	465	参观	366	开采	287	游玩	237
金矿	962	门票	441	唐代	353	黄金	286	游客	225
矿山	831	体验	438	看看	315	开心	284	金窟	220
景点	750	方便	420	煤矿	312	地下	280	有意思	219
景区	698	知识	841	讲解	312	喜欢	269	工业	215
值得	669	了解	403	好玩	310	旅游	262	出游	213
博物馆	657	矿洞	395	风景	308	探秘	259	煤炭	211
感觉	567	井下	387	明代	292	适合	257	推荐	207

3. 结果分析

采用 LDA 主题模型提取主题时，主题数 K 通常是自定义。从目前的研究文献上看，旅游目的地游客感知维度主要包括 8～44 个不同指标，涉及“吃、住、行、游、购、娱”旅游要素的诸多方面，感知维度的特点是各维度比较独立，相关性小。本书实验阶段首先根据旅游目的地游客感知维度文献研究成果，分别将主题数 K 定义为 8、10、20、50，依次代入 LDA 主题模型，得到主题数 K 下每一个主题中的特征词分布概率，分析发现 K 值越大，主题中重叠的特征词越多，参考以往旅游目的地游客感知维度文献研究成果，难以识别出比较独立且相关性小的维度。我们缩小主题数 K 值，分别选择 3～7 的 K 值代入 LDA 主题模型，再次实验分别得到主题数 K 下主题-特征词概率分布矩阵，研究发现当 K 值由 3 增长到 5 时，特征词在各个主题中的分布概率逐步提高，但是类别较少时根据主题所包含的特征词识别出的主题，即游客感知维度之间相关度较大，区分度不强；当 K 值从 6 增长到 7 时，特征词在各主题中的分布概率下降。比较实验结果得到，主题数 K 值为 5 时，主题-特征词概率分布矩阵中特征词分布概率相对较高，依此归纳出的主题即游客感知维度的相关性较小。因而，本书将国家矿山公园游客感知维度设为 5 个，并从主题-特征词概率分布矩阵中挑选每个维度中分布概率大且充分体现游客感知的前 10 个特征词为游客感知维度的构成因子，见表 1-6。

表 1-6　国家矿山公园游客感知维度及其构成因子分布

维度 1(Topic 体验)		维度 2(Topic 历史)		维度 3(Topic 服务)		维度 4(Topic 旅游吸引物)		维度 5(Topic 旅游目的地)	
特征词	概率	特征词	概率	特征词	概率	特征词	概率	特征词	概率
不错	0.05303	深刻	0.04575	门票	0.02704	博物馆	0.02414	公园	0.05339
值得	0.02292	历史	0.04495	讲解	0.02095	井下	0.01881	矿山	0.04501
一般	0.02047	唐代	0.01847	导游	0.01864	知识	0.01802	国家	0.02054
方便	0.01990	明代	0.01542	网上	0.01686	煤矿	0.01786	历史	0.01789
壮观	0.01817	保存	0.01382	免费	0.01667	地下	0.01739	中国	0.01720
美丽	0.01799	当年	0.01301	讲解员	0.01507	探秘	0.01623	工业	0.01652
喜欢	0.01768	生活	0.01216	价格	0.01478	矿井	0.01488	阜新	0.01635
休闲	0.01596	辛苦	0.01204	游客	0.01389	下井	0.01447	遗址	0.01600
好玩	0.01595	采矿	0.01089	火车	0.01376	意义	0.01322	城市	0.01532
开心	0.01324	小时候	0.01063	排队	0.01214	矿工	0.01306	文化	0.01498

从表 1-6 可以看出，维度 1 中的高概率特征词，即不错、值得、一般、方便、壮观、美丽、喜欢、休闲等，主要反映游客对景点或景区及其中的娱乐设施等体验后的感知；维度 2 中的高概率特征词，即深刻、历史、唐代、明代、保存、当年、生活、辛苦等，主要反映游客对历史与过去生活记忆的感知；维度 3 中的高概率特征词，即门票、讲解、导游、网上、免费、价格、排队等，主要反映游客对景点或景区服务的感知；维度 4 中的高概率特征词，即博物馆、井下、知识、煤矿、地下、探秘、矿井、下井、意义、矿工，主

要反映游客对景点或景区特有的游客吸引物的感知；维度 5 中的高概率特征词，即公园、矿山、国家、历史、中国、工业、阜新、遗址、城市、文化，主要反映游客对景点或景区目的地的感知。

本书基于目前研究文献中识别的游客感知维度体系，并结合各维度中出现的高概率特征词，归纳出国家矿山公园游客感知的 5 个维度的主题词，分别为体验、历史、服务、旅游吸引物和旅游目的地。这 5 个维度的主题词反映了游客对国家矿山公园功能性特性的一种认识。

旅游吸引物为游客感知维度中最为重要的。游客到访旅游景区的动因是参访旅游吸引物，因此旅游吸引物也就成为游客在国家矿山公园形象感知形成中最有价值的联想物。

由表 1-6 可以看出，在旅游吸引物主题中，博物馆、井下、知识、煤矿、地下、探秘、矿井、下井、意义、矿工等特征词分布概率大。矿业遗迹包括矿产地质遗迹、矿业生产遗迹、矿业制品遗存、社会生活遗迹和矿业开发文献史籍等。许多国家矿山公园通过博物馆、生产场景再现等形式向游客呈现了昔日矿工在煤矿矿井进行井下作业的生产环境，对于游客而言，游历国家矿山公园最为重要的是感受其特有的矿业遗迹。工业生产活动中的工业机器、生产设备、厂房建筑、生产场景等物质形态的矿业遗迹自然而然成为他们关注的重点。正如一些评论提到：

留下最深印象的是广场边摆放着巨大的挖掘机、蒸汽机车、潜孔钻机、推土犁、电机车等大型矿山作业机械。很难想象这些机械在当初矿山建设中发挥了无与伦比的作用，立过汗马功劳。（去哪儿网）

除了工业遗迹成为游客关注的对象以外，矿区周边的环境也成为重要的旅游吸引物，有的游客提到：

走出矿洞，无意之间来到山上，景色秀丽，那里有处一类水源保护地：银坑山水库，碧波粼粼的一汪碧水宛如一颗祖母绿的翡翠镶嵌在银坑山涧，玲珑通透，绿莹幽幽，听说里面多次发现过珍贵的、对水质要求近乎苛刻的桃花水母。（去哪儿网）

历史是游客关注的第二大维度。在历史的主题中，深刻、历史、保存、当年、生活、采矿、小时候等特征词的分布概率较高。以工业活动为目的的构筑物、曾经使用过的生产流水线和机器设备、废弃矿区环境和周围环境，以及所有其他有形和无形的工业遗产等保留了相应时期的工业发展演变序列，记录着人类发展的历史，蕴含了丰富的历史信息。国家矿山公园中的很多矿业遗址，是中国在工业化进程中遗留下来的最鲜明的时代烙印。矿区的发展往往是一代人，甚至是几代人的人生体验。在游历国家矿山公园时，难免会回首过去的生活。历史成为游客对国家矿山公园形象感知的重要组成部分。正如有游客提到：

这里曾是中国最大的露天煤矿，曾经为中华人民共和国的建设奉献过，现在已经资源枯竭，破产了，只留下当年开采剩下的大坑，然而，可以看到中华人民共和国建立初期矿业的水平。(携程网)

仅仅找到个人的目的或使命是不够的，我们面临的挑战是要创造一个每个人都有使命感的世界，这是真正幸福的关键，也是保持社会进步的唯一途径。在偌大的矿山公园中，我找到了我存在的使命，我找到了资源枯竭型城市的使命与国家的使命。(去哪儿网)

服务是游客关注的第三大维度。门票、讲解、导游、网上和免费等特征词在主题-特征词概率分布矩阵中的概率值较大，与主题关联密切。旅游目的地的服务条件对旅游活动的顺利进行或在游客心目中形成美好印象起着非常重要的作用。其在游客旅行过程中，能为游客创造一种和谐的气氛，产生心理效应，从而触动游客的情感，唤起游客心理上的共鸣，使游客在接受服务的过程中产生惬意、幸福之感，进而提升游客对旅游目的地的感知形象，反之亦然。正如有游客提到：

矿山公园一游应该算是文化之旅，适合爱国教育和科普教育。因为光看景的话，也只有“亚洲最大露天采坑”值得一看了，没有导游的讲解，很难了解这里拥有的1780年的冶金工业文化。湖北黄石国家矿山公园是一个很适合小孩子游玩的地方，面积大，空气好，场地开阔！不过想找个吃喝的地方就难了。井下探幽有七百多级台阶，下去还无所谓，上来可就够呛了。(携程网)

体验是游客关注的第四大维度。不错、值得、一般、方便、壮观等特征词在主题-特征词概率分布矩阵中的概率值较大，与主题的关系密切。对矿工的生产与生活的体验是构成国家矿山公园游客感知形象的重要维度，游客在体验此种情景时，其必然与游客心理相呼应，从而产生碰撞和心理感应。同样，游客置身于生产的特殊场景，参与模拟采矿、选矿、洗矿等工艺流程，在参与互动过程中丰富了自己的旅游体验，从而影响了游客的景区感知形象的形成。正如有游客提到：

看到了铁矿的采掘过程，那分明是一种记忆的再现。作为一个普通矿工家庭的孩子，从小对这片土地的理解只是她的富裕，她储存的大量矿产养活了我们的父母、我们自己。如今，小城的资源几近被掏空，我们出生与成长的这座小城也渐渐改变了格局，慢慢退出经济发展的历史舞台而被人遗忘。(马蜂窝网)

在这样一个世界里，一个人可以把生活当作一个连续的故事，一个“感知”的故事，这样的故事使每一件事都成为事件的结果。每一个时代都是通往成功的道路，朝圣者的世界，身份的建造者，一定是一种镌刻着脚印的世界。这样就可以保存现在和过去旅行的痕迹。(携程网)

旅游目的地是游客关注的第五大维度。游客在景区旅游活动的实现离不开景区所依托的城市空间。游客在与城市旅游资源、服务与设施的互动过程中丰富了自己的旅游体验。一则城市中的一切要素都可能成为旅游资源，吸引游客的注意，成为游客体验的重要组成部分。二则城市的公共设施、制度和服务为游客出入景区创造了不可或缺的重要条件，从而影响了游客的景区感知形象的形成。国家矿山公园不同于其他旅游目的地，大都是依托废弃矿区开发而建成的。这些老工业区是中国特定时代城市工业化的产物，城市往往伴其而生。在相当长一段时间内，以计划为导向，国家统管企业，企业也承担起政府的一些社会福利职能，如开设幼儿园、学校、医院等，这就出现了厂区与城区相互依存的空间布局，也创造出了一种独特的城市工业文化，因而游客在游历中能感受到城市的兴衰。有一游客提到：

煤炭枯竭了，城市也走向了衰落，走在破烂不堪的街道上，那建筑，那高耸的井架，依稀可以看到城市过去的辉煌，然而一切辉煌远逝了，繁忙的机器停了下来，剩下这空空的城，迷茫的人群。(马蜂窝网)

(三)游客感知评价指数分析

根据携程、途牛、去哪儿、马蜂窝、同程等综合旅游网站关于国家矿山公园在线评论评价等级数据，本书设计了国家矿山公园游客感知形象评价指数，来衡量游客对不同国家矿山公园的感知形象，并分析其感知差异性。这些网站将游客对旅游景点的评价分成为 5 个等级：极好(excellent)、较好(very good)、一般(average)、较差(poor)、很差(terrible)。本书中分别赋予其 5 分、4 分、3 分、2 分、1 分分值，采用加权平均法来测度国家矿山公园感知形象。其评价模型为

$$X_i = W_{i1}X_{i1} + W_{i2}X_{i2} + W_{i3}X_{i3} + W_{i4}X_{i4} + W_{i5}X_{i5}$$

式中，X_i 为景点 i 形象指数；$W_{i1} \sim W_{i5}$ 分别为旅游景点从低到高评价等级对应的分值；$X_{i1} \sim X_{i5}$ 为各评价等级对应的权重，它们等于该等级点评人数的频次与各评价等级点评人数频次总和的比值。X_i 值越高，说明游客对旅游景区整体形象评价越高。反之，则越低。

利用 SPSS 软件，分别统计游客对各旅游景区评价值，并根据旅游景点形象评价指数公式，求取国家矿山公园游客感知形象评价值，见表 1-7。

表 1-7　国家矿山公园游客感知形象评价

景区（点）	出现概率/%					形象评价值
	5 分	4 分	3 分	2 分	1 分	
河北唐山开滦国家矿山公园	86	14	0	0	0	4.86
四川嘉阳国家矿山公园	44	54	0	0	2	4.36
辽宁阜新海州露天矿国家矿山公园	44	34	17	5	0	4.27
湖北黄石国家矿山公园	21	49	25	5	0	3.86
山西大同晋华宫国家矿山公园	25	42	15	5	13	3.61
内蒙古满洲里扎赉诺尔国家矿山公园	20	27	27	0	26	3.15
江苏盱眙象山国家矿山公园	18	27	29	0	26	3.11

整体而言，表 1-7 中的国家矿山公园游客感知形象评价值都高于 3 分，说明游客对国家矿山公园感知形象整体评价较好。其中，河北唐山开滦国家矿山公园、江西萍乡安源国家矿山公园游客感知评价值较高，分别为 4.86、4.48，排名分列第一、第二。江苏盱眙象山国家矿山公园游客感知形象评价值为 3.11，位居末位。

游客感知形象评价值低主要与产品体验和旅游服务密切相关。在众多评价值低的评论中，多次出现门票价格高、没什么可以看的、找不到吃饭的地方、没有解说、不好玩等评论，反映了游客对国家矿山公园旅游产品及旅游服务不满意。

（四）结论

本书利用自然语言处理技术与主题模型 LDA 机器学习方法，构建旅游目的地游客感知形象维度识别的研究框架；利用网络爬虫程序，采集携程、同程、途牛、去哪儿等网站社区发布的国家矿山公园在线评论数据，基于主题提取模型 LDA 识别国家矿山公园游客感知形象构成要素。通过研究得出以下结论：

(1)本书整合旅游目的地感知形象研究中涉及的信息采集、自然语言处理、特征向量提取、语义挖掘等技术手段，构建基于LDA主题模型的旅游目的地游客感知维度识别研究框架。基于主题模型LDA的国家矿山公园游客感知维度识别方法，既涵盖了研究文献归纳的旅游目的地游客感知维度，又可以体现特定旅游目的地游客感知维度的特殊性，提高了感知维度识别的有效性，避免了使用内容分析法可能出现的局限性，拓展了旅游目的地游客感知形象识别的研究方法，具有较高的应用价值。

(2)国家矿山公园游客感知维度主要包括：体验、历史、服务、旅游吸引物、旅游目的地等方面。其中历史是游客关注的第二大维度。游客在历史的主题中关注“侵略”“血泪史”“奋斗”话题。国家矿山公园游客感知维度中包含了旅游目的地功能属性(如旅游吸引物、服务、基础设施等)与心理属性(如使命感、精神、回忆)。

通过国家矿山公园游客感知维度的识别可以看出，游客对国家矿山公园的感知主要侧重功能客体(如旅游吸引物、服务、旅游目的地等)的认知上，而对于工业遗产地所蕴含的意义与传递的文化等方面的解读是十分有限的。另外，游客对国家矿山公园的感知更多体现在“游”这一要素上，对于旅游的其他要素——“吃、住、行、娱、购”等方面的感知较少。游客感知维度从客观上体现了目前国家矿山公园产品供给的不足。因此，加大国家矿山公园产品创新成为废弃矿山旅游可持续发展的现实选择。

在产品功能创新方面，国家矿山公园产品功能与一般旅游目的地不同，除了应具有休闲、游憩的功能外，还应肩负起传承工业文化、唤醒地方认同感和归属感的社会责任，兼具遗产禀赋功能、文化审美功能、社区情感寄托功能。国家矿山公园不仅应是旅游目的地，还应成为矿业生产、地质考察的科研基地，继承革命传统、发扬民族精神的教育空间，传承工业文化、唤醒工业记忆的精神家园。

在产品结构创新方面，要满足游客多元化的需求，整合“吃、厕、住、行、游、购、娱”“文、商、养、学、闲、情、奇”等旅游要素，融合旅游、文化、餐饮、娱乐、购物、住宿、房地产等多个产业，将国家矿山公园打造成为多功能、复合型的产品集合。

在产品形式创新方面，国家矿山公园要结合矿业遗产资源的特点，在建设展览、展示、观光、科普等传统旅游产品的基础上，着力拓展和开发新型的体验式、互动式、文化内涵丰富、娱乐内容奇特等多种表现形式的旅游产品，多角度、全方位地体现矿业遗产旅游的地域特色。另外，国家矿山公园不仅是游客的活动空间，更是生于斯、长于斯的矿工的家园，国家矿山公园应服务于游客与当地居民，应成为“主客共享”诗意生活的发生器。与此同时，与工业遗产旅游相匹配的公共服务体系的完善也是任重而道远的，要注重与旅游要素的有机组合，完善旅游公共服务体系。

参考文献

[1] 石秀伟. 矿业废弃地再利用空间优化配置及管理信息系统研究[D]. 北京：中国矿业大学(北京)，2013.

[2] 刘抚英. 中国矿业城市工业废弃地协同再生对策研究[D]. 北京：清华大学, 2007.

[3] 宋颖. 上海工业遗产的保护与再利用研究[M]. 上海：复旦大学出版社, 2014.

[4] 戴湘毅, 刘家明, 唐承财. 城镇型矿业遗产的分类、特征及利用研究[J]. 资源科学，2013, 35(12)：2359-2367.

[5] 戴湘毅, 阙维民. 中国矿业遗产的时空分布特征及原因分析——基于文物保护单位视角[J]. 地理研究, 2011, 30(4): 747-757.

[6] 梁登, 李明路, 夏柏如, 等. 矿业遗迹分类体系的建立[J]. 现代矿业, 2013, 29(12): 75-77.

[7] 梁登, 李明路, 夏柏如, 等. 中国矿业遗迹研究综述[J]. 中国矿业, 2013, 22(12): 64-67.

[8] 冯姗姗, 常江. 区域协作视角下的矿业遗产线路——从“孤岛保护”走向“网络开发”[J]. 中国园林，2012, 28(8): 116-119.

[9] Halewood C, Hannam K. Viking heritage tourism: Authenticity and commoditization[J]. Annals of Tourism Research, 2001, 28 (3) : 565-580.

[10] Oglethorpe M K. Tourism and industrial Scotland[J]. Tourism Management, 1987, (3) : 268-271.

[11] 魏清青. 工业旅游开发对策研究[D]. 成都：四川师范大学, 2012.

[12] 付业勤, 郑向敏. 国内工业旅游发展研究[J]. 旅游研究, 2012, 4(3): 72-78.

[13] 杨振. 我国工业旅游产业发展特征及组织优化[J]. 山东农业大学学报(社会科学版)，2009, 11(1)：84-89, 95.

[14] 何小芊, 王晓伟. 中国国家矿山公园空间分布研究[J]. 国土资源科技管理, 2014, 31(5): 50-56.

[15] 吴必虎. 旅游规划原理[M]. 北京：中国旅游出版社, 2010.

[16] 嘉阳国家矿山公园官网[EB/OL]. http: //bbs. scjyjt. com/.

[17] 徐柯健. 北京首云铁矿工业旅游开发研究[J]. 资源与产业, 2011, 13(2): 120-126.

[18] 戴湘毅, 唐承财, 刘家明, 等. 中国遗产旅游的研究态势——基于核心期刊的文献计量分析[J]. 旅游学刊, 2014, 29(11): 52-61.

[19] 江西萍乡安源国家矿山公园[EB/OL]. [2018-05-03]. http: //www. ayksgy. com/.

[20] 杨潇, 马军, 杨同峰, 等. 主题模型LDA的多文档自动文摘[J]. 智能系统学报, 2010, 5(2): 169-176.

[21] Blei D M, Ng A Y, Jordan M I. Latent Dirichlet allocation[J]. Journal of Machine Learning Research, 2003, (3): 993-1022.

[22] 陈晓美, 高铖, 关心惠. 网络舆情观点提取的 LDA 主题模型方法[J]. 图书情报工作, 2015, 59(21): 21-26.

[23] 张晨逸, 孙建伶, 丁轶群. 基于 MB-LDA 模型的微博主题挖掘[J]. 计算机研究与发展, 2011, 48(10): 1795-1802.

[24] 李真, 丁晟春, 王楠. 网络舆情观点主题识别研究[J]. 数据分析与知识发现, 2017, 1(8): 18-30.

[25] 刘三女牙, 彭晛, 刘智, 等. 面向 MOOC 课程评论的学习者话题挖掘研究[J]. 电化教育研究, 2017, 38(10): 30-36.

[26] 谢永俊, 彭霞, 黄舟, 等. 基于微博数据的北京市热点区域意象感知[J]. 地理科学进展, 2017, 36(9): 1099-1110.

第二章

废弃矿山旅游资源的识别与实证分析

第一节　废弃矿山旅游资源适宜性评价体系的构建

废弃矿山旅游资源的科学评价是废弃矿山工业遗产旅游开发的先决条件。构建适于国情的废弃矿山旅游资源适宜性评价体系，可以较为准确地评估矿业遗产资源的旅游价值，确定废弃矿山工业遗产旅游开发的可行性，避免单体矿山盲目开发导致的损耗，对于推动形成全国尺度的废弃矿山分类开发、分区域开发及分阶段开发指导性框架具有重要意义。

本节从矿山工业遗产资源禀赋、矿山开发条件两个层面构建评价维度，分析影响废弃矿山工业遗产开发的影响因素，选择废弃矿山旅游资源评价指标，建立废弃矿山旅游资源适宜性评价体系，为废弃矿山工业遗产旅游开发决策提供理论判断依据。

在我国"去产能"改革及城镇化变革的大背景下，工业遗产旅游开发关乎采矿业重振及其所在资源枯竭型城市复兴等重大问题。采矿业是城市经济的重要组成部分。矿山闭矿后的工业遗产旅游开发解决的既是矿山的社会、经济等重振问题，更是矿业遗产保护、工矿城市更新与再造等资源枯竭型城市转型问题；另外，废弃矿山旅游开发又依托矿山所在城市的社会、经济及文化基础条件。基于此，废弃矿山旅游资源适宜性评价需要同时考虑废弃矿山自身的旅游资源禀赋、矿山开发条件及矿山所在地的开发条件。也就是说，废弃矿山作为一种极其特殊的旅游资源，其旅游资源适宜性评价指标体系构建不能仅仅依赖于旅游资源评价标准，而应该综合考虑废弃矿山的生态恢复、土地复垦、安全评价、矿城关系及城市公共服务支持等多种因素。本节只从资源禀赋、矿山开发条件两个方面构建废弃矿山旅游资源适宜性评价体系，矿山所在地的开发条件将在第四章进一步阐述。

根据统筹发展、生态优先、可持续发展等理念，遵循国际标准，结合国情，保证指标的可得性、可比性及可量化性，通过文献研究法、隶属度分析、效度和信度分析等方法对影响废弃矿山旅游开发的相关因素进行指标遴选，并通过德尔菲法、层次分析法（AHP）确定权重，构建逻辑体系完整且合理的废弃矿山旅游资源适宜性评价指标体系，为指导废弃矿山工业遗产旅游开发提供技术支撑。

一、评价原则与评价方法

（一）评价原则

1. 突显特征原则

废弃矿山旅游开发首先要充分体现旅游资源的自身特征。废弃矿山旅游资源具有独特性和稀缺性，其价值体现在历史、科技、文化、经济等诸多方面，因此在构建评价指标体系时，要筛选出能突显矿山旅游资源特征的关键指标。

2. 客观实际原则

废弃矿山工业遗产旅游资源是客观存在的事物，其价值、特点、内涵、功能都是不以人的意志为转移的，因此旅游资源评价必须客观地反映旅游资源本来的价值、特点，既不能过高评价，也不能低估其本来的价值。为避免人为因素造成的偏差，本书对指标体系的评分都采用客观可测的评价方法。例如，对矿山历史价值的评分是根据客观存在的废弃矿山的年代值来分级评价的。

3. 综合价值原则

旅游资源开发的目标是产生经济效益、社会效益、环境效益这 3 方面的综合效益，因此在对废弃矿山旅游资源进行评价时，不能只考虑到它潜在的经济价值而忽略了其对社会、环境的影响，要全面考察旅游资源潜在的经济、社会、环境等价值的综合情况，对旅游资源做出客观公正的评价。

（二）评价方法

旅游资源评价包括体验性的定性评价、技术性的定量评价和综合性的定量建模。常用方法有综合评分法、层次分析法、模糊数学方法、指数综合法、菲什拜因-罗森伯格模型、回归模型、加权求和或模糊矩阵运算等，其中层次分析法为最常用的定量评价方法。不同于物质实体型旅游资源易于获取测量数据，非物质文化遗产资源类型多样、可测量性较差，迄今尚未出现针对资源本身的统计数据和测量数据，所以完全的定量评价较难实现。层次分析法、熵值法是较为常见的旅游资源、非物质文化遗产资源等开发价值评价指标体系的研究方法。

层次分析法是以专家打分为基础测算指标权重，以定性评价和定量评价相结合的方式，力求做到指标体系的科学性和可操作性，并提出有实际应用性和可操作性的旅游资源开发价值评价赋分标准[1]。

熵值法是指把熵应用在系统论中的信息管理方法。熵越大，说明系统越混乱，携带的信息越少；熵越小，说明系统越有序，携带的信息越多。根据熵的特性，可以判断一个事件的随机性及无序程度，也可以用熵值来判断某个指标的离散程度，指标的离散程度越大，说明该指标对综合评价的影响越大，据此来确定评价废弃矿山旅游资源适宜性评价指标的权重。

二、旅游资源适宜性评价指标体系构建

国内外相关研究表明，废弃矿山旅游资源评价尚未形成统一标准。不同学者提出的评价体系中的价值构成也各不相同，但其中也有共性的部分，如历史价值、文化价值、科技价值、社会价值、艺术价值[2]。废弃矿山旅游资源的价值依托于其所拥有的遗产资源，但又不仅限于挖掘废弃矿山本身的遗产资源，还会附加其他的文化资源等。更进一步，工业遗产的文物价值、遗产价值、文化价值等并不等同于旅游价值[3]，旅游资源评价需要以旅游需求为导向，综合评估其资源本身的吸引力、生命力和承载力[4]。与此同时，废弃矿山所处的地域空间及其安全性和生态性状况也应成为废弃矿山旅游资源适宜性评价的重要考虑。

工业遗产是文化遗产资源的一部分，工业遗产兼具历史价值、社会价值、科技价值、审美价值及文化价值。联合国教育、科学及文化组织（简称联合国教科文组织）发布国际工业遗产保护委员会的《关于工业遗产的下塔吉尔宪章》（2003 年）中提出，工业遗产价值的考核主要围绕矿山的历史价值、社会价值、科技价值、审美启智价值等展开。

英国工业遗产的纲领性文件《保护准则：历史环境可持续管理的政策与导则》中，具体化了《关于工业遗产的下塔吉尔宪章》（2003 年）有关工业遗产保护的精神，从资源评价角度提炼了工业遗产特有的产业链文脉、生产线、环境和设备等。另外，非物质遗产如技术革新也是评定的标准。

国家标准《旅游资源分类、调查与评价》（GB/T 18972—2017）中，建立了“旅游资源共有因子评价系统”赋分系统。系统设评价项目和评价因子两

个档次。评价项目为资源要素价值、资源影响力、附加值。其中资源要素价值项目中含观赏游憩使用价值，历史文化科学艺术价值，珍稀奇特程度，规模、丰度与概率，完整性 5 项评价因子。资源影响力项目中含知名度和影响力、适游期或使用范围 2 项评价因子。附加值项目中含环境保护与环境安全 1 项评价因子。

国家社会科学基金重大项目“我国城市近现代工业遗产保护体系研究”的研究者综合国内以往的研究成果，并参考英国工业遗产的价值认定标准，归纳出了中国工业遗产价值评价的初选指标。评价指标分为两个部分，首先是围绕四大价值构成因子进行深化并提炼，其次参照英国的《保护准则：历史环境可持续管理的政策与导则》和国内研究，增加了真实性、完整性、代表性、稀缺性、脆弱性、多样性、文献记录状况、潜在价值等其他影响遗产价值的评价因子。

中国矿业大学课题组提出了废弃矿井价值评价的 5 个标准，包括：历史价值、文化价值、科教价值、艺术价值及情感价值，指出矿山拥有鲜明的时代特征且具有历史文化价值、社会价值及科学价值和美学价值，既是特殊的历史地段，也是工业文化遗产，应当对其加以研究和保护。

旅游资源适宜性评价体系构建是本着遵循国际准则，同时体现中国特色的原则，在联合国教科文组织国际工业遗产保护委员会《关于工业遗产的下塔吉尔宪章》(2003 年)、《都柏林准则》(2011 年)、《台北宣言》(2012 年)，以及国务院发布的《全国资源型城市可持续发展规划(2013-2020 年)》、国家标准《旅游资源分类、调查与评价》(GB/T 18972—2017)、国家旅游局发布的《全国工业旅游发展纲要(2016—2025 年)(征求意见稿)》(2016 年)、国土资源部发布的《中国国家矿山公园建设工作指南》(2004 年)和《国家地质公园规划编制技术要求》(2010 年)、国家文物局发布的《中国文物古迹保护准则》(2004 年)和《工业遗产保护和利用导则(征求意见稿)》(2014 年)等的基础上完成。从将废弃矿山工业遗产旅游开发置于矿山功能转型的视角出发，评估废弃矿山本身的旅游资源价值和工业遗产旅游开发的矿山条件，构建了两个维度的矿业遗产旅游资源(mining heritage tourism resources)评价标准。

本章在参照我国旅游资源评价国家标准《旅游资源分类、调查与评价》(GB/T 18972—2017)规定的旅游资源共有因子评价体系的基础上，结合废弃矿山工业遗产旅游资源价值的内涵及矿山的特性，构建废弃矿山工业遗产旅游资源适宜性评价体系，包括资源禀赋与矿山开发条件 2 个评价维度，16 个评价因子。见表 2-1。

表 2-1 废弃矿山工业遗产旅游资源价值评价体系

目标层	准则层	要素层	指标层	具体指标量化标准
废弃矿山工业遗产旅游资源价值评价	资源禀赋	资源要素价值	历史价值	年代的久远性、与历史人物、事件的关联性
			科技价值	生产工艺、流程、技术影响力
			审美价值	景感度、视觉感染力
			社会文化价值	工业文化延续性、情感重要性
		资源影响力	代表性	景观代表性、技术代表性
			珍稀度	地质景观、生态景观、文化等
			知名度	世界范围、国内或区域有名
			规模、丰度与概率	规模、体量、疏密度
			完整性	形态、结构完整
			适游期或使用范围	全年可游览天数及游客参与容量
		安全性与生态性	安全性	地质风险、水文风险、火灾、爆炸、塌陷等
			生态性	包括工业遗产地的气候条件是否宜居，工业遗产地的政治、经济、社会环境是否良好，是否存在严重的矿业垃圾堆积、土地污染、水污染、空气污染
	矿山开发条件	开发友好度	矿山居民参与程度	居民友善程度 积极性与参与意识
			企业与居民关系	居民为矿工工人所占的比重
		开发完善度	矿城权属关系	矿山产权性质/行政级别
			矿山设施的完善度	接待旅游者的设施的数量、种类和等级

（一）资源禀赋维度

废弃矿山本身所蕴含的旅游资源，是废弃矿山工业遗产旅游开发的关键。结合《关于工业遗产的下塔吉尔宪章》（2003 年）对于工业遗产的评价、我国旅游资源评价的国家标准、我国文物部门对于文化遗产中工业遗产的认定、自然资源部对于地质公园和矿山公园等的认定等，从旅游资源出发对废弃矿山旅游价值进行评估。

资源禀赋维度包括资源要素价值、资源影响力、安全性与生态性 3 个方面。资源要素价值包括历史价值、科技价值、审美价值、社会文化价值共 4 个评价因子。

1）历史价值

工业遗产旅游资源是矿山发展过程中遗留下来的历史痕迹，在一定程度上反映了一个地区经济、政治、科技、文化等的历史变迁。矿业遗产年代越久远、与重大历史事件或是历史重要任务联系越紧密、矿业遗产的历史价值就越高。根据《中国矿业年鉴》，现在所指的矿业遗产资源分为 3 个时期：建立于 1840～1894 年的矿业遗产、建立于 1895～1948 年的矿业遗产及建立于 1949 年至今的矿业遗产。建设得越早、时间越久远的矿业遗产，其价值就越高。

2）科技价值

在矿业生产过程中，寻矿、探勘、开采规划、采矿等环节都离不开科学技术的支持。废弃矿山科技价值体现在矿业遗产的先进生产技术对社会所产生的重要影响，以及对社会进步的重要意义方面。在同时期内，采矿工艺越领先，建筑、设施设备越先进的，生产工艺、流程、技术影响力越大，具有越高的科技价值[5]。

3）审美价值

矿业遗址构成的元素有坑道、露天矿场、选炼矿设施、矿渣废弃物、运输道路与机具、行政设施、居住空间、服务空间、信仰空间等。审美价值主要体现在这些矿业元素个性、特征或风格的表现力和感染性上。具体表现为将游客带入某情境中的深浅程度及带给其美学功能享受的程度。审美价值可从景感度、视觉感染力两方面来评价。

4）社会文化价值

工业遗产具有重要的社会价值。它们见证了工业时代社会发展的日常生活，在矿业生产活动中创造了巨大的物质财富，也创造了无与伦比的精神财富，对促进社会文化发展、推动人类进步发挥了重要的作用。工业遗产也记录了劳动者难以忘怀的人生，是形成社会认同感和归属感的情感基石，产生了不可磨灭的社会影响[6]。社会文化价值可从工业文化延续性与情感重要性方面来评价。

资源影响力要素包括代表性，珍稀度，知名度，规模、丰度与概率，完整性，适游期或使用范围共 6 个评价因子。

1) 代表性

代表性强调"在册的遗产应能覆盖和代表广泛类型的遗址""各类不同时期不同类型的工业遗址都应考虑被认定"，尤其是在一定区域内影响广泛的旅游资源。

2) 珍稀度

珍稀度是指作为矿业遗产类遗址的罕见性，会增加其被认同的可能性。

3) 知名度

知名度是指在旅游目标市场中，知道该矿业遗产的人员数量占总人数的比例。知道该矿业遗产的人数越多，该矿业遗产的知名度就越高，对旅游者的吸引力就越大。

4) 规模、丰度与概率

规模、丰度与概率的特征如下：独立型旅游资源单体规模(体量)巨大；集合型旅游资源单体结构完美、疏密度好；自然景象和人文活动周期性发生或频率极高。丰度是指矿业遗产规模大小与种类的多少，矿业遗产资源的规模越大、种类越多，则表示该矿业遗产内容越丰富、越值得旅游者前来观赏体验。

5) 完整性

完整性是指矿业遗产保存的完整程度。矿业遗产大多经历了几十、上百年甚至几百年的时间，由于受到自然侵蚀或者社会变迁的影响，会受到一定程度的破坏。矿业遗产受到的破坏越小、保存越完整、完好度越高，对旅游者的吸引力就越大。一套完整的生产流程，包括原材料运抵、生产、外运传输等。包含全部生产活动或生产线的遗址，往往比仅存部分生产工艺流程的遗址更重要。矿业文化景观完整性体现在现存的挖掘痕迹、废弃场地、构造物、遗址等景观元素是否能够印证和反映出一段特定历史、传统、技术或美学的完整成就和综合信息。

6) 适游期或使用范围

适游期越长、使用范围越广，旅游资源价值越高。

安全性与生态性主要包括安全性、生态性两个要素，体现矿区旅游活动的安全性及生态环境状况。废弃矿山是长期的工业生产关系的遗存空间，具有不同于一般旅游区的特殊性。煤炭开采直接破坏和占用大量土地资源，对地表植物、景观、矿山岩石、土层稳定性产生一定影响。同时这些受损的土地在外部环境的侵扰下，极易引发矿山水土流失、矿山地表塌陷、采矿边坡滑坡、泥石流等地质灾害。因此，工业遗产旅游开发必须考虑矿区安全状况和生态环境质量。矿区生态环境及安全状况越好，开发成本越低，越有利于工业遗产旅游开发。

1）安全性

废弃矿山工业遗产旅游开发的安全性主要体现在废弃矿山潜在安全事故风险、地面与地下设施安全性等。潜在安全事故风险具体包括顶板事故风险、瓦斯事故风险、渗水事故风险、煤自燃事故风险和地面塌陷风险等。地面与地下设施的安全性主要为通风系统、排水系统、运输系统设施的安全性。

2）生态性

生态性反映矿山适宜人居住的程度，包括工业遗产地的气候条件是否宜居，废弃矿山所在地的政治、经济、社会环境是否良好，是否存在严重的矿业垃圾堆积、土地污染、水污染、空气污染等问题。

（二）矿山开发条件

矿山开发条件包括开发友好度和开发完善度，分别体现了各利益主体对旅游开发的支持程度及开发成本。废弃矿山工业遗产旅游开发涉及企业、地方政府、公众、游客、当地居民等多个利益主体。这些利益主体的诉求存在很大的差异，各利益主体相互之间的互动关系错综复杂。各利益主体关系在工业遗产保护、利用与管理过程中发挥着重要作用，各利益主体关系友好度直接影响着旅游开发的可行性及经营效果。居民参与在各利益主体中尤为重要，居民是地区工业化进程的见证者，能够为工业遗址旅游开发提供最为真实、最为生动的阐释和解读。当地居民在废弃矿山旅游开发过程中的参与状况，决定了后期获得居民的认可程度，决定着废弃矿山旅游开发的成败。矿山设施完善程度影响旅游开发成本和后期维护成本，矿城权属关系影响整个开发的交易成本。开发完善度越高，成本越低，越有利于工业遗产旅游开发。

第二节　中国废弃煤矿旅游资源价值剖析

中国工业遗产保护名录（第一批）所涉及的 9 家煤矿既包含了创建于洋

务运动时期的官办企业，也含有中华人民共和国成立后的“156项”重点建设项目，是具有代表性和突出价值的工业遗产。这些旅游资源的识别可以为其他煤矿资源识别提供标准。本节首先界定旅游资源、工业遗产旅游资源及矿业旅游资源，并对废弃矿山资源进行分类，其次在此基础上分析我国废弃煤矿旅游资源的特点及价值。

一、中国废弃煤矿旅游资源的识别

（一）概念界定

1）旅游资源

2003年，国家质量监督检验检疫总局发布的国家标准《旅游资源分类、调查与评价》（GB/T 18972—2003）给出了旅游资源的定义，它是指自然界和人类社会，凡是能对旅游者产生吸引力、能激发旅游者的旅游动机，具备一定旅游功能和价值，可以为旅游业开发利用，并能产生经济效益、社会效益和环境效益的事物和因素。该标准将旅游资源分为地文景观、水域风光、生物景观、气象气候与自然现象、遗址遗迹、建筑与设施、旅游商品、人文活动8个主类及31个亚类。

2）工业旅游资源

凡是能对旅游者产生吸引力，可为工业旅游开发利用的企业生产场所、设施设备、展示设施、生产过程、生活环境、管理经验、企业文化和生产成果等，以及工业遗产、工程项目，都可作为工业旅游资源。工业旅游资源系统由工厂企业、工业遗产和工业项目3个资源类别构成[7]。

3）矿业遗产旅游资源

矿业遗产旅游资源是工业遗产旅游下的一个分支概念［《关于工业遗产的下塔吉尔宪章》（2003年）］，指的是与矿井和矿山相关的文化遗产旅游资源，包括以废弃矿业为资源本底，对旅游者有吸引力的坑道、露天矿场、选炼矿设施、矿渣废弃物、运输道路与机具及矿山行政设施、居住空间、服务空间及信仰文化等。

（二）废弃矿山资源的分类

将废弃矿山改造为旅游目的地，其内在的资源都可以转化为旅游资源。

按照废弃矿山拥有的旅游资源的差异性，将废弃矿山旅游资源分为 3 类：矿业遗址遗迹，与矿业活动无关的自然、人文资源，以及土地资源，见表 2-2。

表 2-2 废弃矿山旅游资源分类

类别	亚类别	基本内容
矿业遗址遗迹	矿业开发史籍	反映重要矿床发现史、开发史及矿山沿革的记载和文献
	矿业生产遗址	大型矿山采场(矿坑、矿硐)、冶炼场、加工场、工艺作坊、窑址和其他矿业生产构筑物，废弃地，典型的矿山生态环境治理工程遗址等
	矿业活动遗迹	矿业生产(探矿、采矿、选矿、冶炼、加工、运输等)及生活活动遗存的器械、设备、工具、用具等，包括探坑(孔、井)，采掘、提升、通风、照明、排水供水、半截工具、安全设施及生活用具等
	矿业制品	珍贵的矿产制品，矿石、矿物工艺品
	与矿业活动有关的人文景观	历史纪念建筑、住所、石窟、摩崖石刻、庙宇、矿政和商贸活动场所及其他具有鲜明地域特色的与矿业活动有关的人文景观
	矿产地质遗迹	典型矿床的地质剖面、地层构造遗迹、古生物遗迹找矿标志物及提示矿物、地质地貌、水体景观，具有科学研究意义的矿山动力地质现象(地裂缝、地面塌陷、泥石流、滑坡、崩塌等)遗迹
与矿业活动无关的自然、人文资源	自然资源	高山、峡谷、森林、火山、江河、湖泊、海滩、温泉、野生动植物、气候等
	人文资源	历史文化古迹、古建筑、民族风情、饮食、购物、文化艺术和体育娱乐
土地资源	一般类土地	具备负载、养育、仓储等功能的土地
	污染类土地	开采和选洗矿石过程中产生的废石和尾矿

1) 矿业遗址遗迹

矿业遗址遗迹主要指矿产地质遗迹和矿业生产过程中探、采、选、冶、加工等活动的遗迹、遗址和史迹，既包括具有重要历史价值、技术价值、社会意义、科研价值的矿产地质遗迹，又包括矿业开采遗存、矿业生产及其技艺遗存、矿业产品遗存、矿山社会活动遗存等[8]。按照《国家矿山公园申报工作指南》，将矿业遗迹分为矿业开发史籍、矿业生产遗址、矿业活动遗迹、矿业制品、与矿业活动有关的人文景观和矿产地质遗迹(图 2-1)。

2) 与矿业活动无关的自然、人文资源

它是矿业开采中保留下来的未被矿业活动干扰的资源，由若干具有文化和自然要素的景观类土地资源组成。可能为高山、峡谷、森林、火山、江河、湖泊、海滩、温泉、野生动植物、气候等自然风景旅游资源，也可能为历史文化古迹、古建筑、民族风情、饮食、购物、文化艺术和体育娱乐等人文景观旅游资源。

图 2-1 废弃矿山旅游资源分类(江西萍乡安源国家矿山公园)

3)土地资源

它是矿业遗产价值很低，甚至没有价值的资源。尽管废弃矿山的矿产资源已经枯竭，生态环境可能遭到破坏，但其依然是土地资源，与其他土地资源一样具有资源和资产的双重内涵，具备负载、养育、仓储、提供景观、储蓄和增值等土地的功能。它们是潜在的旅游资源，可以利用技术手段为旅游开发所用。

(三)我国废弃煤矿旅游资源的识别

为进一步识别废弃矿山旅游资源的特点与价值，本小节以我国废弃煤矿作为分析的重点，进行实证研究。废弃煤矿是曾为煤矿生产用地和与煤矿生产相关的交通、运输、仓储用地，后来废置不用的区域。煤矿按照开采方式不同主要分为两类：地下开采型煤矿和露天开采型煤矿。因煤矿开采方式不同，废弃煤矿的工业遗产旅游资源也存在很大差异。地下开采型煤矿涉及的旅游资源包括：地面部分(矿井生产建筑、选煤厂、筛选厂等)与地下部分(采掘机运通+排水系统——采煤系统、掘进系统、机电系统、运输系统、通风系统、排水系统等)，见表 2-3。

表 2-3　地下开采型煤矿旅游资源

生产系统	旅游资源
矿井生产建筑	包括井架、绞车井架、井口房、绞车房、通风房、空气压缩机房
采煤系统	采煤机、刮板运输机、可弯曲刮板运输机、转载机、破碎机、乳化液泵站、喷雾泵站
掘进系统	岩巷掘进机、半煤岩巷掘进机、掘进转载机、掘进胶带输运机、局部扇风机、污水泵
运输系统	带式输运机
井下辅助运输系统	提升机、蓄电池机车、架空乘人装置、固定式矿车
通风系统	通风机、压缩机、真空泵
排水系统	水泵
机电系统	供电线路、变电所

资料来源：作者根据资料整理绘制。

我国废弃煤矿旅游资源整体而言呈现出内容丰富、种类繁多、形式多样、地质景观独特的特点，见表 2-4。

表 2-4　我国煤矿旅游资源的识别

煤矿基本概况 (始建年代、利用状况、所在地)	旅游资源
开滦煤矿(1878 年) 河北唐山开滦国家矿山公园 河北唐山	①矿业开发史籍：中国最早的股票及票样；羊皮大账本；煤矿发现、开采及矿山沿革档案。②矿业生产和活动遗迹：唐山矿一号井、二号井、三号井(含井筒及装备、绞车及绞车房、立井井架)；唐山矿井巷工程遗址；近代煤矿最早的火力发电机组；唐山矿百年达道；中国第一台蒸汽机车；标准轨距铁路；部分矿用建筑设备；中央电厂汽机间；马家沟砖厂建筑砖车间。③社会人文遗迹：赵各庄矿洋房。④矿产地质遗迹：范各庄矿 2171 工作面特大突水灾害及治理技术。⑤矿业制品：煤精
中兴煤矿(1878 年) 山东枣庄中兴煤矿国家矿山公园 山东枣庄	①矿业开发史籍：中兴发展沿革史籍、枣陶煤田 1∶25000 地质地形图、中国民族工业第一张股票。②矿业生产和活动遗迹：煤矿办公大楼、配楼、东大井、南大井、北大井、机务处、老公司、东过车门、西过车门、台枣铁路、老洋街、电光楼、老火车站、国际洋行及探采矿工具。③社会人文遗迹：飞机楼、矿师楼、老衙门、枣兴堂。④矿业活动无关的资源：台儿庄战役、民国第一案、铁道游击战诞生地
安源煤矿(1898 年) 安源路矿工人运动纪念馆 江西萍乡	①社会生活遗迹：安源路矿工人俱乐部、消费合作社、工人补习学校、盛公祠、张公祠、大罢工谈判处总平巷矿井口。②矿业生产和活动遗迹：中国近代煤炭工业化程度最高的煤炭基地之一；中国工人运动的策源地、秋收起义的主要爆发地，曾建立起中国共产党在产业工人中的第一个党支部、第一个工人俱乐部、第一个工人消费合作社，举行了安源路矿工人大罢工；曾是汉冶萍公司的重要组成部分
坊子煤矿(1901 年) 坊子炭矿博物馆 山东潍坊市坊子区	①矿业生产和活动遗迹：老旧车间、井下体验区、巷道、原始煤炭、德国和日本所建的构筑物、工业建筑、煤矿竖井、蒸汽机房、水井、矿井体验馆、煤矿工人生活村、火车装运站

续表

煤矿基本概况 (始建年代、利用状况、所在地)	旅游资源
抚顺煤矿(1901 年) 抚顺煤矿博物馆 辽宁抚顺	①矿业生产和活动遗迹：西露天矿、龙凤矿竖井、设备、工具；搭连运煤漏；德国西门子公司制造一大一小两台“戈培式”绞车(是当时世界上最先进的煤矿设备，也是世界上现存唯一一套同类型设备)。②社会人文遗迹：龙凤矿办公楼、竖井楼，抚顺煤矿万人坑、抚顺市公安局、抚顺炭矿俱乐部、中央大街。③矿业制品：煤精、琥珀
中福煤矿(1902 年) 河南焦作	①矿业生产和活动遗迹：二号井台、井架房旧址；三号煤矿竖井及配套用房；电机房；发电厂房；电机、绞车等设备。②社会人文遗迹：总办事处办公房；医院；电影院；煤矿工人大罢工指挥部
本溪湖煤铁公司(1905 年) 本溪(溪湖)煤铁工业遗址博览园 辽宁本溪市溪湖区	①矿业开发史籍：1931 年满铁秘档。②矿业生产和活动遗迹：本钢一铁厂旧址、本钢第二发电厂冷却水塔、本溪煤矿中央大斜井、彩屯煤矿竖井。③社会人文遗迹：本溪湖小红楼和大白楼、东山张作霖别墅、本溪湖火车站、“肉丘坟”、大仓喜八郎遗发冢等
大同煤矿(1907 年) 山西大同晋华宫国家矿山公园 山西大同	①矿业生产和活动遗迹：煤峪口矿双滚筒电机绞车；日本侵华时期掠夺山西省煤炭所建的大斗沟矿石头窑；日本生产的化工厂制索机；晋华公司遗址。②社会人文遗迹：太钢集团诞生的“李双良精神”
阜新煤矿(1953 年) 辽宁阜新海州露天矿国家矿山公园 辽宁阜新	①矿业生产和活动遗迹：海州露天矿坑；苏联产电镐、潜孔钻机、推土犁等机器设备和矿山开采设备、蒸汽机车等运输设备、世界上最大的工业用扬声器。②社会人文遗迹：孙家湾万人坑、拥有全国数量最多的 186 辆蒸汽机车电机车车头、1960 版人民币伍元的取景地

资料来源：作者根据资料整理。

1) 矿业开发史籍内容丰富

矿业史籍资料有文件、信件、地质报告、生产计划、规章规程、合同契约、会议记录、矿藏报告和工程建筑图等档案文献与图件技术资料，内容多样，有的反映煤矿发现史、开采史及矿山发展史，有的反映中国煤矿企业管理历史与文化，有的反映外国列强对中国的侵略历史。例如，河北唐山开滦国家矿山公园保留了 1661 本记录开滦煤矿 1901～1952 年经营的“羊皮大账本”和开平矿务局发行的股票及票样。“羊皮大账本”是中国近代企业财会管理的重要物证。股票及票样是中国煤矿最早的股票，也是迄今现存的中国最早的股票。

2) 煤矿生产生活遗迹种类繁多

废弃煤矿遗址遗迹种类繁多，涵盖了露天坑、矿井生产建筑、选煤厂、筛选厂、原煤装储系统、运输系统、排水供水系统、通风系统、照明系统、动力设备(变电站、发动机房、泵房、压缩机房、锅炉房等)及辅助企业和设施等诸多煤矿生产、生活遗迹。

我国在煤炭露天开采过程中形成了众多体量巨大的矿坑。抚顺西露天矿坑东西长 6.6km，南北长 2.2km，面积 13.2km^2，是亚洲最大、世界第六大人工矿坑；矿坑开采深度为–339m，垂直深度 424m，是人工开凿的中国大陆最低点。阜新海州露天矿坑长4km、宽2km、垂深350m、矿坑开采深度为–175m，是世界上最大的人工废弃矿坑。

一些废弃煤矿保留了由德国、英国、加拿大、苏联等国家生产的设备。例如，开滦煤矿2号井安装使用的电力绞车为比利时、英国、加拿大制造，至今仍在使用，日提升煤炭1万余吨。中兴煤矿保留了德国的机车、发电机、绞车、水泵、压风机、割煤机、簸运机、电煤钻、风镐、钻机、经纬仪、水准仪、安全灯以及医疗设备等技术装备。大同煤矿煤峪口矿的双滚筒电机绞车是由美国诺德勃格厂设计、加拿大勃川木公司制造的。阜新煤矿保留了苏联产电镐、潜孔钻机、推土犁等矿山开采设备，以及蒸汽机车等运输设备。

废弃煤矿还遗留下来历史纪念建筑、住所、坟墓等人文景观。例如，中兴煤矿遗留的飞机楼、东西配楼、电光楼、矿师楼、枣兴堂、吴仲刚住所、大坟子、白骨塔、电务处、机务处、义和炭厂、国际洋行、老火车站、炮楼、金库、中兴门、窑神庙遗址及窑神碑等构筑物；安源煤矿的安源路矿工人俱乐部、消费合作社、工人补习学校、盛公祠、张公祠、大罢工谈判处总平巷矿井口；抚顺煤矿的万人坑；本溪湖煤铁公司的“肉丘坟”；阜新煤矿的孙家湾万人坑；等等。

3) 矿业制品形式多样

煤产品品种齐全。抚顺煤矿产品包括煤炭、油母页岩和页岩油等。其中煤炭主要为长焰煤和气煤，是最优质的动力煤。开滦煤矿有肥煤、焦煤、1/3焦气煤等品种。有些煤矿除了生产能源产品外，还生产煤精、琥珀等工艺品。煤精雕刻是抚顺、开滦等地独有的民间手工技艺，煤精雕刻始终沿用着传统的手工工艺制作。“砍”“铲”“走”“抢”“磨”“抛”“滚”“擀”“剁”“刨”“钻”“搓”等生产煤精产品的技法，已成为国家级非物质文化遗产。

4) 矿产地质遗迹独特

以安源煤矿为例。安源煤矿矿产地质遗迹主要有：安源群层型剖面、安源群植物化石、“安源运动”遗迹、“三湾运动”遗迹、地面塌陷和泥石流等地质灾害遗迹[9]。

二、中国废弃煤矿旅游资源价值的识别

工业遗产具有科技价值、审美价值、历史价值、社会文化价值等。中国煤炭类矿业遗产形成背景异于其他国家而具有独特性和稀缺性，见表2-5。

表 2-5　中国煤炭工业遗产保护名录(第一批)

煤矿基本概况 (始建年代、利用状况、所在地)	旅游资源价值
开滦煤矿(1878 年) 河北唐山开滦国家矿山公园 河北唐山	①科技价值：是中国近代民族工业的先行者；使用当时外国先进的金刚石钻头打钻探煤；中国最早的近代大型机械化采煤煤矿；亚洲第一、世界第二洗煤厂；第一条准轨铁路、第一台蒸汽机车；中国第一个采用倒焰式窑炉烧成技术的耐火材料生产企业(马家沟砖厂)；中国最早使用蒸汽绞车的煤矿；中国最早使用安全灯的煤矿；使用大维式抽水机。②社会文化价值：中国北方最早的产业工人队伍；“特别能战斗精神”“北山精神”和“三不要精神”
中兴煤矿(1878 年) 山东枣庄中兴煤矿国家矿山公园 山东枣庄	①科技价值：第一家完全由中国人自办的民族矿业，也是中国近代设立较早的民族资本煤矿；第一家在清朝末期就利用机械化采煤的企业；测绘了枣陶煤田 1∶25000 地质地形图；国内第一个井下运输大巷；首次使用无极绳运输；率先使用了簸煤机、刈煤机和爬煤机；率先实现了井下机械化采煤，立井机械提升，铁路、运河联运、销售一条龙。②社会文化价值：发行了中国民族工业第一张股票。③审美价值：飞机楼、机务处、矿师楼等保留了德国建筑风格；“老衙门”仿照清朝衙门建筑风格；枣兴堂是日本建筑风格
安源煤矿(1898 年) 安源路矿工人运动纪念馆 江西萍乡	①科技价值：中国最早采用机械生产、运输、洗煤、炼焦的煤矿，是中国近代煤炭工业化程度最高的煤炭基地之一，位列当时中国“十大厂矿”前三、号称“北有开平，南有萍乡”。②历史价值：中国工人运动的策源地、秋收起义的主要爆发地，曾建立起中国共产党在产业工人中的第一个党支部、第一个工人俱乐部、第一个工人消费合作社，举行了震惊中外的安源路矿工人大罢工；曾是汉冶萍公司的重要组成部分
坊子煤矿(1901 年) 坊子煤炭博物馆 山东潍坊市坊子区	①科技价值：先后经历了德国、日本、民国和中华人民共和国成立后不同的开采时期，至今已有 110 多年的开采历史，是国内唯一横跨 3 个世纪仍在生产的煤炭矿井之一；中国煤矿第一座德式机械凿岩矿井、中国煤矿第一台欧式洗煤机洗煤、中国煤矿第一台欧式机器制造煤砖、中国煤矿至今唯一完好使用木质罐道梁的矿井、山东第一台大型欧式发电机发电；德建坊子竖坑及井下 800m 施工巷道，历经百年仍保留完整，砌碹工艺罕见。②审美价值：遗存德、日建筑群 9 处
抚顺煤矿(1901 年) 抚顺煤矿博物馆 辽宁抚顺	①科技价值：抚顺西矿曾是亚洲第一大露天煤矿，现在是垂直深度 424m 的“亚洲第一大矿坑”；20 世纪五六十年代，是中国最大的煤矿；龙凤矿竖井是当今世界上仅存的煤矿竖井，在中国乃至世界采煤史上都具有很高的历史价值，它代表了 20 世纪 30 年代世界科技与建筑的先进水平；第一桶石油、第一吨铝、第一吨镁、第一吨硅、第一吨钛、第一吨特钢、第一台挖掘机都诞生于抚顺西露天矿区。②历史价值：抚顺煤矿被日本霸占 40 年间造成至少 25 万名中国劳工死亡，它见证了中国矿业工人的血泪史，具有重要的历史价值。③社会文化价值：毛泽东、朱德、董必武、邓小平、江泽民、乔石、朱镕基、温家宝等都曾来到抚顺矿山视察
中福煤矿(1902 年) 河南焦作	①科技价值：中国近代采用机器生产煤炭的四大外资煤矿之一，煤炭产量仅次于当时的开滦、抚顺，位居全国第三位。②历史价值：抗日战争时期内迁的唯一大型煤矿
本溪湖煤铁公司(1905 年) 本溪(溪湖)煤铁工业遗址博览园 辽宁本溪市溪湖区	①科技价值：日本侵入东北地区后建立的第一个大型的工矿企业；1 号、2 号高炉是中国最早的炼铁高炉之一；彩屯矿竖井曾被称为“东洋第一大竖井”。②历史价值：“肉丘坟”——1942 年日本侵略者造成的人类历史上最大的矿难(死亡 1549 余人)，见证了中国屈辱的历史
大同煤矿(1907 年) 山西大同晋华宫国家矿山公园 山西大同	①科技价值：中国近现代重要的煤炭工业基地；我国“一五”期间建设的 156 项重点工程之一；1945 年由美国诺德勃格厂设计、加拿大勃川木公司制造、现仍使用的煤峪口矿双滚筒电机绞车；1939 年日本生产的化工厂制索机。②历史价值：日本帝国主义侵占大同期间残酷迫害煤矿工人的“万人坑”遗址
阜新煤矿(1953 年) 辽宁阜新海州露天矿国家矿山公园 辽宁阜新	①科技价值：我国“一五”期间建设的 156 项重点工程之一，是当时世界第二、亚洲最大的机械化露天煤矿，代表 20 世纪 50 年代中国采煤工业的最高水平；全国第一个现代化、机械化、电气化的最大露天煤矿；当时全国四大煤炭生产基地之一；中华人民共和国成立后制造的第一台和最后一台蒸汽机车；世界上最大的工业用扬声器。②社会文化价值：是 1960 版人民币伍元的取景地。③历史价值：孙家湾万人坑

资料来源：作者根据第一批工业遗产保护名录资料整理。

(一)科技价值：代表了中国工业化的进程和科技发展的先进性

一方面，废弃煤矿真实地记录了我国早期煤炭开采对国外先进技术的引进和依赖。废弃煤矿遗存的勘探、开采、运输、通风、给排水、照明、洗选的装备和构筑物等，在一定程度上留下了国外生产制造的印记。另一方面，废弃煤矿完整地保留了中国人创造出的精湛的煤矿开采工艺和工业设备，体现了中国在引进技术的基础上的大胆创新。

中国工业遗产保护名录(第一批)所涉及的 9 个煤矿遗址都不同程度地呈现了特定时代煤炭产业科学技术的先进性。以开滦煤矿为例，1878 年开平煤矿使用当时外国先进的金刚石钻头打钻探煤。井下巷道完全按西方近代大煤矿的采掘工艺布置，在竖井间不同深度横开运输通风大巷，各巷均与两井贯通，拱门巷道用料石筑成，十分坚固宽大，形成最早的竖井多水平阶段石门开拓方式。阜新煤矿是我国“一五”期间建设的 156 项重点工程之一，是当时世界第二、亚洲最大的机械化露天煤矿，代表 20 世纪 50 年代中国采煤工业的最高水平；是全国第一个现代化、机械化、电气化的最大露天煤矿。

与此同时，这些矿业遗址也体现了关联产业技术的先进性。例如，唐山矿百年达道建于 1899 年，为拱形砌券式隧洞结构，采用掏挖方式开凿，净高 5.7m，宽 7.65m，全洞长 65.1m，南北洞口上方各镶有一块石碑，上面写着“达道光绪乙亥二十五年四月初四开平矿务局”字样。百年达道实际上是中国近代工业发展史上建成的最早的铁路、公路立交桥；1881 年(光绪七年)、开平矿务局建成胥各庄铁路修理厂，英籍工程师金达和该厂的中国工人，利用废旧的材料制造了一台 0-3-0 型蒸汽小火车头，起名为“中国火箭号”。由于机车两侧各焊有一条龙的图标，又取名“龙号机车”，这是在中国本土制造的第一台蒸汽机车；中国第一台煤水泵由煤炭科学研究总院唐山分院和开滦机械制修厂于 1958 年 7 月 28 日设计，由开滦机械制修厂制造。该煤水泵的扬程超过了设计能力(300m)，达到了 359m，流量为 633m^3/h，效率为 48.6%，提升能力每小时约 125t，当时居世界领先水平。这些矿业遗产蕴藏的科技信息对于认识科技发展史、启迪科技发展方向具有重要的意义[10]。

(二)审美价值：呈现出古今交融、东西合璧的艺术特征

废弃矿山建筑通常具有巨大的尺度和恢宏的气势，呈现出工业化机器美

学的特征，在视觉上容易形成吸引力和冲击力。同时煤矿开采矿井等设备也具有鲜明的时代性和典型的产业风貌特征，影响矿业遗产所在地形成肌理，而使整个地区的视角特征与品质别具一格。我国一些废弃矿山在时间跨度上，经历了清代、民国和中华人民共和国3个时期，形成了不同时代特征的建筑风格。有些废弃煤矿大都经历了外国侵略者的掠夺，因而很多建筑留下了西方殖民时期和日军侵略时期的历史痕迹，建筑形式呈现出古今交融、东西合璧的艺术特征[11]。

四川嘉阳国家矿山公园的芭蕉沟工业古镇有英国村落式民居建筑、苏联工业建筑和民居建筑，与川西南小青瓦建筑群落包容并存，集中展示了中国矿业发展的历史片段，较为完整地保留了民国时期、中华人民共和国成立初期乃至“文化大革命”时期的特殊历史文化，是国内不可多得的鲜活的教科书和博物馆，也是中西建筑文化合璧的建筑艺术瑰宝；开滦煤矿的矿务局大楼，现为天津市委办公楼，建于1919～1921年，这栋楼房是古典主义檐饰和立柱式的代表作；赵各庄煤矿的“洋房子”是煤矿外来洋人高级员司的别墅，现为赵各庄矿党委办公室，是欧式建筑风格，地下一层和地上二层全部为木质结构。这两处建筑物至今保存完好，对于研究和学习西方建筑设计和审美具有一定的参考意义[11,12]。

（三）历史价值：见证了殖民者侵略史和中国革命发展史

废弃矿山记录了人文事件、特定历史活动的发生，是历史文化信息传递的载体，具有一定的历史价值。

从洋务运动，到中华人民共和国成立，再到改革开放，经济发生转型，废弃矿山大都经历了一个从破茧诞生、曲折发展、创造辉煌到走向衰落的过程。这一过程浓缩了矿区所在地的中国殖民侵略史和中国革命发展史，从反抗侵略者斗争到革命胜利，再到中华人民共和国建设事业蓬勃发展，不同年代的工业遗产保存了相应时期的历史文化演变序列，成为不可磨灭的历史印记。

殖民者对矿产资源的掠夺史是中国矿业遗产特殊的烙印。中国工业遗产保护名录（第一批）所涉及的9个煤矿都遭受过殖民者的掠夺。我国很多中华人民共和国成立前建设的煤矿，都深受帝国主义、封建主义和官僚资本主义的残酷剥削和压迫，尤其是日本、英国、法国、德国等外国殖民者的剥削和压迫。这些煤矿都见证了外国殖民者对我国矿产资源的掠夺和对矿工的剥削压迫，记录了矿工进行英勇反抗的血泪史。其中，日本是对中国煤矿侵占最多、统治时间最长、统治手段最为凶残的国家，9个煤矿无一幸免。从《马关条约》签订到日本战败投降，在长达半个世纪的时间里，其先后侵占了台湾、东北、华北、华中、中南等地区资源比较好的煤矿，如抚顺煤矿、本溪煤矿、淄博煤矿、开滦煤矿、焦作煤矿、门头沟煤矿等。废弃煤矿遗址遗迹是日本殖民者掠夺我国矿产资源、剥削压迫矿工的记载，更是矿工对侵略者进行英勇反抗的革命精神的呈现。抚顺煤矿被日本霸占的40年间至少有25万名中国劳工死亡，它见证了中国矿业工人的血泪史，具有重要的历史文化价值。

很多煤矿又是红色革命的圣地、中国革命的纪念地，见证了中国革命的发展史。安源煤矿是以举世闻名的安源路矿工人运动和秋收起义为背景的中国工人运动的策源地和中国工农革命武装的诞生地，保存了各种遗迹、遗物和纪念性吸引物，包括安源路矿工人补习夜校旧址、罢工前后安源路矿工人俱乐部旧址、安源路矿工人消费合作社旧址、安源路矿工人大罢工谈判处旧址、毛泽东旧居、黄静源烈士殉难处纪念碑、秋收起义前敌委员会机关旧址、秋收起义部队第二团出发地旧址、安源路矿工人运动纪念馆、萍乡市秋收起义广场和烈士陵园等，这些矿业遗迹见证了中国革命的成长壮大。

（四）文化价值：构筑了艰苦奋斗的工匠精神

废弃矿山见证了一座矿山或者一座城市发展的历程、寄托了时代的精神与情感。矿业活动在创造巨大的物质财富的同时，也创造了取之不尽的精神财富，这些是形成社会强烈的认同感和归属感的根本，是近现代工业历史和文化的标志物，也是矿业城市文化精神的重要体现。它所承载的时代精神、企业文化和矿山工人的优秀品质是构成所处时代的重要标志。

中国矿业遗址的“奋斗”精神构筑了中国矿业遗产独特的品格。我国在矿业发展中，涌现了一系列王进喜、雷锋等模范人物和事迹[13]，形成了具有广泛影响力的“大庆精神”“铁人精神”“雷锋精神”“鞍钢精神”等精神财富，共同构筑了中国特色的工业精神——自力更生、艰苦奋斗、无私奉献、爱国敬业。矿业遗址的“奋斗”精神是中国工业文脉中最直接、最根本的特征[14]。“特别能战斗精神”已经成为开滦煤矿工人标志性的代名词。“他们特别能战斗”是毛泽东同志对以开滦煤矿工人为代表的中国工业无产阶级的高度赞扬。这种精神，不仅是开滦煤矿工人优秀品格的生动写照，也是煤炭产业工人高尚品质的典型代表。无论是在革命斗争时期，还是在社会主义建设时期，这种精神都在中国煤炭工业发展史上留下了不可磨灭的印记，受到了群众的广泛认同并产生了深远的社会影响，对推动我国矿业由大变强具有基础性、长期性、关键性的影响。

(五)社会价值：创造了计划时期“企业办社会”独有的工业文化

废弃矿山是中国特定时代的工业化产物。中国在相当长的一段时间内，以计划为导向，国家统管企业，企业也承担起政府的一些社会福利职能，如教育、医疗、公共服务等。导致大多企业往往独立于地方城市而存在，出现厂区与城市分离的空间格局，企业越来越成为一个高度自我封闭运转的社会系统，也创造出了一种独特的工业文化。矿山独立封闭的运行体制，极大地影响着城市肌理与空间形态，厂房、设备、建筑、服饰、音乐、绘画、戏曲、民俗等也由此冠上了时代性和地域性的符号，从而形成了矿业城市特有的文化。

工业化的符号及其引发的精神、思想与情感等多重属性在煤矿空间中叠加，形成的中国废弃矿山旅游资源迥异于其他国家，而具有独特性和稀缺性。旅游开发在很大程度上依赖于旅游资源及其所依托的环境。矿业遗产是一种特殊类型的文化遗产，也是一种宝贵的旅游资源，中国矿业遗迹的独特性和稀缺性决定了废弃地利用工业遗产在旅游开发上占据了绝对优势，更容易形成具有吸引力的旅游产品。

第三节　中国废弃煤矿旅游资源的空间识别

中国是最早发现、开采和利用煤炭的国家之一，也是目前最大的煤炭生产国和消费国，全国 31 个省(自治区、直辖市)(港澳台除外)、1400 多个县市储藏有煤炭资源[15]。从技术发展历程上看，中国的煤炭生产总体上经历了手工、爆破、机械开采等技术阶段，同时由于疆域幅员辽阔，煤炭赋存条件多样，开采技术条件各异，形成了丰富多样的采煤工艺与回采巷道布置，这些信息对于展示煤炭技术的发展历史具有极高的科普价值，也为“后煤矿”时代的废弃矿山工业遗产旅游开发提供了先决条件。面对丰富的工业旅游资源，如何针对性地进行有序开发，是目前亟待解决的问题。本节将结合煤炭资源分布的历史线索与经济发展的宏观战略布局，分析废弃煤矿旅游资源的空间分布特征，为我国废弃矿山工业遗产旅游开发空间战略的制定奠定了基础。

一、中国近现代煤炭工业发展历程及煤炭工业城市分布特征

煤炭工业的发展与废弃的空间格局伴生于中国近现代工业的发展历程，因此，对中国近现代煤炭工业发展历程及煤炭工业城市空间分布特征进行研究，有利于认识煤炭城市及矿山分布的格局背景。

（一）中国近现代煤炭工业发展历程

1840 年鸦片战争打开了封闭已久的国门，西方先进的工业技术和科学理念逐渐传入中国，伴随着外国列强的资本输入和资源掠夺，中国开始了真正意义上的近现代煤炭工业的发展，这个过程主要经历了 4 个阶段。

1. 第一阶段：中国近代煤炭工业的产生和初步发展时期（1840～1895 年）

这一时期工业发展的驱动力总体上表现为外来资本。1840～1895 年是中国近代工业的发端，这个阶段众多领域实现了从无到有的突破。兴办工业的主力是来自英国、美国、德国和俄国等资本主义国家的经济殖民势力及其买办。同时，清政府中具有维新思想的洋务派官员及满怀实业兴国思想的民族资本家也积极参与。1895 年中日《马关条约》签订后，外国资本在华设厂不受限制，中国丧失了工业制造专有权，外资中日资后来居上，成为在华投资的主力。工业投资的重点领域仍然集中在船舶修造、矿山开采等关乎国计民生的行业，轻工业则以纺织、面粉为主。值得注意的是，在中国近代工业的起步阶段，煤矿企业的发展尤为迅猛。新式企业的发展使煤炭需求激增，促使清政府以官办或官督商办的方式兴建煤矿，1875～1894 年出现了第一个兴建煤矿的高潮，先后开办了 16 座新式煤矿（表 2-6），这一时期主要的煤炭工业地区包括：磁州、广济、基隆、池州、开平、荆门、峄县、富川、临城、徐州、金州、贵池、北京、淄川、大冶、江夏。

表 2-6　初创时期中国近代煤矿简表（1875～1895 年）

开办年份	煤矿名称	经营性质	创办者	基本情况
1875	直隶磁州煤矿	官办	李鸿章	1875 年李鸿章奏准开办，后因储量不多，运输困难，向国外订购机器发生波折而停办
1875	湖北煤铁总局	官办	盛宣怀、李明墀	1875 年盛宣怀根据李鸿章命令，会同李明墀试办湖北广济、兴国等地煤矿，由于管理不善、资金不足等而失败
1876	台湾基隆煤矿	官办	沈葆桢、叶文澜	1875 年沈葆桢奏准开办，1876 年成立的台湾矿区局负责筹备，1879 年正式投产，日产能力约 300t，1892 年停办
1877	安徽池州煤矿	官督商办	杨德、孙振铨	初创期集资 10 万两，其中上海招商局投资 3 万余两，1882 年拟扩充资本兼营金属矿未成，1891 年因亏损停办
1877	直隶开平煤矿	官督商办	李鸿章、唐廷枢	1876 年唐廷枢奉李鸿章之命开始勘察，1877 年拟定招商章程，设立矿务局，正式筹建，1881 年投产，日产能力最高达 2000t
1879	湖北荆门煤矿	官督商办	盛宣怀	湖北开采煤铁总局试办广济、兴国煤矿失败后，主要沿用手工采煤，1882 年拟在上海集资未成，因资金短缺而停办
1880	山东峄县煤矿	官督商办	戴华藻、米协麟	初创资金 2.5 万两，设备简陋，以手工开采为主，日产能力 100 多吨
1880	广西富川煤矿	官督商办	叶正邦	初创期资金额不详，使用机器不多，靠旧法抽水，因煤质较差，运输困难，于 1886 年闭歇
1882	直隶临城煤矿	官督商办	纽秉臣	1882 年招股，设备简陋，主要依靠土法开采
1882	江苏徐州煤矿	官督商办	胡恩燮、胡壁澄	1882 年筹建，因集资困难，运输不畅，长期亏损，以手工开采为主
1882	奉天金州骆马山煤矿	官督商办	盛宣怀	1882 年招商集股 20 万两，盛宣怀将资金移用于电报局，只对矿山作勘测活动，未曾开发，1884 年停闭
1883	安徽贵池煤矿	官督商办	唐廷枢、徐润	唐廷枢、徐润利用轮船招商局资金，为吞并池州煤矿而设，后因 1883 年徐润破产，煤矿改由商人徐秉诗接办，规模很小
1884	北京西山煤矿	官督商办	吴织昌	1883 年筹建股份公司，1884 年开办，矿局与醇亲王、李鸿章都有联系，1886 年月产量仅 10 余万斤
1887	山东淄川煤矿	官督商办	张曜	1888 年开始用少量机器开采，到 1891 年张曜去世，矿山随之停办
1891	湖北大冶煤矿	官办	张之洞	为供应汉阳铁厂需要，自 1891 年开始经营，耗资近 50 万两，1893 年因积水过多，被迫停止开采
1891	湖北马鞍山煤矿	官办	张之洞	汉阳铁政局出资，1891 年筹建，1894 年出煤，因经费支细暂用土法开采，煤质不良

注：1 斤=0.5kg。

资料来源：张国辉. 洋务运动与中国近代企业[M]. 北京：中国社会科学出版社，1979.

2. 第二阶段：列强对中国矿权的掠夺和民族矿业的兴起(1895～1949年)

中日甲午战争以后，伴随着《马关条约》的签订，西方各国对中国煤矿进行了激烈的争夺。这一时期，英国攫取了在山西、河南、四川、安徽、北京、河北开滦等地煤矿的开采权；法国攫取了广东、广西、云南、贵州等地煤矿的开采权；德国攫取了山东、井陉等地煤矿的开采权；日本攫取了东北抚顺和本溪湖、烟台、安徽宣城等地煤矿的开采权；美国攫取了吉林田宝山等地煤矿的开采权；俄国攫取了中东铁路及支线等地煤矿的开采权。1895～1913年，外资在华开办的煤矿总计32家，其中外资在华开办的重要煤矿见表2-7。

表2-7 外资在华开办的重要煤矿(1895～1913年)

外资、中外合资国别	矿名
英国	直隶宛平通兴煤矿、奉天暖池塘煤矿、直隶唐山开平煤矿、安徽伦华公司、四川江北厅公司、焦作中福公司
俄国	奉天烟台煤矿、奉天瓦房店炸子窑煤矿、奉天抚顺煤矿、内蒙古扎赉诺尔煤矿、吉林陶家屯石碑岭宽城子煤矿、奉天五湖嘴煤矿、奉天尾明山天利公司
德国	直隶西山天利公司、山东峄县华德中兴公司、山东华德矿务公司、安徽庆安大凹山永顺煤矿公司、直隶井陉煤矿
日本	山东博山搏东公司、奉天本溪湖煤铁公司、奉天本溪县彩合公司
法国	湖北阳新炭山湾万顺公司
美国	奉天义州华美公司
比利时	直隶临城矿务公司、直隶宛平县门头沟龙门村公司

资料来源：薛毅.中国煤矿早期工人运动述论[J]. 河南理工大学学报(社会科学版), 2006, (2): 81-87.

面对西方列强在中国大肆开办煤矿的行径，中国各界爱国人士在19世纪末～20世纪初掀起了“收回矿权”“设厂自救”的群众运动。在从外国人手中收回矿权的同时，由于第一次世界大战的爆发，西方列强疲于应对大战而放松了对华的经济侵略，一些较有远见的中国官员和绅商发出了“实业救国”的呼声，新开的煤矿有20个(表2-8)，其中官办的1个，即广西贺县西湾煤矿；官商合办的4个，分别为河北滦州煤矿公司、浙江长兴煤矿、山东泰安县煤矿、安徽宿县烈山煤矿；商办的15个，分别为萍乡安源煤矿、山东枣庄中兴煤矿公司、河南安阳县六合沟煤矿公司、山西保晋矿务公司、河北磁县怡立煤矿公司、河北井陉县正丰煤矿公司、察哈尔宣化县鸡鸣山煤矿、辽宁锦西大窑沟煤矿、山东宁阳县华丰煤矿、辽宁西安煤矿、江苏通山县贾汪煤矿、河北宣化县宝兴煤矿公司、安徽怀远县大通煤矿、河北大冶县富源煤矿公司、江西乐平县鄱乐煤矿公司。

表 2-8 我国民族资本开办煤矿简表(1898～1918 年)

民族资本类别	矿名
官办	广西贺县西湾煤矿
官商合办	河北滦州煤矿公司、浙江长兴煤矿、山东泰安县煤矿、安徽宿县烈山煤矿
商办	萍乡安源煤矿、山东枣庄中兴煤矿公司、河南安阳县六合沟煤矿公司、山西保晋矿务公司、河北磁县怡立煤矿公司、河北井陉县正丰煤矿公司、察哈尔宣化县鸡鸣山煤矿、辽宁锦西大窑沟煤矿、山东宁阳县华丰煤矿、辽宁西安煤矿、江苏通山县贾汪煤矿、河北宣化县宝兴煤矿公司、安徽怀远县大通煤矿、河北大冶县富源煤矿公司、江西乐平县鄱乐煤矿公司

资料来源：薛毅.中国煤矿早期工人运动述论[J]. 河南理工大学学报(社会科学版), 2006, (2): 81-87.

第一次世界大战后，日本侵略势力在华的投资占绝对优势，势力延伸到煤矿、铁路、纺织、面粉等重要行业，大量掠夺中国的资源，排挤民族产业。日本对于中国煤炭资源的掠夺经历了从台湾到东北、从华北到华东的过程，1812～1945 年侵占中国的煤炭产量占全国煤炭产量的 93.8%[16]。由于华东地区主要城市沦陷，国民政府组织、爱国民族资本家积极响应的工厂内迁的壮举，促进了西南地区的开发和工业化进程。根据矿区产煤开采效益，这一时期主要的煤炭工业地区包括：唐山、抚顺、峄县、济南、井陉、本溪、临城、萍乡、枣庄、安阳、淄博、徐州、太原。

3. 第三阶段：中华人民共和国社会主义煤炭工业初步发展时期(1949～1976 年)

中华人民共和国成立前后，人民政府相继接收了东北地区的鹤岗、鸡西、通化、蛟河、老头沟、西安、阜新、北票、抚顺、烟台、本溪湖，华北和中南地区的六河沟、焦作、宜洛、潞安、阳泉、大同、峰峰、井陉、正丰、门头沟，华东地区的淄川、坊子、博东、悦升、博大、贾汪、大通等煤矿，华南、西南、西北地区解放后，又收回了萍乡、资兴、湘江、中湘、祁零、南桐、天府、威远、明良、一平浪、同官等煤矿。从 1953 年开始，在苏联的经济和技术援助下，围绕发展国民经济的第一个五年计划建设实施了 156 项重点工程(实际建成 150 项)，奠定了我国工业化的初步基础[17]。156 项工程主要为中国急需的国防、能源、原材料和机械教工等大型重工业项目[18]，其中有能源工业 52 个，包括煤炭 25 个、电力 25 个、石油 2 个。按照 1949～

1976 年这一时间阶段每 5 年的国民经济与社会发展计划，对各时间段的煤矿建设发展情况(图 2-2)作以下梳理。

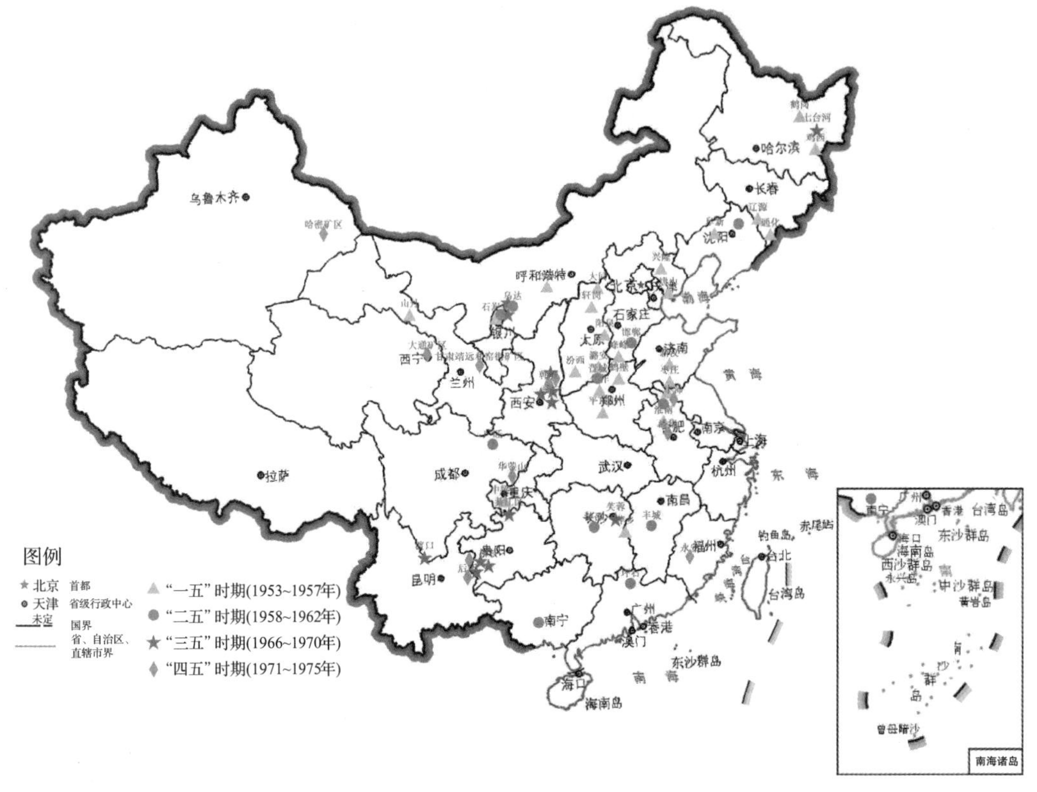

图 2-2 “一五”至“四五”时期典型煤矿分布

资料来源：作者根据资料整理绘制

“一五”时期(1953～1957 年)：重点扩建了唐山、大同、阜新、鹤岗、阳泉、淮南、峰峰、萍乡、焦作、枣庄、新汶、鸡西、通化、辽源、徐州 15 个老矿区；同时开始建设了平顶山、包头、潞安、鹤壁、中梁山、兴隆、轩岗、汾西、山丹、石嘴山等新煤矿。

“二五”时期(1958～1962 年)：建设了邯郸、晋城、乌达、淮北、丰城、涟邵、铁法、七台河、石炭井、广旺、六枝、坪石、南宁等 40 个新矿区。

“三五”时期(1966～1970 年)：开展了煤炭工业的“大三线”建设，包括了西南、西北 10 多个矿区，即贵州的六枝、盘县、水城，四川的渡口、芙蓉、松藻、华蓥山，宁夏石嘴山和石炭井矿区，陕西的铜川、蒲白、澄合、韩城，甘肃靖远和窑街矿区，青海大通矿区，新疆哈密矿区，内蒙古乌达矿区，“三线”之外新建的煤矿城市还有黑龙江的七台河。

“四五”时期(1971～1975 年)：又开工建设了潘集、丰沛、永安、韩城、澄合、华蓥山、田坝、后所等 13 个新矿区[19]。

根据苏联重点援建的煤炭工程项目及各阶段重点开展的煤炭工业建设状况，这一时期主要的煤炭工业地区有鹤岗、辽源、阜新、鸡西、潞安、焦作、大同、淮南、通化、邯郸、抚顺、徐州、枣庄、双鸭山、铜川、平顶山、烟台、晋城、华蓥、石嘴山。

4. 第四阶段：社会主义现代煤炭工业大发展时期(1976 年至今)

这一时期工业发展的驱动力主要来自我国市场经济的自身活力，建设了众多举世瞩目的大型工程，如三峡工程、南水北调工程、西气东输工程、青藏铁路。随着近年来我国经济结构从商品生产经济转向服务型经济，以及各产业的生产率的变化，大多数劳动力转向制造业；同时，随着国民收入的增加，对服务业的需求越来越大；相应地，劳动力又将向服务业方面转移。我国也逐步进入以服务业为主导的“后工业化”时期，产业格局进行“退二进三”调整，煤炭产业由于在原工业结构中所占的比重较大，也成为产业调整与转型的主要对象，面临着新时代赋予的机遇与挑战。这一时期主要的煤炭工业城市有抚顺、阜新、铁岭、徐州、枣庄、鸡西、鹤岗、双鸭山、七台河、辽源、淮南、淮北、大同、阳泉、长治、晋城、赤峰、通辽、平顶山、鹤壁、焦作、新乡、萍乡、铜川、石嘴山、攀枝花、六盘水等。

(二)我国近现代煤炭工业城市分布特征

回顾我国近现代煤炭工业发展的历程，不难看出，煤炭工业城市的空间分布呈现出从东部沿海、沿江到东北及中西部内陆城市转移的格局特征。长江中下游地区自然资源丰富，靠近长江和京杭大运河，交通运输条件便利，在外来资本与民族资本的共同驱动下，率先在 19 世纪 60 年代成为我国近现代煤炭工业最繁荣的区域。之后，随着日本资本的涌入，东北地区和华北地区的煤炭工业得到了发展。中华人民共和国成立后 156 项重点工程的建设，使中西部地区的重工业逐渐得到发展，最终奠定了我国近现代典型煤炭工业城市的分布格局(表 2-9)。

表 2-9　我国近现代主要煤炭工业城市简表

发展阶段	主要煤炭工业城市
第一阶段（1840～1895 年）	磁州、广济、基隆、池州、开平、荆门、峄县、富川、临城、徐州、金州、贵池、北京、淄川、大冶、江夏
第二阶段（1895～1949 年）	唐山、抚顺、峄县、济南、井陉、本溪、临城、萍乡、枣庄、安阳、淄博、徐州、太原
第三阶段（1949～1976 年）	鹤岗、辽源、阜新、鸡西、潞安、焦作、大同、淮南、通化、邯郸、抚顺、徐州、枣庄、双鸭山、铜川、平顶山、烟台、晋城、华蓥、石嘴山
第四阶段（1976 年至今）	抚顺、阜新、铁岭、徐州、枣庄、鸡西、鹤岗、双鸭山、七台河、辽源、淮南、淮北、太原、大同、阳泉、长治、晋城、赤峰、通辽、平顶山、鹤壁、焦作、新乡、萍乡、铜川、石嘴山、攀枝花、六盘水

资料来源：作者根据资料整理绘制。

二、中国煤炭资源枯竭型城市分布特征

从我国近现代工业发展的历程可以看出，各种资本的逐利客观上促进了我国煤炭工业的发展，并突出了煤炭工业在我国近现代工业中举足轻重的地位。但同时，由于煤炭资源的不可再生性，一些煤炭资源型城市的煤炭储量不断减少，面临的环境问题也越发严峻，继而出现大量煤炭资源枯竭型城市。学术界对资源型城市及其种类的划分不一，王青云[20]是较早明确资源型城市概念的学者，他将我国资源型城市分为煤炭、森工、有色、冶金、石油、黑色冶金等类型。

我国煤炭储量主要分布在华北、西北地区，集中在昆仑山—秦岭—大别地带。根据 2013 年国务院印发的《全国资源型城市可持续发展规划（2013-2020 年）》，目前我国共有 262 个资源型城市，其中比较典型的煤炭资源型城市共计 73 个，其中地级行政区 48 个，县级市 25 个（表 2-10）。从煤炭资

表 2-10　典型煤炭资源型城市名单表（2013 年）

类型	地级行政区	县级市
成长型	朔州、鄂尔多斯、六盘水、毕节、黔南布依族苗族自治州、昭通、榆林	霍林格勒、锡林浩特、永城、禹州、灵武、哈密、阜康
成熟型	张家口、邢台、邯郸、大同、阳泉、长治、晋城、忻州、晋中、临汾、运城、吕梁、鸡西、宿州、亳州、淮南、济宁、三门峡、鹤壁、平顶山、娄底、广元、达州、安顺、渭南、平凉	古交、调兵山、登封、新密、巩义、荥阳、绵竹
衰退型	乌海、阜新、抚顺、辽源、鹤岗、双鸭山、七台河、淮北、萍乡、枣庄、焦作、铜川、石嘴山	霍州、北票、九台、新泰、耒阳、资兴、冷水江、涟源、合山、华蓥
再生型	通化、徐州	孝义
数量	48	25

资料来源：国务院. 国务院关于印发全国资源型城市可持续发展规划（2013-2020 年）的通知[EB/OL]. (2013-11-12) [2020-06-18]. http://www.gov.cn/zfwj/2013-12/03/content_2540070.htm.

源型城市在资源型城市所占比重来看，73 座煤炭资源型城市占资源型城市总数的 27.9%。煤炭资源型城市是我国一种重要的城市类型，其兴衰及转型将对我国的经济发展影响重大。

山西以北的北方地区，山西、陕西、内蒙古等省(自治区)的煤炭资源最为丰富，其中晋陕蒙地区集中了我国煤炭资源的 60%。我国煤炭资源型城市的分布几乎与煤炭赋存区域重合，总体来说，从地理位置上分为东、中、西 3 个部分：东部煤炭资源型城市包括辽宁抚顺、阜新，江苏徐州，山东枣庄等；中部煤炭资源型城市包括安徽淮南、淮北，山西大同、阳泉、长治、晋城、朔州，内蒙古鄂尔多斯、乌海，河南平顶山、鹤壁、焦作、永城，江西萍乡等城市；西部煤炭资源型城市包括陕西铜川、榆林，宁夏石嘴山，四川华蓥，贵州六盘水等城市(表 2-11)。从地域分布的特征来看，煤炭资源型

表 2-11 煤炭资源型城市的地区分布

地区	省(自治区)	地级行政区、县级市	数量
东部	河北	张家口、邢台、邯郸	18
	江苏	徐州	
	黑龙江	鸡西、鹤岗、双鸭山、七台河	
	吉林	辽源、通化、九台	
	辽宁	阜新、调兵山、北票、抚顺	
	山东	济宁、枣庄、新泰	
中部	山西	朔州、大同、阳泉、长治、晋城、忻州、晋中、临汾、运城、吕梁、古交、霍州、孝义	37
	内蒙古	鄂尔多斯、乌海、霍林格勒、锡林浩特	
	河南	三门峡、鹤壁、平顶山、焦作、永城、禹州、登封、新密、巩义、荥阳	
	江西	萍乡	
	安徽	宿州、亳州、淮南、淮北	
	湖南	娄底、耒阳、资兴、冷水江、涟源	
西部	广西	合山	18
	四川	广元、达州、绵竹、华蓥	
	贵州	六盘水、毕节、黔南布依族苗族自治州、安顺	
	宁夏	石嘴山、灵武	
	陕西	榆林、渭南、铜川	
	云南	昭通	
	新疆	哈密、阜康	
	甘肃	平凉	

资料来源：作者根据资料整理绘制。

城市主要分布在我国中部地区，多达 37 座，约占我国全部煤炭资源型城市的 50.7%。从其具体分布的省(自治区)来看，山西最多，其次为河南。

随着工业化进程的不断迈进，曾经因自然资源丰富而得到快速发展的城市，如今却因这些不可再生资源的大量消耗面临重大的城市转型问题，因此改变过去城市产业单一的状况，寻求城市产业结构优化和经济转型发展成为资源枯竭型城市亟待解决的难题。同时为积极促进这类城市的转型发展，继 2007 年 12 月 18 日国务院制定出台《国务院关于促进资源型城市可持续发展的若干意见》后，国家发改委分别于 2008 年、2009 年、2012 年分别确定了 3 批共 69 座国家资源枯竭型城市(县、区)，中央财政将直接给予这些城市财力性转移支付资金支持，其中煤炭资源枯竭型城市 37 座(表 2-12，图 2-3)，占枯竭型城市总量的 54%，且大部分分布在我国东北及传统煤矿开采地区。

表 2-12　我国煤炭资源枯竭型城市分布情况表

省(自治区、直辖市)	第一批(6 座)	第二批(16 座)	第三批(15 座)
河北		下花园区、鹰手营子矿区	井陉矿区
山西		孝义	霍州
内蒙古			乌海、石拐区
辽宁	阜新	抚顺、北票、南票	
吉林	辽源、白山	九台	二道江区
黑龙江		七台河	鹤岗、双鸭山
江苏			贾汪区
安徽		淮北	
江西	萍乡		
山东		枣庄	新泰、淄川
河南	焦作		
湖北			松滋
湖南		资兴、耒阳	涟源
广东			韶关
广西		合山	
重庆		万盛区	南川区

续表

省(自治区、直辖市)	第一批(6座)	第二批(16座)	第三批(15座)
四川		华蓥	
陕西		铜川	
甘肃			红古区
宁夏	石嘴山		

资料来源：作者根据资料整理绘制。

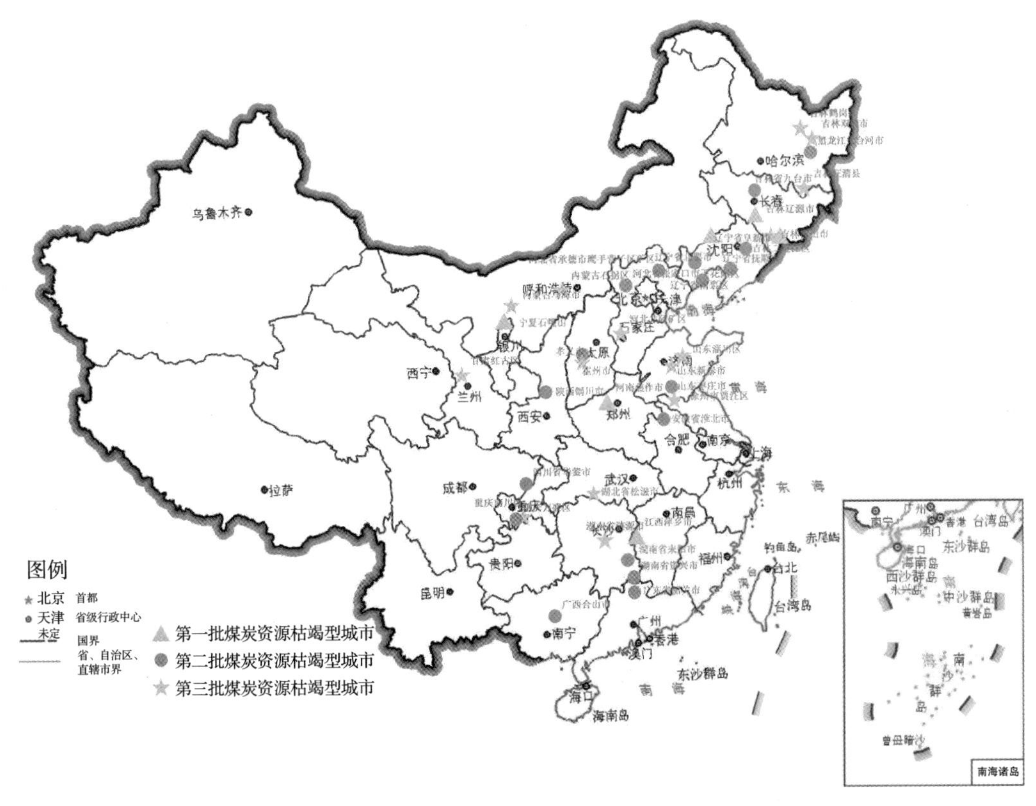

图 2-3　我国资源枯竭型城市分布图

废弃矿山工业遗产旅游开发离不开工业场地自身所蕴含的历史、文化、技术价值等内在因素，以及国家经济发展战略的外生动力的共同作用。因此，废弃矿山工业遗产旅游开发空间战略的提出需要基于对供给与需求的共同分析。前面对我国工业发展历史的回顾，在于理清工业发展历史在空间上的线索，甄别在我国工业发展历史中具有典型意义的城市节点；对煤炭资源型城市空间格局的分析，进一步理清了特殊行业(煤炭)发展中的典型城市节点，对认识废弃矿山旅游开发价值的内在因素进行了铺垫；对我国“十三五”规划，以及“一带一路”倡议的分析，有利于对我国经济活跃衍生区域的判断。

从区域性旅游资源开发的空间要求上看，构建区域性旅游空间发展结构，需要对区域结构的关键要素进行判断，即识别空间中的点、线、面等要素，在此基础上，形成区域发展的空间网络。基于前面的分析，对我国废弃矿山工业遗产旅游开发的要素识别如下。

三、废弃矿山工业遗产旅游开发的要素识别

（一）面要素：废弃矿山聚集区

空间网络中的面要素指煤炭产业的聚集区域。对于面要素的识别，需要结合我国近现代煤炭工业发展分区及煤炭城市外部发展机遇两方面的数据。一方面，根据我国工业发展的历史进程及工业发展水平，在宏观上将我国的工业区域划分为东北地区、西北地区、西南地区、中部地区、中南地区、东南沿海地区及华北地区，识别出具备工业遗产资源的区域。另一方面，根据我国煤炭资源枯竭型城市的分布，筛选出具备发展后工业旅游条件的区域。将工业遗产资源分布区域［图 2-4（a）］与煤炭资源枯竭型城市分布区域［图 2-4（b）］进行叠加，识别出具备废弃矿山工业遗产旅游开发条件的主要分布区域［图 2-4（c）］。

（二）线要素：铁路与经济动脉

空间网络中的线要素具备旅游资源信息的传输功能。从历史的视角，由于煤炭运输对于交通运输的强依赖性，铁路在煤矿的运营过程中扮演着极为重要的角色。铁路与煤矿双方在各种业务间彼此合作，建立起密切的联系。各种为煤矿修建的铁路专用线，将煤矿与区域性的铁路干线相连（如中兴煤矿兴建枣临铁路，解决其与津浦铁路的衔接问题），形成了煤矿沿铁路线聚集的特征。从发展的视角，自 2015 年颁布《推动共建丝绸之路经济带和 21 世纪海上丝绸之路的愿景与行动》后，我国大力推动丝绸之路国家建设，积

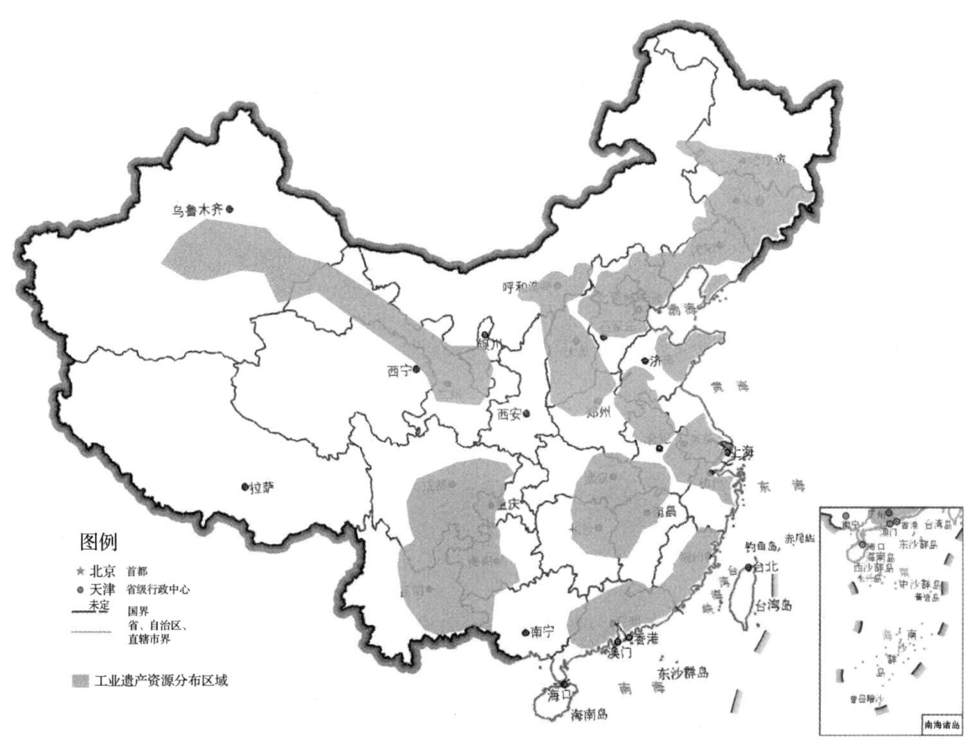

(a) 工业遗产资源分布区域图

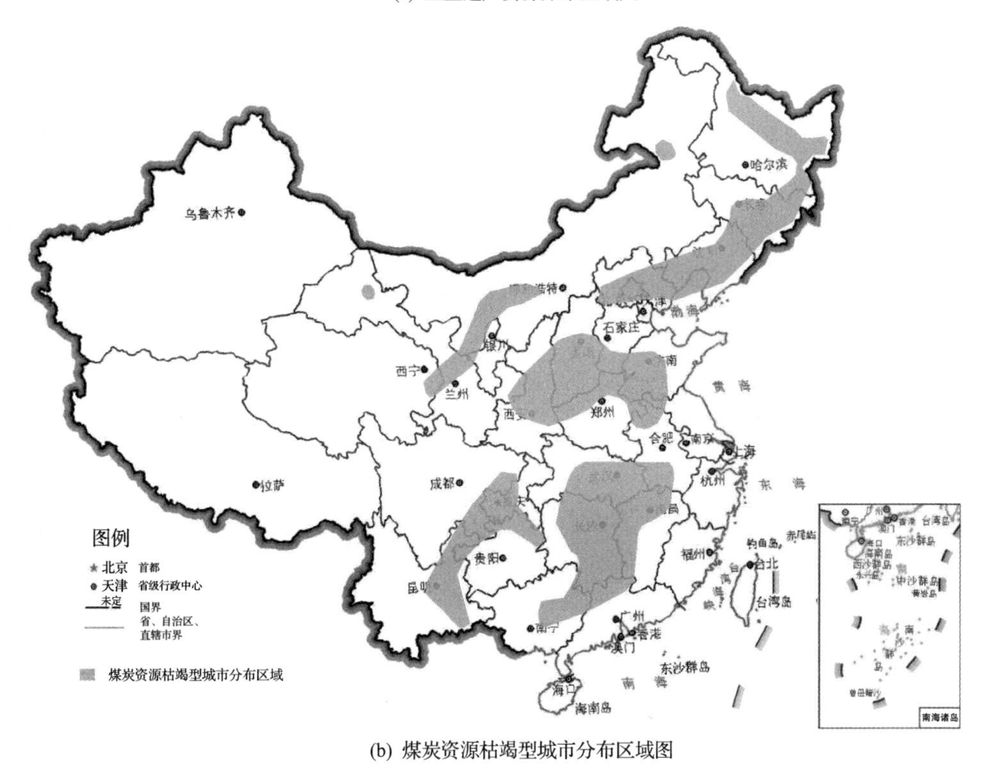

(b) 煤炭资源枯竭型城市分布区域图

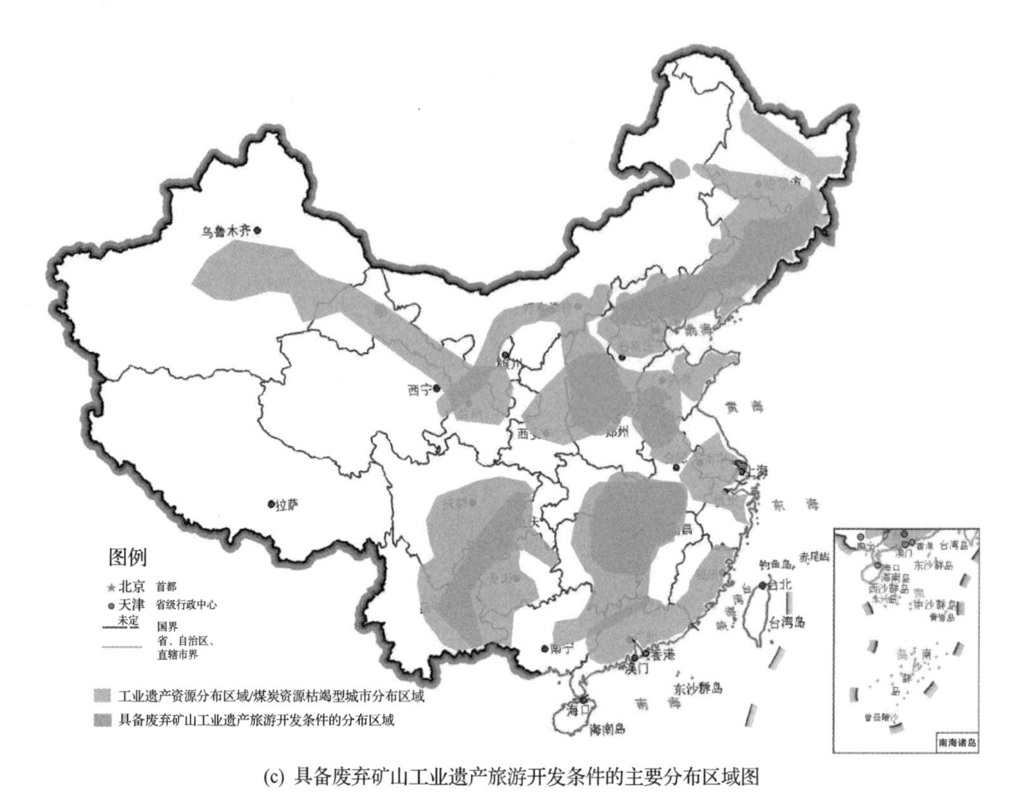

(c) 具备废弃矿山工业遗产旅游开发条件的主要分布区域图

图 2-4 煤炭工业遗产分区分析流程图

资料来源：作者根据研究成果绘制

极推进沿线城市和地区的发展建设。陆上丝绸之路与海上丝绸之路构成了我国经济发展的“隐性”动脉。“一带一路”经济带逐渐提升的经济活力，将对沿线城市的经济发展起到极大的带动作用。因此，传统的铁路与“一带一路”构成了废弃矿山旅游开发中的线要素。

(三)点要素：具有旅游开发价值的废弃矿山

空间网络中的点要素是具备工业文化展示功能的废弃矿山，包括矿山所存续的场地，以及场地内的建、构筑物。对于点要素的识别，要结合面要素与线要素构建的基本骨架，筛选出与基本结构之间具备空间、历史、功能相关性的空间载体[21]。

结合废弃矿山所处产业聚集区及其与铁路及“一带一路”等线性要素的相关性。将煤炭资源枯竭型城市网络与近现代主要煤炭工业城市网络进行叠加。筛选出在废弃矿山工业遗产旅游开发网络中具备节点功能的城市，典型城市如东北地区的抚顺、阜新，华北地区的唐山、徐州、枣庄，中北-中南地区的焦作等。

参考文献

[1] 茹立东, 刘媛媛, 牛姗姗. 基于层次分析法的矿区旅游资源价值评价——以安徽铜陵市为例[J]. 价值工程, 2016, (17): 191-193.

[2] 李丽, 李悦铮. 工业遗产旅游资源评价——以辽宁省为例[J]. 资源开发与市场, 2010, (6): 571-573, 576.

[3] 李慧. 基于AHP的工业遗产旅游资源价值评价指标体系的构建及应用研究[J]. 中南财经政法大学研究生学报, 2016, (5): 88-93.

[4] 郑丽丽, 郝迎成, 丁新军, 等. 基于 AVC 分析的工业遗产旅游开发价值评价[J]. 工业技术与职业教育, 2017, (1): 86-88.

[5] 章晶晶, 卢山, 麻欣瑶. 基于旅游开发的工业遗产评价体系与保护利用梯度研究[J]. 中国园林, 2015, 31(8): 86-89.

[6] 张健, 隋倩婧, 吕元. 工业遗产价值标准及适宜性再利用模式初探[J]. 建筑学报, 2011, (S1): 88-92.

[7] 王军, 杨庆. 工业旅游资源概念及其特点探析——以黄石市为例[J]. 旅游纵览(下半月), 2017, (8): 108, 110.

[8] 梁登, 李明路, 夏柏如, 等. 矿业遗迹调查、分类与评价方法初探[J]. 水文地质工程地质, 2014, 41(3): 142-147, 152.

[9] 江西萍乡安源国家矿山公园[EB/OL]. [2018-05-03]. http: //www. ayksgy. com/.

[10] 开滦国家矿山公园[EB/OL]. [2018-05-03]. http: //www. kailuanpark. com/.

[11] 李纲. 中国民族工业遗产旅游资源价值评价及开发策略——以山东省枣庄市中兴煤矿公司为例[J]. 江苏商论, 2012, (4): 126-129.

[12] 枣庄矿务局志编纂委员会. 枣庄矿务局志[M]. 北京: 煤炭工业出版社, 1995: 358.

[13] 吕飞, 康雯, 罗晶晶. 文化线路视野下东北地区工业遗产保护与利用[J]. 中国名城, 2016, (8): 58-64.

[14] 韩福文, 佟玉权, 张丽. 东北地区工业遗产旅游价值评价——以大连市近现代工业遗产为例[J]. 城市发展研究, 2010, 17(5): 114-119.

[15] 薛毅. 从传统到现代: 中国采煤方法与技术的演进[J]. 湖北理工学院学报(人文社会科学版), 2013, 30(5): 7-15.

[16] 薛毅. 日本侵占中国煤矿述论(1895-1945 年)[J]. 河南理工大学学报(社会科学版), 2015, 16(3): 335-346.

[17] 陆大道. 中国工业布局的理论与实践[M]. 北京: 科学出版社, 1990.

[18] 祝慈寿. 中国现代工业史[M]. 重庆: 重庆出版社, 1990.

[19] 董洪光. 韩可琦, 王玉浚. 中国煤矿区发展演变研究[J]. 中国煤炭, 2009, 35(3): 21-24, 43.

[20] 王青云. 资源型城市经济转型研究[M]. 北京: 中国经济出版社, 2003.

[21] 俞孔坚, 奚雪松. 发生学视角下的大运河遗产廊道构成[J]. 地理科学进展, 2010, 29(8): 975-986.

第三章

国外废弃矿山工业遗产旅游开发经验与启示

第一节　德国工业遗产旅游开发经验与启示

一、德国旅游业概况

德国拥有丰富的旅游资源和发达的旅游产业，每年有大量国内外游客在(到)德国旅游。从 20 世纪六七十年代起，德国开始进入工业化后期，与此同时，旅游业以迅猛的发展劲头成为当时一个非常盛行的行业。德国国家旅游局与德国旅游交易会(Germany Travel Mart，GTM)2017 年发布的统计报告反映德国入境旅游持续强劲增长。据德国联邦统计局统计数据显示，2016 年 1～12 月，德国接待的外国游客达 8080 万间夜，同比增长 1.4%(较前一年上升 110 万间夜)。2017 年 1～2 月，市场保持了 2016 年的发展力度，其国际过夜游客达 970 万间夜，同比增长 3.2%。中国旅游市场在 2016 年的低迷经济中增长速度虽放缓到 1.6%，但 2017 年前两个月，又呈现同比增长 11% 的强劲势头。同时在世界旅游组织(UNWTO)和世界旅游监察机构(World Travel Monitor)的分析及德国联邦统计局统计数据的基础上，德国国家旅游局认为 2017 年全年德国入境旅游市场总体上升了 0～2%。第三方统计数据显示，体育、博物馆、设计和音乐这 4 个词已经成为人们开启德国之旅的关键词。据此，德国国家旅游局持续推出年度主题推广旅游胜地德国。2018 年，德国国家旅游局全球推广主题为“美食德国”、2019 年为“包豪斯 100 年”、2020 年为“贝多芬诞辰 250 周年”。除此之外，还有一系列基础主题：城市与文化、传统与民俗、睿智与奢华等。针对中国市场，2018 年德国还推出特别主题——“卡尔·马克思诞辰 200 周年”和“德国自驾购物”。在全球旅游业稳步增长的发展态势下，赴德旅游人数不断攀升，德国国家旅游局预测，2030 年，来自中国市场的间夜数将超过 500 万，在德国入境游市场前十中占据一席之地[1]。

德国的旅游业体制与我国不甚相同。在国家层面，德国将旅游方面的法律法规融入了包括民法、税法、环境法和交通法等在内的具体法律框架内。德国各联邦州是负责当地旅游的主管部门，联邦经济和技术部则为发展旅游业提供政策指导，如如何提升旅游服务质量、扩大旅游宣传、增强员工专业素养等。德国国家旅游局表示，注重基础设施建设与旅游市场营销，是德国保持旅游吸引力的重要手段。德国经济部表示将加大对旅游业的投资，并且希望通过旅游业带动更多中小企业的发展。在地方层面，旅行社只需要负责旅游产品的销售，旅游公司则承担类似旅游地开发与旅游路线规划等重要工作。德国近一半的旅游活动都是由旅行社完成的，遍布全国各地的旅行社就如同一个个市场，集中各个公司的旅游产品来供旅游者选择。

二、废弃矿山工业遗产旅游

(一)废弃矿山工业遗产旅游发展背景

19 世纪欧洲的工业革命极大地推动了德国工业的发展，机械化大生产模式取代了原有的小作坊工业发展方式，德国依靠境内丰富的资源走上了工业高速发展的道路。德国在 19 世纪 40～80 年代，用了不到 50 年的时间完成了工业革命。伴随着工业的高速发展，大量的工业原料采掘场、工业厂房、工业设备及各种工业辅助设施等开始出现并完善，这些工业物质实体见证了德国的工业发展史，同时见证了工业大生产对人们的生活和对世界的改变。随着经济全球化的高速发展，产业结构在世界范围内发生调整。以煤炭、钢铁等为代表的高耗能型的重工业由发达国家逐渐向不发达的第三世界国家转移。产业结构的调整导致以资源消耗为主的西方发达国家出现结构性萧条。70 年代前后，伴随着石油危机和国际重化工业需求的下滑，德国传统的石油冶炼、钢铁、造船等重化工业发展相对停滞。1973～1984 年，德国工业年均增长 0.6%，进入明显的低速调整期。这一时期，许多工厂企业纷纷倒闭，城市出现了大量的工业废弃地[1]。

第二次世界大战结束之后的几十年，由于缺乏对历史文化的正确认识，德国采取了大面积推平头式的更新方法开展城市建设。原来工业生产导致的生态环境污染、土地资源浪费等各种问题成了大家拆除工业遗址的理由。随着工业遗产保护意识的增强，世界各地纷纷建立了以保护工业遗产为主的组织。1978 年在瑞典成立的国际工业遗产保护委员会，成为世界上第一个致力于促进工业遗产保护的国际性组织。通过对世界各国工业遗产保护方法的了解，德国开始反思原有的更新方式，并逐渐认识到工业废弃地所承载的历史文化价值。

(二)德国工业废弃地旅游发展阶段

位于德国西部北莱茵-威斯特法伦州的鲁尔煤矿区是硬煤的主产区，它的发展是德国煤炭工业发展历程的一个缩影。

20世纪60年代,德国煤矿业受到石油产业及环境恶化等多方面的冲击，开始出现产量急速下降，大批矿区关闭等现象。进入21世纪，德国联邦政府在其《2010能源方案》中提出，2020年以前降低40%温室气体排放。为了实现这一目标,德国联邦政府于2007年决定从2018年后不再补贴石煤矿。在环境保护的浪潮下，2018年12月21日，最后一座石煤矿关闭。关闭后的煤矿废弃地用于发展工业遗产旅游的概念在德国经历了多年的探索。从20世纪80年代起，工业遗产旅游概念兴起，人们对废弃地旅游再利用的观念经历了从反对、排斥，到认可的过程，见表3-1。

表3-1 德国工业废弃地旅游发展阶段

时间	发展阶段	发展历程
20世纪50年代末～60年代初	德国经济衰落初期	本地制造业工业企业的国际竞争力连续下降，导致工厂企业纷纷破产、倒闭、外迁或转行，煤炭工业和钢铁工业尤为突出
20世纪70～80年代	逆工业化过程的趋势加深	面临严重的失业、年轻劳动力外迁、区域内人口数量下降、城市税收减少、经济衰落、工业污染得不到治理、城市的中心地位消失、区域形象恶化和吸引力下降等问题，如何对待和处理大量废弃的工矿、旧厂房和庞大的工业空置建筑与设施，成为鲁尔煤矿区不可回避的重要问题
20世纪80年代早期	否定与排斥阶段	工业遗产旅游概念最初是由少数民间的专家学者提出的，由于没有得到政府和大众的认可，在20世纪80年代早期，人们更加主张以清除旧工业废弃地为主的更新改造方式
20世纪80年代中期	迷茫阶段	由于德国的工业废弃地众多，彻底清除的方法并不能置换所有的工业废弃地，同时彻底清除花费的成本极高，需要特别的技术方案。这一阶段，倒闭的工厂和矿山被闲置了十几年，甚至几十年，并未找到行之有效的解决办法
20世纪90年代早期	德国的废弃地工业遗产旅游谨慎尝试阶段	严峻的现实迫使人们思考工业遗产旅游的概念，加上英国、美国、瑞典的工业遗产旅游开发的成功案例，德国开始尝试改造一部分尚未清除的工业废弃设施。这一阶段，工业废弃地工业遗产旅游得到初步的发展
20世纪90年代后期	德国的废弃地工业遗产旅游区域性战略开发阶段	德国策划了“工业遗产旅游之路”(route industriecultural，RI)，一条区域性的专题旅游线路。RI来自德国国际建筑展(International Building Exhibition，IBA)计划的区域综合整治和发展计划，它标志着德国的工业遗产旅游从零散的独立开发阶段走向一个区域性的旅游目的地的战略开发阶段

资料来源：作者根据资料整理绘制。

(三)资源禀赋

1)地理位置优越

工业废弃地位于城市最有利的位置，一些新兴产业如文化创意产业、服务业、金融、办公等利润率较高的产业与之并存，二者的碰撞使更多的人开始重视工业废弃地的开发再利用。通过对工业废弃地建筑功能的置换和空间的再分割，废弃工业建筑得到重新利用。以德国鲁尔工业区为例，其在 20 世纪 80 年代通过经济结构的转型，吸引了大量文化创意产业入驻，包括艺术品市场、表演艺术及设计业等。大空间的工业废弃地正好满足这些文化创意产业对大场地和自由空间的需求。

2）工业遗产旅游资源丰富

德国拥有较多的世界遗产。截至 2017 年 7 月，其共拥有 42 项世界遗产，其中文化遗产 39 项，自然遗产 3 项，遗产数量位列世界第 5 位。此外，德国还有 17 个项目被列入世界遗产计划中，其中工业遗产有 4 个，2 个与矿产相关并可归类为矿区工业遗产旅游景点。这些工业物质实体承载着德国的工业发展史，同时见证了工业大生产对人们的生活和对世界的改变，成为德国丰富的工业遗产资源（表 3-2）。

表 3-2　德国世界遗产

名称	地点	项目年份	备注
法古斯工厂（Fagus Factory）	阿尔费尔德	2011	法古斯工厂是一座生产鞋楦（last）的工厂，为法古斯公司所有。由沃尔特·格罗佩斯（Walter Gr us）与阿道夫·迈耶（Adolf Meyer）共同设计，于 1911～1913 年兴建。此建筑开创性地采用了大量的玻璃构造幕墙。这个建筑群对包豪斯的设计风格产生了深远的影响，也对欧洲及北美现代建筑发展史有着指标性的意义。目前这座厂房仍在使用中
上哈茨（Regale）	上哈茨	1992	隶属于 Rammelsberg 矿山，位于赖迈尔斯堡矿和戈斯拉尔古城以南，主要用来协助提取有色金属矿，其开发使用的历史已达到 800 年
弗尔克林根炼铁厂（Vlklingen Iron Works）	萨尔	1994	位于德国萨尔弗尔克林根（Volklingen），是拥有百年以上历史的炼钢厂。1994 年为联合国教科文组织指定为世界文化遗产，成为第一个世界文化工业纪念物，代表的是钢铁工业的黄金时期

三、德国工业废弃地旅游管理制度建设

（一）德国工业废弃地旅游法律法规

德国在 1766 年就将采矿者应承担的生态恢复和治理义务写进了土地租赁

合同，并在20世纪20年代展开了全面的生态治理和土地修复工作。德国早期通过开发农业和林业以修复矿业废弃地。20世纪80年代后，矿区废弃地的复垦与生态重建开始转向建立休闲用地、重构生物循环体和保护物种方面[2]。

《德国联邦采矿法》规定，报废煤矿企业必须采取相应的措施规避可能存在的地表塌陷、有害气体逸散等风险。为了解决劳西茨(Lausitz)矿区褐煤矿遗留问题，1995年德国政府根据《德意志联邦矿业法案》，成立了劳西茨和德国中央矿业管理公司(The Lausitz and Central-German Mining Administration Company)。该公司负责废弃矿区的规划、环境综合治理、居民安置、地产贸易、商业和旅游开发等工作。另外，各州政府出台了具体的技术标准或指南，2007年北莱茵-威斯特法伦州出台的《煤矿关闭指南》，对矿井关闭采用的封井材料、瓦斯抽采装置、防爆措施都有具体的要求和标准[3]。

随着传统工业角色的衰退，失业、犯罪等社会现象越发凸显，时代转变过程中的问题对人们的生活产生了极大的困扰，人们亟须寻求人性的回归、家庭的温情、社区认同及实现个人价值，解决这些问题的关键在于引导人们积极地投入社会文化中去。

20世纪70年代，德国城市议会签署了名为《通向人性化城市之路》的宣言，提出了新的城市发展任务和要求，即促进社会交往，以此来避免人们在现代城市生活中的孤独感，创造生活空间，引起人们的共鸣。1986年的《未来宣言》及《文化生活的新机遇》中强调“文化国家要把他的公民最大限度地拉入文化生活中[1]。”在这种文化理念的推动下，德国城市涌现出了大批酒吧、博物馆、休闲公园、咖啡厅等文化休闲类的公共服务设施。

20世纪60年代，德国煤矿业受到石油产业及环境恶化等多方面的冲击，开始出现产量急速下降，大批矿区关闭等现象。到2016年，欧盟，德国联邦政府、州政府和煤矿企业四方共同完成了德国煤矿的关闭工作，并设立了约100亿欧元的煤矿关闭基金，作为后续土地复垦、矿井水处理等的费用。

(二)德国工业废弃地旅游体制机制建设

(1)成立专门委员会管理地区事务。1920年，鲁尔区成立了一个协会性质的机构——煤管区社区联盟(Siedlungsverband Ruhrkohlenbezirk，SVR)，也就是现在的鲁尔地区联盟(der Regional verband Ruhr, RVR)的前身，负责区域性的发展事物。1989年，鲁尔区区域管理委员会组织实施了长达10年之久的区域综合整治与复兴计划，该计划包含了对鲁尔区工业结构的转型、旧工业建筑和废弃地的改造与再利用、当地的自然和生态环境的恢复及解决就业和住房等社会经济问题等，给予了系统的规划，德国国际建筑展计划便是其中之一[4]。

(2)政府和民间企业间的合作。“公私合营”(public-private-partnership)有着悠久的历史。德国国际建筑展组织是一个民间组织，具有双重性质，人们能够在这个平台中对区域规划进行广泛的讨论，并最终达成共识。该组织把官方和民间的积极性协调起来，规划的参与者既包括政府，又包括社会中的私人企业和非政府组织。德国国际建筑展计划没有覆盖整个鲁尔区，而是把重点放在鲁尔区中部工业景观最密集、环境污染最严重、衰退程度最高的埃姆舍地区。

(3)开发区域性旅游项目。德国鲁尔区于1998年制定的工矿业旅游线路被称为“工业遗产之路”，开创了矿业废弃地旅游开发的成功范例。德国政府依靠工矿废弃地旅游开发带动，成功推动了以采矿和钢铁为主的鲁尔区产业结构调整和经济复兴。

(4)完善相关机制建设。2004年SVR改组为“鲁尔地区联盟”，其区域决策力日趋软弱。2009年，RVR在州政府的支持下，再次获得编制法定区域规划的权利(表3-3)。

表3-3　体制机制等建设

时间	体制机制	功能
1920年	矿区主区联盟	物质空间规划的编制
1975年	区域管理委员会	机构的区域规划编制权上收，转由州政府设立的专门机构负责
1989～1999年	德国国际建筑展组织	激发和整合各种角色积极参与规划
1998年	“工业遗产之路”	推动以采矿和钢铁为主的鲁尔区产业结构调整和经济复兴
2009年	鲁尔地区联盟	编制法定区域规划

资料来源：作者根据资料编制。

(三)开发条件

1)大众需求

首先，工业废弃地的工业旅游满足了“创意阶层”对城市的需求，满足了工业社会转型产生的社会需求。越来越多的高收入年轻人、自由艺术家、大学生及媒体从业者在寻找适合自己生活方式的空间。他们开始希望生活在能够展现自身个性和创造力的独特场所中，而不是居住在平淡无奇的工业住宅或者城市边缘的封闭社区。同时，废弃地的某些建筑恰好适应了自由创业者对空间的要求，废弃的仓库、车间、厂房、办公室都可以被改造成休闲娱乐场所，不仅体现了时尚，还丰富了城市的意象。其次，废弃的港口、厂房及车间通过改造形成的具有活力的新型空间，能够满足部分私人或者公众对工业废弃地空间的生活需求。

2) 政府支持

德国政策、法律法规及区域性规划项目的实施带动了人们观念的转变，开始对废弃空间进行新的、具有积极意义的形象改造。德国国际建筑展计划实施的“埃姆舍公园”项目，带动了工业遗产保护的新观念的发展，同时，德国国际建筑展组织在传统的城市规划中注入了民间的、弹性的与主题化的新元素，力图把城市边缘的废弃工业基地重新融入市民的日常生活中，以适应后工业社会复杂的要求[5]。

四、开发模式

(一) 博物馆模式

该模式以奥伯豪森(Oberhausen)的大瓦斯槽、亨利钢铁厂(Henrichshuette)、措伦Ⅱ/Ⅳ号煤矿(ZecheZollernⅡ/Ⅳ)和“关税同盟”(Zollverein)煤炭焦化厂为典型实例。

(二) 公园模式

位于杜伊斯堡(Duisburg)的北杜伊斯堡景观公园(Land-schafts park Duisburg Nord)是这种改造模式的代表作。该公园建立在一个煤矿废弃地上，公园入口处高高的煤井架表明了该公园过去的身份。该公园视野开阔，埃姆舍河(Emscher)从公园中穿过。这条曾经被严重污染的排污河经过治理后，变成了一条风景优美的、可供人们休闲的河流。

(三) 综合购物游开发模式

这种模式的典型代表是位于奥伯豪森的中心购物区。它成功地将购物游与工业旅游结合在了一起。

(四) 区域一体化开发模式

以鲁尔区为例，该区从废弃厂房发展到工业专题博物馆，再发展到工业遗产旅游景点，得益于一个多目标的区域综合整治与振兴计划，即国际建筑展计划。另外，从鲁尔区的整体发展方向上看，工业遗产旅游开发的一体化特征着重表现在区域性的旅游路线、市场营销与推广、景点规划与组合等方面。

（五）开发绩效

1. 经济效应

德国工业遗产旅游开发最可贵的一点是实现了社区、政府和投资者的共赢，很好地解决了产业调整带来的失业等一系列社会问题，实现了经济效益与社会效益的有机结合。

2. 生态效应

废弃的工业区为德国增添了更多的绿野，重新变成了动植物的栖息地。破败的工业基地逐渐成为被篱笆包围起来的荒野，杂草和野花丛生，这些废弃的工业区内逐渐形成了丰富的物种资源，还给许多濒临灭绝的动植物提供了避难所。这是德国进入后工业时代后废弃工业区转型的起点。绿色的自然环境成为率先改变工业时代的“能源性景观”元素。如果区位合适，废弃的工业区可以被改造成公园、运动场等空间来平衡城市休闲场所的匮乏问题。在离城市较远的地方，工业废弃地可以用来植树造林等，被用来重建城市的生态网络。在专家的监督下，废弃的工业区的生态系统物种的多样性将逐渐形成并延续。

3. 环境效应

为了满足随着后工业社会转型而产生的社会需求，许多废弃的港口和滨水空间得到改造。为实现使用功能的再开发，被污染的土壤、垃圾、砾石与植物得到治理。被废弃的港口、车间、车库、大跨度的厂房、办公室等被改造成文化和休闲场所，如酒吧、咖啡馆、剧场、音乐厅等，不仅体现了时尚感，还丰富了城市文化景观。

五、开发问题及相应的公共服务体系

（一）工业遗产观念的转变

工业遗产旅游概念最初是由少数民间的专家学者提出的，由于没有得到政府和大众的认可，在 20 世纪 80 年代早期，人们更加主张以清除旧工业废弃地为主的更新改造方式。但由于德国的工业废弃地众多，彻底清除的方法并不能置换所有的工业废弃地，同时彻底清除所花费的成本极高，需要特别的技术方案。这一阶段，倒闭的工厂和矿山被闲置了十几年，甚至几十年，并未找到行之有效的解决方法。这一时期，在德国国际建筑展组织规划实施的“埃姆舍公园”项目和它的主持人卡尔•甘泽尔的推动下，对待工业遗产的新观念逐步发展起来[6]。

(二)景观美学和工业美学的重新认识

伴随着西方产业结构的调整，工业发展导致的各种社会问题、文化危机等出现，这些反映工业美学的工业建筑和机器大量闲置，成为锈迹斑斑、没有用处的“破铜烂铁”。严重的生态问题和文化信仰的异化让人们对工业废弃地的工业遗留物产生了厌恶情绪，工业文明的产物受到空前挑战。这一时期，德国国际建筑展组织的实践，扩大了德国城市和区域规划的民间参与力量，同时出现了旨在整合社会群体利益的“市民论坛”“区域会议”等许多新的公众参与形式。德国超过 17 个城市的政府作为合作伙伴参加了德国国际建筑展计划，约有 120 个不同规模的项目得到实施。在德国国际建筑展计划的推动下，人们重新发现了工业遗产的美学价值和实用价值，对工业废弃地的建筑等进行了改造与功能的置换。

六、开发经验启示

(一)工业旅游地、工业遗迹的形象改造

充分利用工业遗产反映社会历史、企业文化、经济和技术等方面的作用，使它们在形象上迎合旅游者的需求。保护矿区内和周围城区有特色的建筑，突出工业文化的氛围和采矿世界神秘的一面，充分利用富有特色的工业文化吸引游客。

(二)多样化的开发模式

德国工业遗产旅游的开发模式多种多样，没有因为短期的利益而忽视投入多、见效慢的长效计划，如最重要的博物馆模式，该模式以“措伦”煤矿和“关税同盟”煤炭焦化厂最为典型，这些博物馆在静态展示的基础上，定期举办各种文化艺术活动和节事会议等活动。此外，众多社团、艺术团、设计公司等也会将它们的工作或演出地点设置在工业建筑中，不仅增添了新奇

感，又能带来经济效应[4]。另外，德国工业遗产旅游开发的侧重点为游客的体验。一次合理的工业旅游游览过程，不仅是观赏景观和感受历史文化氛围，还必须注重游客的亲身体验。例如，在北杜伊斯堡旧钢铁厂改造后的景观公园中，人们可以在以前的堆料场陡峭的墙壁上开展攀岩或在旧的冷却池里练习潜水，同时也可以攀上高炉眺望整个厂区及整个鲁尔区的工业景观[7]。在部分矿井中，游客还可以穿上工作服，戴上头盔，乘坐升降篮进入矿洞，观看采矿机器的演示，切身感受以前矿工艰苦的工作环境[8]。

（三）处理好重建与工业遗产保护的关系

德国在废弃地工业遗产旅游开发过程中，特别注意处理好重建与保护的关系，使其既满足了当代人追求新鲜生活方式的需要，又延续了工业遗产的历史文化风貌，使工业遗产旅游项目在迎合现代旅游者的审美需要的同时又起到了改善生态环境的作用。

（四）区域协作的旅游营销方式

创新工业遗址旅游的改造模式，赋予工业基地或建筑新的用途，使其不再依赖政府的补贴，最重要的是开展区域协作的营销方式，使工业遗产旅游成为具有市场竞争力的旅游产品，如德国形成的“工业遗产之路”的旅游路线和“褐煤旅游之路”。

（五）注重可持续发展和生态再造

德国的工业遗产旅游不仅对农业生产起到了促进作用，还对工农经济的协调发展做出了重大贡献。德国的“褐煤旅游之路”处处可见以废弃矿坑的瓦斯气作为能源的矿区和复垦的土地。工业遗产旅游体现了德国人和自然和谐相处的景象，其工业遗产旅游的开发实现了社区、政府和投资者的共赢，并解决了产业结构变化产生的一系列社会问题。

（六）多方力量参与下的旅游开发

德国工业遗产旅游开发得到了较高的国际认知度和美誉度。其取得成功的关键在于多方力量共同参与。工业遗产保护的资金主要由政府提供，还有一部分来自一些非营利组织。这些非营利组织往往有很多居民加入，一般通过募集基金来支持废弃矿山工业遗产保护和再利用。

七、经典案例分析——然梅尔斯贝格

(一)然梅尔斯贝格博物馆案例

然梅尔斯贝格有色金属矿位于哈茨山麓，是德国最大的有色金属矿体。事实上，人们在然梅尔斯贝格矿山连续采矿已逾千年。考古发现表明，3000年前就已经有人在这里开采矿石，这里曾经蕴藏着大约2700万t的铜、铅和锌矿。

戈斯拉尔城是因矿而兴的城市，然梅尔斯贝格矿所在区域是因战事需要在19世纪30年代积极构筑的。戈斯拉尔城曾经因盛产白银而富甲天下，后来渐渐失去在经济上的地位。然梅尔斯贝格有色金属矿到1988年便不再生产。1992年然梅尔斯贝格矿与戈斯拉尔古城一起被联合国教科文组织列入《世界遗产名录》。这是德国第一次有工矿业遗迹成为世界文化遗产，从而也成为德国保护有价值的工业遗迹并开展旅游活动的重要突破点。然梅尔斯贝格博物馆是德国最大的博物馆之一，拥有不同时期的众多矿业历史见证——废石场(10世纪)、拉特施蒂弗斯特坑道(Rathstiefste Stollen，德国矿山最古老、保存最完好的坑道之一，12世纪)、费尔格泽尔拱顶(Feuergezäher Gewölbe，欧洲最古老的衬砌矿间，13世纪)、马尔特迈斯特塔(Maltermeisterturm，德国矿山最古老的采矿建筑，15世纪)、吕德尔坑道(Roeder-Stollen，18～19世纪)及两架原始水车和令人印象深刻的地下采矿设施(20世纪初)。

然梅尔斯贝格博物馆保留了一系列独特的矿业和冶金业的历史实物，它们依然保持着原貌，展示着那里的矿业发展历史和矿业文化。

1988年停工关闭的矿场连同周围的文化自然景观和戈斯拉尔市老城区成为德国令人印象深刻的矿业和冶金业工业区之一。它拥有企业各个发展阶段的高等级的地上、地下纪念文物。戈斯拉尔市老城区也在多处留下了矿业的痕迹。

然梅斯贝格博物馆空间分布如图3-1所示，该博物馆就建在当初的矿场遗址上，其地面的构筑物艺术成就在20世纪占据着非常重要的地位。在然梅尔斯贝格无处不见纪念性的文物、博物馆和原工作场地。该博物馆有4个宽敞的分馆，分别采用文物保存和展览相结合的方式向游客展示，还开发了地下矿井旅游、地下观光旅游等多种旅游产品，见表3-4。不同旅游产品组合购买，价格上会有一定的优惠，见表3-5。在那里，无论男女老幼都可以得到全面的体验。该博物馆提供的录音、音响系统和录像站、活动站，可以进一步丰富游客的体验。

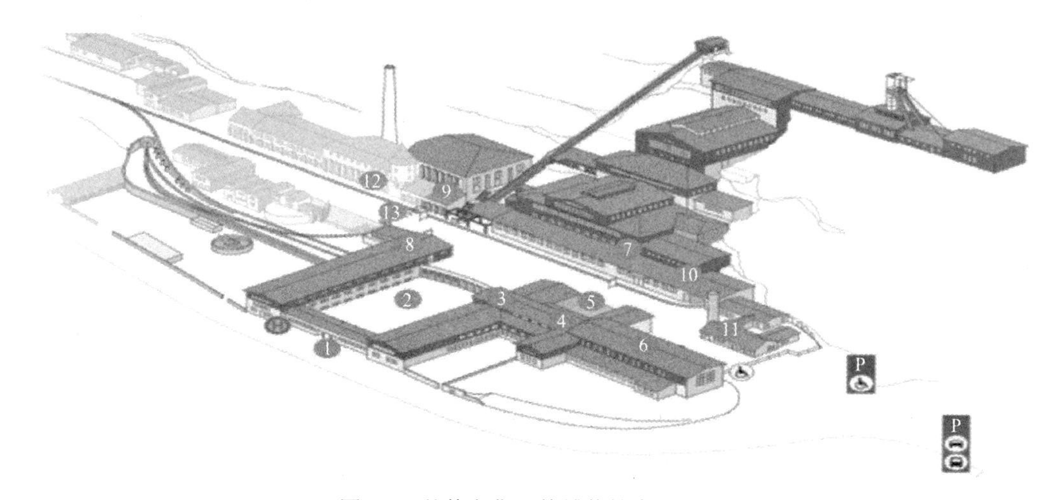

图3-1 然梅尔斯贝格博物馆空间分布

①-正门 ②-工厂 ③-表彰大厅 ④-商店 ⑤-餐馆 ⑥-团队购票厅 ⑦-博物馆展厅 ⑧-博物馆阅览室 ⑨-博物馆之家 ⑩-重晶石空间 ⑪-办公室 ⑫-铁匠铺 ⑬-工厂内门

表3-4 然梅尔斯贝格博物馆旅游产品开发

功能		核心资源	开发特色产品服务
工业文化体验	地下矿井旅游	地下设备和工具、煤炭开采流程	采矿体验活动(挖煤体验)
	矿业文化展览展示	地质和矿物学的陈列馆，反映各个时期经济文化的展品、艺术馆	体验各个不同历史时期的矿业开采、生产和生活，包装的最后一辆满载矿石的矿车
	地上观光旅游	粉碎、分选、洗矿、冶炼等一系列生产流程的生产场景	游客可以切身体验粉碎、分选、洗矿、冶炼等生产场景。体验矿石开采到煤仓运输的全过程
娱乐休闲	购物+活动服务	接待中心、多个营业场馆、活动服务馆	纪念品购物、活动服务
	餐饮+会议	餐馆	品味当地特色餐饮

表3-5 博物馆门票与活动价格 (单位：欧元)

价格	博物馆日票	博物馆+一项活动票	博物馆+两项活动票	博物馆+三项活动票
成年人	9.00	16.00	21.00	25.00
年轻人(低于17岁)	4.50	9.00	12.00	14.00
折让	6.00	11.00	15.00	17.50

A馆(矿石处理)：地质和矿物学的陈列馆设在矿石处理中心的下一层，营造出了不同寻常的氛围。利用原来处理中心的机器，展示独特的矿物生产

过程，营造出一个迷人的体验空间，彰显了然梅尔斯贝格矿山在形成时所发出的原始力量。

M 馆(仓库)：博物馆的核心历史文化展览设在当初的仓库建筑物中，它也是最主要的陈列馆。以有 3000 年历史的然梅尔斯贝格矿山为例，它从各种角度展现了对人们生活的影响和它具有的意义，包括社会经济和技术史、文化和艺术史、宗教、节庆和休闲文化等其他相关主题。

K 馆(电力中心)和 L 馆(工资大厅)：1906 年建造的电力中心已转变成艺术大厅，目前仍保留了完整的技术设备。1988 年，艺术家夫妇克瑞斯托和珍妮—克洛德安在此包装了然梅尔斯贝格最后一辆满载矿石的矿车，完成了他们的项目——包装矿车。这件艺术品是戈斯拉尔市蒙希豪斯现代艺术博物馆的借出品。在工资大厅旁边的青年更衣厅还经常举办不同主题的特殊展览。

(二)案例启示

1. 保持原真性，增强体验性

体验经济是继农业经济、工业经济和服务经济之后的新经济形式。在体验经济时代，随着旅游者旅游经历的日益丰富和多元化，以及旅游消费观念的日益成熟，旅游者对体验性的需求日益高涨，渴望追求个性化、情感化、休闲化的旅游经历。

然梅尔斯贝格博物馆是德国矿业发展的一个缩影。它最大限度地保存原有有色金属矿开采、生产和加工的生产生活遗迹，保持其原真状态；收集和记录历史文物、故事事件等无形工业文化遗产，最大限度地呈现矿业开采的文化历史。废弃矿物质与非物质矿业文化遗产的保存，为游客全面体验提供了必要的情境。

然梅尔斯贝格博物馆遗址展示厅、金属分选车间，用音频、视频、文字、图片相结合，可以使游客全方位沉浸在矿业遗址中，实现游客与矿业遗址的交流与对话。此外，然梅尔斯贝格博物馆还有供游客直接体验的项目。粉碎、分选、洗矿、冶炼等一系列生产流程的生产场景被完整地保留了下来，游客可以切身体验矿工曾经的生产现场。在车场，真实再现了从矿井提升上来的矿石，如何自动运输调度，实现矿石到煤仓运输的全过程。

游客可以观看到侧卸式矿车在重力作用下自行滑动和自动卸矿等各个工作环节。在地下采矿坑道中，保留了许多采矿作业的场地和工具，代表了20世纪采矿业的技术与历史，游客可以直接体验使用20世纪比较原始的工具铁锤、钢钎和风镐等设备打炮眼。此外，在地下洞壁上，游客可以领略矿物质氧化水解后形成的绚丽多彩的世界，还可以获得色彩形成背后的科学知识。然梅尔斯贝格博物馆的这些体验项目让游客自己主动感受和参与，给游客留下了美好的记忆和深刻的印象，从而达到了较好的体验效果。与此同时，游客也获得了知识。

2. 依托完整的矿业遗产文化单元，整体打造矿业遗产旅游目的地

国际工业遗产保护委员会主席伯格伦(L.Bergeron)指出：工业遗产不仅由生产场所构成，而且包括工人的住宅、使用的交通系统及其社会生活遗址等。矿业遗产旅游资源包括存在于地表和地下的，对游客能产生吸引力并产生社会效益、经济效益和环境效益的矿业遗迹、遗址和史迹。同时，矿业遗产地周围与其相关的自然景观和人文景观也属于整个矿业遗产旅游资源的一部分，可以丰富和完善整个旅游目的地。例如，德国1988年停工关闭了然梅尔斯贝格矿，与周围的文化自然景观和戈斯拉尔市老城区在历史的发展过程中早已融为一体，成为德国令人印象深刻的矿业和冶金业工业区之一。1992年，联合国教科文组织把它们整体列入《世界遗产名录》。

我国的矿业遗产，尤其是我国的传统矿业遗产，具有很高的工业遗产价值，但鲜有被《世界遗产名录》收录。其在废弃矿山工业遗产保护和再利用方面应与当地老城区整合在一起再造重生，有条件的地区可以争取被纳入国家或世界物质文化遗产中。

第二节　美国工业遗产旅游开发经验与启示

一、美国旅游业概况

美国旅游业是美国最重要的产业之一。根据美国旅游协会(US Travel Association)2016的统计，2016年美国旅游业的经济效益达到了2.3万亿美元左右，其中包括9903亿美元的直接旅游收入及1.31万亿美元的间接经济效益。仅2016年美国旅游业就创造了1530万个就业岗位，其中包括860万个直接岗位及670万个与旅游间接相关的岗位。2016年到访美国的国际

游客达到了 7560 万，而国内旅游人数也达到了 17 亿人次。2016 年仅旅游业上交给联邦、州、市的税收就达到了 22 亿美元。如果没有旅游业对税收的贡献，美国每个家庭平均要多负担 1250 美元的税收。就 2016 年而言，旅游业已经占到了美国总体 GDP 的 2.7%。

美国政府十分重视旅游业的发展。在 2009 年，美国国会通过了《旅游促销法案》(Travel Promotion Act)并建立了美国旅游推广局(Brand USA)，由多个联邦政府部门与 500 多个私营企业共同合作宣传美国旅游观光政策。然而与中国及其他大多数国家不同，美国旅游推广局及美国政府并不直接参与旅游业的运营和目的地/景区的管理。政府层面的支持主要体现在目的地营销。更具体地说，美国政府通过采取各种政策来推广美国旅游业及吸引更多国内外游客。

在国家层面上，美国商务部下设的旅游产业办公室主要负责管理旅游业的相应事务。该办公室的主要职责在于监控旅游业相关数据，制定相关旅游发展策略，从而提高美国旅游业的竞争力，增加收入，创造更多的就业机会和刺激经济增长。2016“中美旅游年”就是其营销策略的一个代表。除此以外，其他与旅游业相关的各种规定及法规都是由各联邦政府部门制定的。例如，各州政府对于酒水牌照和赌场酒店都有各自的规定。

在地方政府层面上(州政府、市政府)，大多数目的地都设有旅游推广办公室—会展游客中心(convention and visitors bureaus)及目的地营销机构(destination management organization)，如 VISIT Florida、NYC go、Meet Mineapolis 和 San Francisco Travel。该类机构的资金大多来源于公共部门资金及旅游税收。虽然这些机构的主要目的在于市场营销和吸引国内外游客，但是其在当地旅游业发展中起到了科学的、强有力的主导和推动作用。在深入的市场分析及游客分析的基础上，这些机构会制定当地旅游发展营销计划，直接参与提供基础设施、旅游服务等公共产品服务。各州旅游部门每年都向社会推出旅游营销战略计划。《马里兰州议会法案》明确规定，旅游委员会的首要职责是起草和实施旅游提升与发展的 5 年战略计划，以及与战略计划相符合的年度营销计划。《夏威夷州议会法案》要求州旅游权力机构要为旅游业创建一个远景规划并提出长期战略计划，提出、协调和贯彻州旅游政策和指示，提出并执行州旅游战略营销计划，每 3 年更新一次。得克萨斯州州长办公室经济发展和旅游部门、交通部、艺术委员会、公园和野生动物部、历史委员会5个州属机构签订合作促销旅游谅解备忘录，每年联合出台战略旅游计划，确定各部门目标市场、旅游职责、预算及资金来源，各部门同时制定各自的行动计划，加强部门协作，合力推进全州旅游营销。

除了各地方政府及州政府下设的旅游产业办公室以外，美国旅游业的发展还依靠各种行业协会的支持，如美国旅游业协会（Travel Industry Association of America）、美国旅游协会、国际娱乐与旅游景区协会（International Association of Amusement Parks and Attractions）及美国旅行社协会（American Society of Travel Agents）。

美国是一个旅游资源丰富的国家。各种具有特点的自然保护区和具有特殊价值的历史文化遗产都由美国国家公园管理局（National Park Service）管理。美国国家公园管理局是隶属于美国联邦政府的行政管理机构，于1916年8月25日由美国国会依照《美国国家公园管理构成法》批准成立。美国国家公园管理局的主要目标是发展可持续旅游，保护自然风光、历史遗迹及其中的野生动植物，并为人们提供休闲享受体验。截至2018年底，美国一共有59个国家公园，其中许多国家公园在国家公园系统成立前都根据古迹法被划为国家纪念区进行保护。国家公园的入选标准包括自然风光、独特的地质地貌、不同寻常的生态系统及人们在此娱乐休闲的可行性。与美国国家公园类似，美国各级地方政府也运营州立公园（state park）或者区域公园（regional park）。这些公园大多是由于自然风光、历史、娱乐休闲等而保存的一块土地，主要由地方政府管理。这些公园都与国家公园类似，但所对应的政府部门不同。州立公园对应的是州政府而非联邦政府。同样地，州级以下的地方政府也可以管理不同的区域公园，如地区公园或县公园。

除了国家公园、州立公园和区域公园以外，美国其他大多数旅游景点都是由私人运营的。这些旅游吸引物主要分为以下几类：①主题公园；②博彩业相关的景点；③游憩休闲设施；④动物园与水族馆；⑤现场娱乐表演；⑥节庆；⑦体育活动/赛事；⑧购物。

二、工业遗产旅游/废弃矿山工业旅游

（一）工业遗产旅游/废弃矿山旅游发展背景

工业遗产旅游是广义的文化遗产旅游下的一个重要分支。其与工业遗

产、工业考古等概念密切相关。工业遗产旅游并不是一个全新的概念，早在 1866 年，美国的 Jack Daniel’s 威士忌酒厂就开放厂房供游客参观。工业遗产旅游在近 20 年来受到了越来越多的关注。而现代工业遗产旅游尤其强调对近 250 年来工业革命及工业发展时期物质性和文化性的工业遗迹、遗物、传统的记录和保护。工业遗产旅游的发展对象可以为各种器械、生产技术、工厂、采矿业中的矿石场和工矿地，甚至是工业生活区、工业码头、工业社区等。对这些资源的日益重视使人们产生了工业遗产意识，并且通过博物馆等各种形式保护了大量的工业遗产，并吸引了对此具有特殊兴趣的游客来到这些地方旅行和观光，从而逐步推动了工业遗产旅游的发展。

工业遗产旅游项目大多在城市或者传统工业区中得到发展。对于这些地区而言，工业遗产旅游不但和其以往的形象一致，而且可以通过旅游发展刺激当地的经济并带来新的发展机遇。现今成功的工业遗产旅游项目大多在发达国家，尤其是西欧（德国、英国、荷兰）。在美国，由于政府主导的利益相关者的合作机制已经广泛存在，即使工业遗产旅游尚未成为当今旅游发展项目的主流，部分工业遗产旅游项目［如库伯铁矿（Sloss Fright Furnace）］也获得了成功。

矿山及其提供的矿产资源是工业社会发展的基础之一。工业遗产旅游的兴起为矿山，尤其是废弃矿山的再利用带来了新的转机。工业遗产旅游/废弃矿山工业旅游把对废弃矿山的再使用与社会和社区价值充分结合起来，并且让废弃矿山成为新的旅游景点。废弃矿山工业旅游是工业遗产旅游的一种，同时也可以看作是一种新兴的地质旅游（geotouism）。废弃矿山工业旅游对废弃矿山有着尤其重要的战略意义。当矿山不再生产时意味着采矿业将要离开一个社区，这种离开会带来不同的负面影响，如经济损失和就业数量的下降。发展废弃矿山工业遗产旅游就是把矿山和废弃矿山转化为旅游吸引物。虽然这样不能够完全取代矿业带来的经济效益，也不能够取代所有失去的工作，但是新的旅游吸引物可以促进旅游业的发展，成为一种替代性的经济活动。这种新兴的经济活动可以保护采矿遗产资源，直接或间接地创收，也可以为社区利益做贡献，并且为政府和其他当局经济多样化提供资金。

（二）工业矿区旅游当前发展阶段

1. 美国工业中心区现状

文化遗产旅游在美国旅游业中占重要地位。2017 年美国国家旅游局数据显示，超过一半（57.7%）的访美游客可以归为文化遗产游客。美国国家旅游局将文化遗产游客定义为参加过一项及以上文化旅游项目的游客，这些文化旅游项目/景点包括：艺术馆/博物馆、演唱会/戏剧/音乐剧、文化或民族遗产保护区、美国原住民社区、历史保护区、国家公园和纪念区。这些文化遗产类游客大多来自欧洲（47.7%）、亚洲（25.1%）及南美洲（12.8%）；而他们的主要出行目的是度假（66%）及探望亲友（18%）。在美期间，他们使用的交通工具主要为公共交通设施（如地铁、公共汽车）（43%）及自行租赁车辆（35%）。而他们的主要旅游行为包括购物（88%）、观光（87%）、游览国家公园（62%）、参观艺术院和博物馆（49%）及参观历史保护景点（46%）。

至于工业遗产旅游和矿山工业遗产旅游，它们尚未成为文化遗产旅游的主体。美国的工业化过程是建立在煤炭和钢铁资源上的。但是由于近年来去工业化的影响，这些传统工业区已经不再活跃。矿业的衰退也为这些地区带来了负面影响，如经济衰退、人口减少及城市衰退。美国的传统工业矿业中心区域也因此被称为“锈铁带”（the rust belt）。“锈铁带”开始于纽约西部，穿过宾夕法尼亚州、西弗吉尼亚州、俄亥俄州、印第安纳州和密歇根州，结束于伊利诺伊州北部、爱荷华州东部和威斯康星州东南部。自 20 世纪中期以来，这些地区的工业和煤炭工业一直在衰退。虽然一些城市已经通过把重点转向服务业和高科技产业来适应时代的转变，但是一些城市并没有这样做并在持续衰退中。除了少数城市（匹兹堡、巴尔的摩、费城、波士顿）等城市完成了转型以外，大多城市和地区还是极度依赖传统工业。

2. 废弃矿山再利用

根据美国矿业协会（American Mining Association）的数据，2017 年，美国有 8 万～25 万个废弃矿山。废弃矿山是指曾经用于矿石和矿物开采、选矿、加工的土地、水域和周边流域。废弃矿山包括采矿加工活动暂时不活跃/已被搁置的地区。美国当前对于废弃矿山土地的再利用主要体现在以下几个方面：农耕用地（38%）、休闲游憩（24%）、牧场（16%）、森林（12%）、水域

(7%)及其他用途(居住区、公路、商业区)。

在休闲游憩方面，废弃矿山被改造成各种游憩设施，如杰克逊社区高尔夫球场(Jackson Hills Residential Community and Golf Course)和阿尔马登奎克西尔弗郡立公园(Almaden Quicksilver County Park)。而很大一部分矿山被改造成了博物馆，向公众传递与矿产有关的知识。比较有代表性的由废弃矿山改造的博物馆有位于新泽西州的斯特林山矿山博物馆(Sterling Hill Mine Museum)、位于堪萨斯州的地下盐矿博物馆(Underground Salt Museum)及位于肯塔基州的Kentucky Coal Mining Museum。有部分废弃矿山也被改造成了地下实验室用作科研，如位于明尼苏达州的苏丹地下实验室(Soudan Underground Laboratory)及位于南达科他州的桑福德地下实验室(Sanford Laboratory)。

在对废弃矿山进行再利用之前，土地资源再利用计划必须经过审核。美国国家环境保护局(United States Environmental Protection Agency)主要负责衡量和设计对废弃矿山土地的再利用方案。为了保证废弃矿山土地的质量，美国国家环境保护局在2015年发布了具体的守则——*Planning for Response Actions at Abandoned Mines with Underground Workings: Best Practices for Preventing Sudden, Uncontrolled Fluid Mining Waste Releases*。这个守则规定任何对于废弃矿山土地的再利用计划都必须遵守守则中的条文，对土地状况进行检测。这个检测可以有效防止滑坡、泥石流等施工而造成的山体灾害。总体而言，这个守则规定了对于土地质量的检测应该遵循以下几个步骤：

(1)进行实地勘察及检测；

(2)建立模型并且归纳总结任何可能由矿山/水域造成的安全隐患；

(3)通过非侵入性的、微创或侵入性(钻孔)的方法收集地质数据；

(4)进行电脑模型分析；

(5)根据分析结果改善计划并创立警告系统；

(6)减少可能发生的危害的概率。

(三)资源禀赋

虽然废弃矿山可以被发展成休闲游憩地区，但并非所有废弃矿山都可以发展成工业遗产旅游产品。工业遗产旅游产品的特点在于它可以代表该地区的历史、文化及社会价值。美国国家历史地标项目中一共记载了2500多个地标，但其中只有23个可以归为工业遗产旅游。而这23个工业遗产旅游景点中只有9个与矿产相关并可归为工业遗产旅游景点(表3-6)。虽然数目不多，但是这些矿产工业遗产旅游景点都取得了相应的成功经验。

表3-6 美国国家历史地标项目(矿业遗产旅游保护区)

名称	地点	年份	图片	备注
宾厄姆峡谷矿(Bingham Canyon Mine)	犹他州	1996	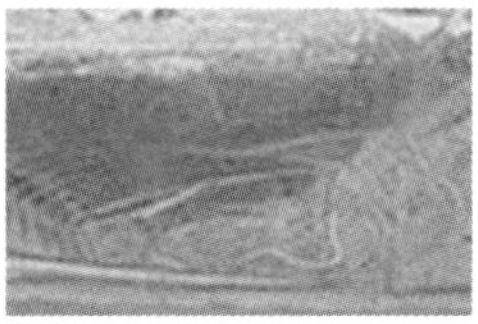	宾厄姆峡谷矿是一个露天采矿场地，位于犹他州盐湖城西南部。该矿是世界上最大的人造挖掘矿区之一
凯丽高炉(Carrie Blast Furnaces)	宾夕法尼亚州	2006		凯丽高炉是位于宾夕法尼亚州瑞士谷匹兹堡地区工业城镇的一座前高炉，也是第二次世界大战前唯一的20世纪高炉之一
赫尔-鲁斯-马霍宁县露天铁矿(Hull-Rust-Mahoning Open Pit Iron Mine)	明尼苏达州	1966		该矿是世界上最大的露天铁矿之一，目前仍由希宾铁燧公司经营
山铁矿(Mountain Iron Mine)	明尼苏达州	1968		该铁矿在第二次世界大战中做出了重要贡献
昆西矿(Quincy Mining District)	密歇根州	1989		昆西矿是位于密歇根州汉考克附近的铜矿。该矿1846～1945年由昆西矿业公司拥有并经营
斯洛斯高炉(Sloss Furnaces)	亚拉巴马州	1981		斯洛斯高炉1882～1971年作为生铁生产高炉运行。其关闭后，被保存和恢复供公众使用。该地目前作为解说性的工业博物馆，举办了全国公认的金属艺术展览。同时它也被用作音乐会和节日的场地
苏丹铁矿(Soudan Iron Mine)	明尼苏达州	1966		苏丹地下矿山州立公园位于明尼苏达州山脉明尼苏达湖南岸。苏丹铁矿被称为明尼苏达州最古老、最深、最富有的铁矿，现在还拥有苏丹地下实验室
斯皮尔韦尔炼铁厂(Speedwell Ironworks)	新泽西州	1974		斯皮尔韦尔炼铁厂位于美国新泽西州。在该地Alfred Vail和Samuel Morse第一次正式使用莫尔斯电码
斯潘德尔(Spindletop)	得克萨斯州	1966		斯潘德尔是位于美国得克萨斯州博蒙特南部的盐丘油田。斯潘德尔的发现使美国进入了石油时代

三、美国工业遗产旅游管理制度建设

（一）美国文化遗产旅游概况

文化遗产旅游是美国旅游业中的一个重要分支。文化遗产旅游的重要性在于其将历史文化资源保护和经济发展紧密结合在一起。文化遗产资源与人类、重大历史事件及当地社区的历史发展过程紧密相关。因此，这些资源不但能最真实、最具体地反映当地社区特点，为当地居民提供身份认同感，也可以作为旅游资源的特殊营销点。充分认识理解并利用一个地区的历史文化资源，不但可以振兴这个社区，还可以与可持续旅游业发展结合，通过私人投资实现经济发展，建立公民意识，更有效地提升该社区的历史、文化价值和自然资源的有效利用，从而满足游客对丰富体验的渴望。

文化遗产旅游的内涵广泛，包括景观、音乐、戏剧、服装、食物、语言、建筑等各种与过往社会相关联的对象。一些学者把文化遗产景观分成以下几大类：艺术类、社会文化景观、建筑类、交通类、历史类、景观类、科研类、军事类及工业遗产类。这些景观都具有典型的文化历史价值，并可以通过合理的旅游发展项目发展成为文化遗产旅游点。矿业是社会工业化的重要基础之一。矿业的繁荣不但促进了工业化的进程，也对各大工业城市曾经的经济、社会、文化发展做出了极大的贡献。因此，矿产是工业遗产的重要组成部分，而矿业工业遗产旅游是文化遗产旅游的重要组成部分。在美国，对于矿业遗产旅游的开发与利用也是在文化遗产旅游的大框架下进行的。

（二）文化遗产旅游相关政府项目

如前所述，美国政府虽然大力支持旅游业的发展，但其并不直接参与旅游业的经营与管理。文化遗产旅游是当前美国着重发展的项目之一，与其相关的联邦政府支持的项目主要有两个：①美国国家公园系统下设的国家历史地标项目；②总统艺术与人文委员会（Presidents' Committee on the Arts and Humanities，PCAH）陆续推广的文化遗产旅游发展项目。

美国国家历史地标项目是在由美国国家公园管理局负责管理。美国国家历史地标是由美国政府正式认可的具有历史意义的建筑物、地区、实物、地区或者建筑。美国国家历史遗址名录上的 9 万多个遗址中，只有 2500 个被认定为国家历史地标。这些地标通常具有卓越的价值或宝贵的文化资源来阐述美国的历史和文化。

总统艺术与人文委员会是另外一个推行文化遗产旅游发展项目的联邦政府机构。该委员会于1982年在里根总统的领导下成立，是白宫在文化问题上的一个咨询委员会。PCAH直接与3个主要文化机构——国家艺术基金会、国家人文基金会、博物馆和图书馆服务研究所及其他联邦合作伙伴和私营部门合作，旨在解决艺术和人文学科的政策问题并支持这些学科的重要计划，以及认可这一领域的卓越成就。其核心领域是艺术与人文教育和文化交流。在2005年的美国文化与遗产旅游论坛上，该委员会发表了《美国文化与遗产旅游白皮书》。该文件是由PCAH在100多位代表旅游、商业、艺术、人文、自然资源和政府的领导人的帮助下完成的，并且充分阐述了文化与遗产旅游的国家战略发展框架。

如表3-7所示，该白皮书主要从产品发展、产品营销、研究、科技应用、基础设施建设、教育/培训、可持续发展、政府政策与支持这8个方面来阐述如何发展文化遗产旅游发展项目。该白皮书为美国文化旅游遗产项目的发展奠定了战略基础。

表3-7 文化与遗产旅游发展策略框架

项目	核心	具体策略
产品发展	独特的美国体验	①采用合理的商业模式； ②大力宣传文化遗产的社会和经济效益； ③产品组合和合作关系多样化
	原真性(authenticity)和产品质量	①提高高质量的旅游资源、素材、环节和项目； ②以吸引人的和令人难忘的方式创造旅游项目并提供准确的信息； ③文化和遗产部门应通过关注旅游体验原真性，并通过合理营销产生品牌效应
	旅游规划	①通过全面规划来确保旅游业的发展能够对当地发展产生积极影响； ②确保旅游业的发展给游客带来最好的体验； ③减少旅游业的发展对当地居民和资源产生的负面影响； ④旅游规划必须专注于自然、历史和文化之间的联系并且有效结合当地文化资源和社区本身的发展历程； ⑤由当地文化和遗产专家提供专业知识，从而满足游客对“真实体验”的兴趣所在； ⑥对旅游业从业人员进行培训； ⑦旅游设施建设符合要求
	合作(公私伙伴关系)	①联邦、州、地方政府、部落、艺术和人文机构应该建立有效的公私伙伴关系并共同讨论确定文化和遗产旅游发展的机会； ②该合作关系需要最大化遗产文化旅游发展项目带来的积极影响，同时尽量减少这些项目可能对当地产生的不利影响
产品营销	充分展现特色	①旅游行业和文化遗产有关部门共同合作发展文化遗产旅游项目； ②充分利用科技和新媒体以满足新时代游客的需求； ③信息共享、实施跨部门营销合作、注重整体利益

续表

项目	核心	具体策略
产品营销	为旅游和会展/节庆发展做准备	①把文化遗产资源及自然资源结合起来并发展成新的具有特色的大众旅游产品； ②通过网络等各种方式把文化遗产旅游作为个人定制旅游的一种选项； ③各地旅游推广部门可以把文化遗产旅游作为非高峰期的重点推销产品
	目的地——美国	①突出美国整体的自然、历史、文化、创新资源； ②吸引国际游客的注意力； ③国际营销政策需要公共部门及私营企业共同配合； ④国内市场营销需要充分本土化及利用当地社区和居民来宣传本土特色文化遗产项目
	特色主题旅游	①特色主题旅游应该充分利用自然、文化、历史资源来吸引不同的游客； ②把属性类似的旅游资源结合在一起，这样可以更好地迎合游客需求并且能使他们逗留更久并消费更多
研究	整体性	①通过案例研究等方法确保业内信息的流通性； ②通过市场分析辨别主要市场需求和市场潮流
	资料收集(国内市场)	①通过互联网等方式实时收集游客数据，包括其具体游览点及参与的旅游项目； ②确保公众可以获得这些数据； ③实时测量当地的旅游业状况(参照美国产业指标、美国旅游卫星账户、员工数据、经济效益指标)
	国际市场	①通过问卷等方式了解国外游客的旅游动机和兴趣点； ②对国际游客的研究调查的重点在于其对于国家公园的到访、历史建筑/街区的到访、艺术中心/博物馆到访及文化旅游的体验
	机构资料收集	①各遗产文化旅游机构也应当收集相关数据，包括预期游览人数、实际游览人数、经济和文化效益； ②相关地区机构也应该收集这些数据并和当地旅游推广局进行分享
	投资回报率研究	①经济效益研究； ②相关产业和机构应该收集相关数据并且计算投资产出比率
科技应用	提供内容	①实时地图、设施更新、多媒体讲解等各种科技应用使旅游体验更顺畅； ②利用日历、互动设施、链接等互联网应用系统使个人及团队能够充分了解文化遗产旅游选项、选购相关旅游产品并且确认行程； ③利用软件进行收益管理
	商业应用	①建立相应的数据库并进行共享； ②与相关企业合作制作并通用智能卡
	提供游客体验	①利用地理信息系统(GIS)等技术制作景区地图、辅助讲解系统； ②提供各种互联网设施和相关设施来满足游客信息需求； ③提供多语言服务
基础设施建设	游客及当地居民体验	①确保游客得到难忘的、有吸引力的、物有所值的体验； ②确保旅游相关设施可以提供给居民和游客高质量的体验； ③注重安全、减少隐患； ④创造热情的氛围
	交通设施及游客体验	①注重交通设施对于游客体验的影响； ②交通设施应该同时满足游客及当地居民的需求； ③交通设备的选用应减少对当地环境的影响
	自然、文化、历史相关的基础设施	①注重环境保护及游客体验过程中的原真性； ②确保国内外游客既能够充分体验各种文化遗产旅游项目，又不对当地环境造成负面影响； ③旅游机构应与当地部门合作，在旅游发展的同时保护当地环境和建筑
	指引系统	①提供清晰明了的指引/地图系统； ②对于文化、历史、自然景观应设计特殊、简洁的标志

续表

项目	核心	具体策略
教育/培训	提高认识	①设立清晰的培训目标、工具和相关材料； ②培训材料应该突出文化遗产旅游的重要性及提升社区发展意识(如土地规划、保护历史资源、社区文化建设)； ③培训计划应该突出本土文化的重要性和特殊性； ④所有培训材料应该容易理解，并且可以通过网络、会议及各种培训项目进行分享
	游客和当地居民教育及培训计划	①理解旅游发展的重要性和相关事宜(如安全事宜)； ②当地居民应该了解服务质量的重要性及发展旅游的优点； ③普及、教育游客关于当地文化的重要性； ④游客和当地居民都应该理解和尊重各自的文化
	文化遗产旅游企业	①大力支持文化遗产旅游企业的成立及发展； ②帮助企业家了解创业过程并且提供支持(如资金、文化资源等)
可持续发展	可持续发展原则	①可持续发展不但要考虑自然资源，也要考虑历史和文化资源； ②可持续发展既可以有效保护当地资源，显示对当地文化、遗产、传统的尊重，也可以平衡对于当地居民发展经济的机会、优化游客体验、多方位显示旅游发展对于经济和社会发展的重要性
	影响最小化	①与当地社区合作，尽量减少游客到访对资源和环境的破坏/影响； ②利用新科技(如特殊设计的车辆、软件)和创新的管理方式来减少游客到访对当地环境的负面影响
	文化管理	①当地文化机构应该和旅游业界共同合作来提升游客对保护当地文化重要性的认识，并且教育游客应该尽量减少因为游客到访对当地环境可能产生的负面影响； ②通过各种培训计划来确保利益相关者遵循可持续发展的原则； ③通过教育政府机构、当地领导及自然资源管理者来确保可持续原则被应用在景区管理中
	利益相关者管理	①确保各利益相关者都参与到旅游规划及旅游发展过程中，这些利益相关者包括：当地社区领导、资源管理者、文化和遗产文化机构、当地文化艺术家、旅游业界代表者等； ②确保当地社区和当地居民最大化地参与到旅游发展过程中并掌握一定的话语权
政府政策与支持	合作机制	①确保各级地方政府都发展有效的文化遗产旅游项目； ②确保商界和非营利部门一起合作支持文化遗产旅游项目的发展与扩充并为这些项目提供合适的政策和资金支持； ③各级地方政府应该为合作关系提供支持，确保不同性质的机构可以共同合作发展相关的文化遗产旅游项目
	核心价值	①发展文化旅游项目应该建立各种合作关系及大力宣传发展该类项目的优点，包括其经济效益、独特的旅游体验及所营造的地方感； ②项目规划应该确保具体项目突出文化的多元性、开放性及可持续性； ③当地政府和旅游业界有关人士都应该认识到保护当地文化、自然、历史资源的重要性及这些资源对于营造国民认同感的重要性
	投资	①各级地方政府及相关机构应该充分认识到发展文化遗产旅游项目不但可以发展当地经济，还可以创造就业机会，提高税收效益及提升投资回报率； ②政府及各私人机构应该提供各种政策、工具及资源以鼓励私人投资发展文化遗产旅游项目
	国际化	①各公共部门和私营企业应该营造一条国际化路线发展文化遗产旅游项目并且通过这些项目向全世界展示其历史、语言、文化发展历程； ②各级领导及主要负责人应该向国际文化交流项目提供帮助并且通过这些交流项目提升国际市场对美国文化遗产旅游项目的意识和关注

在 2013 年由美国联邦政府下设的资源保护局所发布的《美国文化遗产旅游项目经济效益评估报告》中，政府也对衡量美国文化遗产旅游项目的经

济效益进行了详尽的阐述，见表 3-8，其具体指标主要是从市场需求和市场供给两方面进行阐述。

表 3-8　文化遗产旅游经济效益指标

<table>
<tr><th>市场需求</th><th>市场供给</th><th>经济衡量指标</th><th>满意度</th></tr>
<tr><td>游客数量</td><td rowspan="6">旅游活动场所、
博物馆、
战地旧址、
历史遗迹、
工艺遗产旅游遗迹、
其他</td><td>每日支出</td><td>期待与实际体验的差异值</td></tr>
<tr><td>逗留天数</td><td>旅游总共花费</td><td>是否物有所值
(value of visitation relative to cost)</td></tr>
<tr><td>游客来源地</td><td>具体支出项目</td><td>展品质量</td></tr>
<tr><td>采取的交通方式</td><td>产生的工作数量</td><td>学习的机会(opportunity to learn)</td></tr>
<tr><td>住宿方式</td><td>产生的税收、
整体收入、
旅游销售收入</td><td>设施质量、
整洁度、
干净度、
安全度、
纪念品质量</td></tr>
<tr><td>目的地</td><td>文化遗产旅游游客消费占所有游客消费支出的百分比</td><td>员工、
乐于助人度(helpfulness)、
友善度、
知识程度(是否对于景区和当地文化有充分的认识)</td></tr>
<tr><td>文化旅游项目深入度(文化旅游项目所占游客参与项目的比例)</td><td></td><td></td><td>再次游览的倾向</td></tr>
</table>

（三）开发经验启示

虽然工业遗产旅游及废弃矿山工业遗产旅游并未成为美国文化遗产旅游的主流项目，但废弃矿山工业遗产旅游项目是有很大潜力并且能够对社会产生积极的文化影响。通过对美国旅游业、美国文化旅游遗产发展模式及具体废弃矿山旅游的分析，总结出以下几点开发经验启示。

1. 建立了成熟的国家公园/州立公园经营模式

宾厄姆峡谷矿和苏丹铁矿旅游项目是美国废弃矿山旅游开发的成功案例。虽然宾厄姆峡谷矿及其旅游中心是私人企业，但是它完全按照国家公园/州立公园的经营模式运营。而至于苏丹铁矿，其原址得以保留并发展成了地下矿井游览项目，而且周边土地一并发展成了州立公园。这两个景区的共同之处在于采用美国较为成熟的国家公园经营模式。

国家公园制度的特点在于以下几个方面：

第一，公园的规划和设计都是由专家负责的。这些专家涉及领域广泛，包括建筑、园林风景、动物、林业、生态、环境、地理、经济、历史、人类学等多方面。园区的设计不仅符合美学概念，而且往往从社会和人类历史发展的角度出发，突出当地的特色(可以是自然景观，也可以是人文资源)，并确保在100～200年不会有太大的改动或变动。

第二，规划设计报告是向民众公开并且必须向当地各级政府广泛征求意见的。当地民众/地方组织对于公园的设计和规划都有一定的话语权。具体规划守则往往也是向公众公开的。每隔3～5年，国家公园都需要更新其管理计划。而每隔10年，国家公园需要更新其战略发展计划。

第三，国家公园都设有完善的游憩休闲设施，而且其讲解系统十分注重人文意识。国家公园不但要给人们提供休闲的机会，还承担着向游客宣传科普知识的重要角色。因此，大多数国家公园都设有多种讲解系统(展板、互动设备、专人讲解、网络、影片等)。公园建设也非常注重人文关怀。公园的建筑风格大多融入了当地特色，提供多语言讲解系统，以及完善的残疾人服务设施。

第四，国家公园均遵循严格的环境保护监控措施。各级资源部门会定期分析公园环境，包括其生态环境及游客使用状况。旅游项目的建设也以不破坏自然景观和自然旅游资源为准。厄姆峡谷矿及其旅游中心虽然借鉴了国家公园的经营模式并且成功吸引了大量游客，但是其属于私人经营，生态环境保护方面做得并不是特别完善，因此环境保护措施不到位是该景点的不足之处。

第五，国家公园的规划与建设一般都遵循可持续发展原则。从景区规划到项目设置，国家公园都希望能够最大限度地保存现有资源并把这些珍贵的资源留存给下一代。确定可持续发展原则是国家公园建设的守则之一。

2. 高质量文化旅游产品

除了可以借鉴/使用国家公园管理模式以外，美国的文化遗产旅游项目非常注重游客感受及产品质量。

首先，在产品策划的时候，文化旅游项目都希望能够提供给游客原真性的体验。这种原真性主要是通过项目的多样化、项目内容的地方化及突出当地特色而获得的。文化旅游项目的发展也非常注重当地社区的参与。文化旅游项目的倡导者不但希望当地居民可以从旅游发展中得到经济利益，也希望当地居民可以从中培养自豪感及对本地独特的历史文化的认同感。例如，美国弗米利恩湖-苏丹地下矿井州立公园就聘请了来自矿工家庭的年轻一代担任导游职务。这一举措可以很好地把工业遗产文化资源、旅游发展和当地居民的自我认同感联系在一起。

其次，文化旅游产品的管理十分注重游客的反馈及产品质量的持续提高。大部分文化旅游产品都可以参照现有的指标系统，多方位评估。评估的结果可以用来提高文化旅游产品质量，继而提高游客满意度、增加游客的重游倾向。而该指标系统不但包含了宏观上的测量(经济收入、提供的就业人数、税收收入)，也包含了微观上的测量(游客满意度、重游率)，并且将市场供给与市场需求进行交叉对比。这样全方位的衡量指标对于提高文化旅游产品质量具有十分重要的反馈作用。

最后，与其他一般休闲游客不同，文化类游客具有对知识的渴求。他们在游赏的途中非常希望能够知道更多关于文化遗产的知识。因此，寓教于乐是文化旅游项目发展的一个要点。为了能够使游客更投入于游览项目之中，美国现代文化旅游产品充分使用了多种媒体技术设计管理旅游项目，力求使其内容具体化和生动化并确保游客安全。除了利用各种多媒体技术生动地提供解说以外，文化旅游项目在开发之时就将手机应用程序、网络程序与旅游项目相结合。这些手机应用程序快捷方便，可以随时满足游客的信息要求并提供高度个性化的旅游体验。美国的文化旅游项目大多设有专门的网站，重点介绍文化遗产相关内容并设有虚拟游览选项，可以让游客预览景点。

3. 政府倡导，多方合作

除了现行的国家公园管理模式及文化遗产旅游发展战略框架以外，美国的文化旅游/工业遗产旅游发展项目的顺利开展还源于政府的倡导及多方合作所提供的支持。政府的倡导主要体现在对文化遗产资源的重视与保护及对于如何发展文化旅游项目的指导上。美国历史地标项目很好地阐述了美国政府如何有效地帮助各州鉴别及保护重要文化遗产/工业遗产资源。而《美国文化与遗产旅游白皮书》和《文化旅游发展手册》则很好地阐述了美国政府在实践层面上指导文化旅游项目的规划与发展。这两个文件都非常详细地标示出了规划要点。例如，《美国文化与遗产旅游白皮书》提出了发展文化旅游应该注重产品发展、产品营销、产品研究、科技应用、基础设施建设、教育培训、可持续发展及政府政策与支持；而《文化旅游发展手册》则提出文化旅游项目发展应该从文化资源潜力评估、项目发展、项目评测3个方面重点规划发展。这些规划要点都具有实践意义并且对旅游项目的长远发展有着重要的指导作用。

此外，美国文化旅游发展项目非常注重多方位合作。这其中涉及的利益相关者包括各级旅游部门、历史与资源部门、私人企业、非营利组织、业界组织及当地社区/当地居民。例如，美国弗米利恩湖-苏丹地下矿井州立公园的初步启动源于美国钢铁公司(私人企业)与当地政府(明尼苏达州政府)的合作。而该公园的进一步发展则源于它与州立政府的合作。其实美国大多数地区在旅游发展管理方面已经有成熟的合作机制，而新兴的工业遗产文化旅游项目可以直接借鉴这些合作机制，更好地发展旅游项目，利用旅游发展作为枢纽，把不同利益相关体友好地结合在一起，这也是文化旅游项目能够获得成功的重要因素。

4. 多方位利用废弃矿山资源

被选作发展工业遗产旅游的废弃矿山资源一般具有特殊的历史文化代表性。因此，在把这些废弃矿山转换成旅游点的同时，可以保存一定的资源做科研和教学用途。建设地下实验室就是一个很好的再利用方式。废弃地改造而成的实验室被应用于不同的科学研究之中，实验室的成立在很大程度上也为相应的景点及其游览项目增加了知名度和吸引力。

另外，并非所有的废弃矿山都具有历史文化意义并可以被发展成文化遗产旅游项目。因此，如何多方位地利用废弃矿山资源是非常重要的。美国环境保护局已经建立了废弃矿山资源评估体系，并在此基础上进一步确立对于特定废弃矿山资源的再利用计划。当前美国对于废弃矿山资源的利用主要体现在以下几个方面：农耕用地、森林用地和商业用地。而商业用地则是大多发展成公共游憩场所(公园、野营营地、高尔夫球场)。这种以环保为出发点并且因地制宜的规划选择对如何多方位利用废弃矿山资源具有借鉴意义。

5. 可持续发展

废弃矿山的再利用与环境保护息息相关。因此，很多工业遗产旅游/矿产旅游项目都选择和美国环境保护局合作，由美国环境保护局负责对环境进行修复，并在此基础上进一步发展旅游项目。工业遗产旅游项目也可以和当地社区紧密联合。以美国弗米利恩湖-苏丹地下矿井州立公园为例，其中地下矿井游览项目的讲解员均来自当地的矿工家庭。景区雇佣他们成为专门的讲解员不但为其提供了工作岗位，为经济转型做出了贡献，还会使当地居民产生自豪感并且延续矿业对于他们的特殊意义。此外，大多数旅游发展项目均会有评估体系，通过记录游客数据和游客行为来了解旅游开发效果。这些景点也可以通过门票限售等措施来规范游客数量并减少游客到来对环境产生的负面影响。

6. 综合营销

除了科学合理的规划以外，美国文化旅游发展项目非常注重综合营销。

首先，为了创造出符合市场需求的旅游产品，大多数文化旅游遗产项目在具体规划之前都会做很全面的市场分析。这些市场分析一般关注以下几个要点：目标文化遗产游客的特点是什么？他们的旅游动机是什么？他们的旅游行为特点是什么？只有清楚了解目标市场的特点，文化旅游项目才能够更具吸引力并且更容易获得成功。

其次，文化旅游产品的营销非常注重科技的应用。正如前面所述，文化旅游产品现在大多有自己独立的网站并提供虚拟游览的选项，通过视频、照片、卡通讲解等各种措施来提高人们对于该旅游项目的兴趣。文化旅游产品现在大多有自己的手机应用模式，这些程序不但方便游客咨询相关信息，为游客提供服务（如地图、讲解），还可以让游客及时评价服务质量（打分系统）。另外，这些程序还可以实时追踪游客行为，从而收集更多有效数据来改良之后的旅游产品。

最后，文化旅游产品非常注重及时性。通过游客反馈，旅游产品的内容一直都在更新。并且通过这些更新，旅游产品都旨在提高游客满意度，带给游客具有原真性的、特别的文化体验。同时，文化旅游产品的营销渠道也在不断更新。从 20 世纪 90 年代初期的宣传小册子，到现在的社交媒体宣传和手机应用程序，旅游产品的营销渠道也是与时俱进的。而这些举措均是建立在对于市场的具体分析及透彻的了解之上。

第三节　英国工业遗产旅游开发经验与启示

一、英国工业遗产旅游发展背景

英国是世界工业遗产旅游发展最为成熟的国家之一，也是世界工业遗产旅游发展的先驱。近100年的工业革命使得英国的社会结构和生产关系发生了重大改变，大机器工业代替手工业，机器工厂代替手工工厂，同时，新兴生产技术的革新深深改变了人们的生活方式，也驱使人们不断使用各种方式获取原料、开采矿物，很多宏大的工业建筑由此而建成，工业技术因此而得到发展，为英国的工业遗产旅游发展奠定了基础。

第二次世界大战以后，英国的许多城市开始出现极速衰退，这种衰退在传统工业城市和区域表现得尤其明显，特别是那些以化工、纺织、钢铁冶炼、重工业、造船、港口、铁路运输和采矿业为支柱产业的地区[9]。这一时期，英国的经济遭受了严重的打击，原来以制造业为主导的城市，如伯明翰(Birmingham)、格拉斯哥(Glasgow)、曼彻斯特(Manchester)、利物浦(Liverpool)、卡迪夫(Cardiff)、谢菲尔德(Sheffield)等地区开始衰落，大量的制造业就业机会丧失。由于城市中心聚集着失业人群，中产阶级纷纷搬出城区，选择在郊区居住，这进一步造成了内城的持续衰落[10]。

英国政府为解决工业时代诸多经济、社会、环境等问题，提出“城市更新”的概念，并通过各种方式的城市再造运动以达到城市复兴的目的。1988年英国政府旅游管理部门发现了工业遗产旅游的巨大潜力，开始积极推动和呼吁全国发展工业遗产旅游[11]。许多衰退的工业城市拥有灿烂悠久的发展历史和丰富的旅游资源，近百年的发展历程造就了其浓厚的工业文化底蕴。同时，旅游业作为劳动密集型产业，能够起到创造就业机会、促进商业消费、带动经济发展、更新基础设施、增添城市活力等作用。工业遗产旅游发展产生的效益十分契合英国政府“城市更新”的愿景，因此成为英国工业城市经济转型、社会空间重构、治理环境的有效措施，并得到了大力的推广和支持。

除了上述历史、经济和政治背景外，英国的人文社会及自然生态因素也同样推动着城市工业遗产旅游的发展。第一，英国是一个非常注重历史文化遗产保护的国家，政府一直有意识地进行工业遗物的收集和遗址的保护，由于人们已经开始与“传统工业”告别，许多工业技术即将消失，受人们怀旧心理的影响，工业遗产资源备受旅游者青睐[12]。第二，资源型城市存在着工业开采、制造、运输等环节的污染问题，尤其是工业衰退后，城市中大量废弃地的存在造成了土地资源的极度浪费。2000年，英国政府发布的《城市白皮书》(Urban White Paper)中把主要的注意力集中在将棕色用地和空置地产的重新使用方面[13]，以更好地利用土地。

综上所述，英国城市工业遗产旅游在其国家历史、经济、政治的大环境下，在人文、社会、生态、政策因素的驱使下，依托于丰富的工业遗产资源，正逐步走上后工业时代产业转型的必然发展道路。

二、英国工业遗址旅游

(一)英国工业遗址旅游开发历程

工业遗产旅游的起源要从 19 世纪的英国开始，其初期发展产生于工业考古。19 世纪末，伴随着对工业遗物的收集和遗址的保护，英国出现了一个特殊的研究领域——工业考古学。当时工业化城镇中的家族式企业家建起了一些博物馆、美术馆和公园，工业城镇因此成了新兴的旅游目的地。20 世纪初，英国工业遗产、遗物的保护和再开发兴起，许多工业文物，如历史性的工业产品、生产用的各种机器、工业纪念品等，被大量开发利用，作为旅游吸引物出现在英国各种各样的博物馆中[14]。20 世纪 50 年代，英国伯明翰大学 Donald Dudley 提出以工业为方向，关注那些工业革命时期及之后与工业相关的文化遗迹与建筑物。

20 世纪 60 年代，欧洲大多数的传统工业区相继进入衰退阶段，英国政府计划将以纺织业、煤炭、钢铁等重工业为支柱产业的区域进行城市经济结构的重组。直到 80 年代，工业遗产旅游的概念在英国提出并大规模开展，伴随着参观工厂，建设休闲购物中心及滨水开发区、大屏幕电影院、咖啡厅等基础休闲设施开发的热潮，这些工业城市作为制造业中心的作用基本被终结，取而代之的是成为第三产业的基地和消费场所[15]。

90 年代是英国工业遗产旅游发展的高峰期，英国工业遗产旅游不仅得到了广泛发展，而且成为英国旅游业中发展最快的旅游形式。1992 年，英国国家旅游局和英格兰旅游委员会统计表明，英国共有官方认可的工业遗产旅游景点 375 个、手工艺品中心 58 个、铜制品抛光中心 15 个及大量的工业遗址和工业博物馆。工业旅游类的景点景区可占到全国景点景区的 10%左右，1993 年英国还推出过“工业遗产游”主题年[16]。从英国工业遗产旅游景点景区的数量比重及英国政府出台的一系列政策可以看出，90 年代英国工业遗产旅游的发展态势强劲，工业遗产旅游一度成为英国发展最快、最受青睐的旅游类型，并逐步形成了稳定成熟的发展格局。

（二）英国工业遗产旅游资源

工业遗产旅游产生于工业和制造业衰退的背景下，Harrison[17]指出工业遗产旅游作为一种新的发展方式，在一定程度上起到了调整产业结构和转变经济发展方式的作用。

基于对工业遗产的保护和再生，同时也为了调整产业结构以达到经济转型的目的，各工业地区在当地政府的带领下，开展了整理工业发展历史资料、改造工业遗留建筑、建设旅游基础设施等一系列工作，逐渐形成了新的旅游形式。这种新兴的旅游形式是以工业生产过程、工业企业文化等为依托而开展的游览、学习的体验活动[18]，也就是工业旅游。工业旅游分为工业生产旅游和工业遗产旅游两大类[19]。英国的工业遗产分为有形工业遗产和无形工业遗产，这些工业遗产构成了工业城市的旅游资源。有形工业遗产主要包括能源生产建筑、工厂、仓储建筑和销售工业产品的市场，也包括像铁路、道路、桥梁、码头、航空港口、运河等交通枢纽，以及与工厂配套的办公、居住、宗教等附属建筑等。无形工业遗产包括史料、口传典故、技艺和技术等。英国被列入联合国教科文组织《世界遗产名录》的世界工业遗产站点有7个。表3-9为联合国教科文组织世界遗产名录站点（英国），其中英格兰和威尔士地区一级保护建筑物9所，苏格兰A级保护建筑物9个，北爱尔兰A级保护建筑1个，共计19个。

表3-9　联合国教科文组织《世界遗产名录》站点（英国）

站点名称	图片	地点	年份	备注
康沃尔郡和西德文矿区景观（Cornwall and West Devon Mining Landscape）		康沃尔郡和德文郡（Cornwall、Devon）	2006	康沃尔郡和西德文矿区景观位于英国西南部的康沃尔郡和德文郡，2006年包括10处矿区（康沃尔郡9处和西德文郡1处）遗址作为文化遗产，被列入《世界遗产名录》中
德文特河谷磨坊（Derwent Valley Mills）		德比郡（Derbyshire）	2001	德文特河河谷位于苏格兰中部，拥有18～19世纪兴起的大量棉纺织工厂，是一个具有重要历史意义和科技影响力的工业景区
乔治铁桥峡谷（Ironbridge Gorge）		什罗普郡（Shropshire）	1986	乔治铁桥峡谷是工业革命的象征，包含了18世纪推动这一工业区快速发展的所有要素，包括矿业和铁路工业

续表

站点名称	图片	地点	年份	备注
利物浦海上商业城（Liverpool Maritime Mercantile City）		利物浦（Liverpool）	2004	2012 年，由于拟建利物浦水域项目，该遗址被列入《濒危世界遗产名录》（In 2012 the site was inscribed on the List of World Heritage in Danger due to the proposed construction of Liverpool Waters project）
新拉纳克（New Lanark）		南拉纳克郡，苏格兰（South Lanarkshire, Scotland）	2001	新拉纳克是18世纪坐落在苏格兰风景最优美的地方的一个小村庄。19世纪早期，慈善家、乌托邦理想主义者罗伯特·欧文在此创建了现代工业化社区的模型。令人难忘的棉磨坊、宽敞且装备齐全的工人社区、严谨的教育机构和良好的学校教育，时至今日仍是欧文人文主义的证明
索尔泰尔（Saltaire）		西约克（West Yorkshire）	2001	西约克郡的索尔泰尔是保留完好的19世纪下半叶的工业城镇。这里的纺织厂、公共建筑和工人住宅风格和谐统一，建筑质量高超。城镇布局至今日完整地保留着其原始风貌，生动再现了维多利亚时代慈善事业的家长式统治

英国在工业文化遗产保护中十分注重传统工业技术、技艺的调查、保护和利用。象征着工业革命的发明如蒸汽机、纺织机、机床和火车等工业技术，成为工业遗产有别于其他文化遗产的关键[20]。这些工业遗产在一定程度上形成了一个地区的工业旅游基础资源，其经开发者结合当地独有的工业属性和特点，进行资源的再利用和创新，形成特色的工业旅游城市。近几十年里，苏格兰、威尔士、英格兰等地区的许多工业衰退城市，已经打造出了极为成功和极具代表性的工业旅游城市的形象。

例如，英国威尔士地区首府加的夫，在成为威尔士首府之后，仍然不为外界所知。加的夫港口曾经是世界上最重要的煤炭输出港口之一，钢铁和煤炭等重污染工业的衰退使其不得不进行城市产业的更新。政府为了改变这一现状，与私营开发商合力对封闭的布特东船坞(Bute East Dock)码头进行改造。改造初期，不少工业废弃码头堆积了大量的煤炭，经过创造性的规划和改造之后，一部分变成现代化的集装箱码头，另一部分通过精心设计成了大矿坑采矿博物馆，以展示当年的采矿历史和矿工生活。同时，政府和合作商还修建了一条双车道的公路与 M4 高速公路连接，这成为加的夫南部及整个城市更新的催化剂[21]。

在合作进行工业环境修复的同时，政府和合作商考虑到城市整体的综合发展，决定采取开发旗舰项目的发展战略，以提高加的夫的城市地位，扩大其知名度，使其成为新的社会和经济的核心。基于这一发展战略，当地建设了许多具有吸引力的设施，包括船舶、餐厅、博物馆和科技中心等，每年吸引了上百万的旅游者。这些项目建成之后，加的夫还通过举办一系列的国际赛事活动，继续巩固和提高自己的城市地位。在加的夫举行了英超联赛的决赛、英国汽车和赛艇展览等活动后，加的夫还修建了 St David 酒店和希尔顿酒店两座五星级的酒店及其他等级的酒店，以进一步健全旅游服务体系，为旅游者提供更舒适的服务。

过去的 40 多年，加的夫成功地从一个以传统工业为主的城市转型为一个具有国际影响力的现代化城市，这项工业旅游成功地促进了地区经济的蓬勃发展，得到了广泛的认可。

英国工业建筑遗产通常分布在区位优势明显的城市，并且依托许多自然景观。例如，与运河、铁路等交通枢纽相邻，周围有良好的基础设施等，所以其经过系统的创新和改造之后，很容易成为文化遗产旅游的核心景点。另外，大多数工业建筑拥有较大的空间规模，与文化旅游中的观展类建筑空间性质十分契合，因此很容易实现建筑物在功能上的转换[21]。

利物浦阿尔伯特船坞（Albert Dock）是世界上第一个包围式的耐火码头，拥有大量的码头仓储区，以及大量建筑遗产。这些区域在第二次世界大战后开始衰败乃至废弃，成为“日不落帝国”惨淡的一幕。在借鉴发展工业旅游的成功经验后，利物浦地区政府开始意识到自己城市的特点，其不仅有公园、水景，还有港口兴衰的历史故事、世界闻名的甲壳虫乐队等。除此之外，其还是英国除伦敦之外博物馆最多的城市。于是政府开始吸收各方面的资金以开发城市的文化资源，船坞区的再开发与更新也正式启动。1979 年利物浦市议会与船坞公司协商并拨款成立梅西河发展公司，并确定以文化为大主题，计划将船坞改造成一个现代化复合旅游景区，包括博物馆、纪念馆、美术馆、商铺、咖啡馆等。现在的船坞区按功能大致可以分成 3 个区域：外部展示空间区——包括坎宁 1 号码头和 2 号码头等；内部展示空间区——阿尔伯特仓库区；功能转换区——改变功能的单体建筑[22]。

泰特艺术馆（Tate Liverpool Gallery）是由著名的建筑师斯特林和威尔福德设计改建，其建设目的主要是为教育展览活动提供场所。参观展览者在体验优美环境的同时，也可以感受到当地独特的人文特色。仓库区的空间为区域发展增添了许多功能。例如，加入媒体室、研讨室、会客室等功能空间、娱乐设施，为游客提供展品信息咨询台。仓库区的 B 区是披头士纪念馆，这也是利物浦城市符号型的旅游资源和游览区域。这些优质而独特的工业旅游资源和设计使得阿尔伯特码头成了一个真正独特的工业遗产旅游景区。

对于以旅游为主要开发目标的利物浦阿尔伯特船坞保护区来说，旅游业的成熟发展使其相应的配套设施如停车场、洗手间、休息长椅、标示牌、配电房等实现了合理的安排。

(三)英国工业遗产旅游开发目标

1990 年以来，在英国城市复兴的大背景下，英国政府将“合作伙伴关系”作为解决城市问题的一个关键举措，而这些“合作伙伴”也成为英国城市开发工业遗产旅游的主要组织形式。由政府机构、私营企业、地方社区和民间组织共同构成的合作伙伴组织介入政策、实施进度的制定，分担风险与责任，分享资源与利益，在就业、城市建设、社会服务体系建立等诸多方面发挥了重要作用。在英国至少有 700 多个类似的城市合作伙伴组织，合作伙伴组织在英国的兴起，让世界范围内工业产业转型城市在面对城市管理的挑战时，提倡政府与市民社会共同努力。因为合作伙伴组织可以更好地动员社会相关力量与资源参与到城市改革运动中，而作为新产业的工业遗产旅游项目也同样受益。

英国工业遗产旅游开发目标具有多样性，一个工业遗产旅游开发项目可能包括“遗产保护”“经济创收”“树立企业形象”“科普教育”等目标[23]，见表 3-10。上面提到，英国工业遗产旅游景点的直接开发经营者包括各级政府、地方社区团体、民间组织和商业私营公司。开发主体的不同使得开发目标并不是单方面的，而是呈多目标取向的发展态势，这体现出英国政府在发展工业遗产旅游的过程中充分意识到了社会、经济、文化等方面效益融合发展的优势。工业遗产项目的开发主体不同使得开发目标的侧重点也有差别。例如，各级政府、地方社区团体进行工业遗产旅游项目开发是以保护国家或地区文化遗产，提供工业历史文化教育，提高地区知名度等体现社会公平性、公益性为目的，以促进城市和地区经济发展为目标，盈利并不是其主要目的；而民间组织进行工业遗产旅游项目开发的主要目的是进行文化资源保护和教育，向游客传授知识，进行工业科普教育等；商业私营公司进行工业遗产旅游项目开发则更多是体现其商业性、经济目的性，将树立公司形象、促进公司产品销售、扩大市场占有率作为主要目标，虽然也有保护文化遗产、开展工业教育等目的，但这并不会成为其主要目的。

表 3-10　英国工业遗产旅游景点的开发目标

开发经营者属性	主要开发目标
各级政府	保护国家或地区文化遗产，为人们提供工业历史知识方面的教育，提高或维护地区知名度，推动城市和地区经济发展
地方社区团体	保护国家或地区文化遗产，传播文化遗产保护知识
民间组织	进行文化资源保护和教育，向游客传授知识，进行工业科普教育等
商业私营公司	树立公司形象、促进公司产品销售、扩大市场占有率

(四)英国工业旅游开发及运营模式

英国工业转型城市的旅游开发首先注重的是对工业遗产地的综合评价，其中包括评价废弃地或废弃厂房区位优劣势、地形、生态气候等土地固有价值，历史文化教育价值及未来是否能带动地区多方效益发展。

英国工业城市通过旅游进行城市再生的开发模式是：在资源废弃的工业旧址上，对废弃的工业厂房、机器设备、建筑等进行改造与再生，使其成为一种能够吸引人们参与了解工业文化和文明，且同时具备特色休闲、观光及旅游等功能的区域。英国许多衰退的工业城市因此而重焕生机，如伦敦的道克兰码头区、威尔士加的夫地区、曼彻斯特市卡斯菲尔德地区及利物浦阿尔伯特船坞区等，都是以文化为导向的综合型旅游开发模式的成功典范[24]。

工业遗产旅游的开发应包括：工业遗址、交通运输和社会文化吸引物这3 个方面[16]，且工业遗产旅游强调的是其作为工业产业存在的历史文化价值。将特色的传统工业基因与文化产业因子叠加，利用其区位优势，建立相关的基础服务体系来激活工业遗产的活力，使其既可以传承辉煌的工业文明，又可以实现废弃物质资源的循环利用，起到传承社会精神文明与促进地区经济发展的作用。这也是以文化为导向，整合其区位和资源优势，进行综合型旅游开发而达到的显著发展结果。英国很多老工业城市如伦敦、伯明翰、曼彻斯特和利物浦的旅游业都是以发展工业文化遗产为基础开发的，其中利物浦阿尔伯特船坞区就是以工业遗产文化为导向进行综合型旅游开发的成功案例。

例如，阿尔伯特船坞开发者将坎宁嵌入 1 号码头和 2 号码头区，塑造了一个室外展示空间，阿尔伯特船坞仓库区作为内部展示空间区，用于展示阿尔伯特船坞的历史。仓库仓储功能发生了改变，复合性的功能区域将人文、经济、娱乐休闲融为一体。例如，商铺、咖啡屋供人们休闲娱乐放松，同时还兼具经济效益。游览部分还包括：著名的泰特美术馆、众多博物馆及世界级影响力的甲壳虫乐队展馆等。

一些单体建筑被改造后其功能发生了根本的变化，如标志性的陶立克铁柱门廊和砂石横饰带，经改造后成为格拉纳达电视台(Granada Television)西北地区新闻工作室，它也是目前英国最大的独立电视公司之一。曾经的船坞液压泵站、工业废气排放的烟囱、斑驳的塔楼，成功改造成了旅馆和酒吧等服务型场所。阿尔伯特船坞在利用历史建筑物开发时很大程度上保留了其原始风貌，但建筑本身的结构与材料经历了近 100 年的风霜，还是需要在建筑功能改变的基础上加入更牢固的材料或更新颖的设计如旋转门、落地窗，但设计者十分注意新旧之间的结合，使设计风格既保留古典特色又兼具现代美感[25]。

在运营模式上，政府与企业采用综合性经营方式，在寻求利润最大化的同时又能提供更具人性化的服务设施。经济贡献来自展览馆、博物馆等门票，餐饮、酒吧、咖啡厅消费，零售店，公司会议接待及酒店住宿等方面，既可以直接贡献于地区产业经济，也可以通过产业关联带动整个地区经济发展。

(五)英国工业遗产旅游开发绩效

英国道克兰码头区作为码头文化游览线路的重要景观节点，已经从上百年残破的工业背景中走出，现已发展成伦敦的一个商业金融中心。阿尔伯特船坞作为工业建筑遗产，通过旅游产业再生后也成为文化物质载体，促进了地区商业、经济、文化和基础设施建设的发展，成为世界工业城市的杰出代表。伦敦泰晤士河沿岸的巴特勒码头将工业建筑以出租的方式，供艺术家或艺术团体使用，区域内有创作工作室、画廊、展览馆、艺术品商店、咖啡厅等旅游休闲场所，没有过于商业化的痕迹但却成为城市前卫、多元、时尚文化的栖息地，这使个人利益与工业建筑遗产保护得到了长期保证，城市形象的树立与社会就业稳定达到了双赢。

英国北约克塞比镇乡村的达拉斯发电厂是欧洲最大的燃煤发电站，烟尘排放和大量有害物质使其成为污染环境的毒瘤。20 世纪 90 年代，该地区通过生态处理形成了一定规模的牧场和森林，并建立了工厂区、水岸与森林3条旅游路径，将文化旅游元素加入其中。工业石灰加工成混凝土砖块被用于建造周边的建筑，石膏被制作成创意旅游纪念品出售。为了营造美丽的生态旅游景观，政府及公众密切关注环境治理问题，以开发地区生态潜力打造生态旅游新模式。

工业旅游作为传承工业文明的载体、催生时尚和创意文化的发酵剂、城市或乡村自然景观建设的推动力，起到了促进地区经济增长、提供就业机会、改善生态环境的作用，对维持工业衰退地区的社会稳定做出了重要贡献。

尽管工业旅游的开发使得许多衰退的城市重获活力，在社会、经济、就业及整体生态环境问题上都有了极大改善，但正如所有城市开发旅游业都会产生些许的负面问题一样，在开发工业旅游的进程中，英国众多城市也存在开发中的城市环境问题、人口聚集问题及如何进行分流等问题。例如，在伦敦泰晤士河沿岸的巴特勒码头将工业建筑分租出去，致力于打造艺术文化创意栖息地，但这种分散式管理机制显露出许多令人担忧的弊端，由于旅游人群及地区租户对工业遗产价值的认知参差不齐，很多人无意承担长期维护工业建筑遗产的责任，这在一定程度上不利于工业遗产建筑的保护，而修复这些工业遗产本身也将花费政府及相应管理公司不少的费用。这里时尚前卫的资源众多，但由于政府疏于管理，成为朋克派对聚集点，人员也相对混杂，在一定程度上对城市治安造成了不利的影响。

三、旅游开发的经验与启示

英国工业旅游起步的时间较早，无论是对工业遗产保护、开发、运营，还是对社会、经济、人文、环境的影响都有十分显著的成效。其产业结构的成功转型，为其他面临工业衰退的城市提供了极具价值的参考案例。在英国，依托不同工业产业实现向旅游产业转型的模式有很多，这在一定程度上值得国内类似城市借鉴，但是企业或者地区政府应依据本企业或者本地区自身的特点进行工业旅游开发，因地取材、因地制宜，不可一味效仿，在借鉴发展经验的同时也要注重创新，根据时代和游客的需求更加准确地定位工业城市，并有的放矢地进行旅游开发。同时，经历了近两个世纪的发展，英国工业旅游也暴露出了一些问题，这也可以警示本国正在转型发展的工业城市，思考如何预防及解决未来可能出现的相同问题。

首先，工业旅游的开发具有极强的综合性，需要多方力量配合。开发运营者需要从城市整体发展、地区经济、人文、社会、环境等角度考虑，整合配备相关资源。综合考量政府及当地组织的扶持，社会和居民的支持，旅游资源的优势及开发方向，运营及盈利模式考量、区位优势利用、公共设施及服务体系的建立及环境污染控制等因素。只有将各方组织调动起来，城市产业转型才会实现长久的社会、经济、文化意义。

其次，工业遗产资源是工业转型城市依靠旅游产业复兴的关键，是城市发展现代工业旅游的依托。工业遗产本身具有巨大的历史文化价值，同时也是城市吸引源。所以在开发和管理工业遗产旅游资源时，要注重在保持其原始风貌的同时合理开发，尤其是在运营时，应尽量控制减少人为的破坏和污染，达到旅游资源可持续使用和发展的目的。城市的转型和成长不是一蹴而就的，打造城市的品牌形象和提高城市的整体地位是十分重要的，不可以为了短暂的经济利益而进行过度的商业化开发。工业城市转型往往与时尚、艺术产业关系密切，如何保证运营管理、如何持续创新与时代发展相融合，如何实现工业旅游的可持续发展等问题将是未来工业旅游城市面临的挑战和机遇。

最后，要营造与其他产业的共生关系及公共性环境。在工业转型城市发展中，如果单纯发展单一产业会削弱或者不能达到真正的效益。因此，在众多英国转型城市中多产业的发展成为必然的道路。城市的资金、土地、政策等要素资源的分配机制与分配结构都将决定工业衰退城市的旅游业能成功转型。旅游业作为一个外部溢出性显著的产业，需要大量公共空间的塑造，土地利用率更高，能够有效扩大外来消费市场，改善城市环境质量，提供大量就业机会。因此，也更需要与城市其他产业产生良好的共生关系及公共性环境。在英国，政府为鼓励企业从绿地开发转向废弃地再生，在 2001 年采取了对治理污染土地的公司减免 150%的企业增值税的做法。政府及各方组织通过城市税收补贴、产业政策等机制构建了促进资金、土地、人力等资源向旅游业及相关产业分配，以实现城市工业遗产旅游具体化。相应的城市公共服务体系也作为支撑旅游业发展的重要机制建立，如交通建设、城市配套服务建设(停车场、洗手间也作为人性化设计也在城市中体现)。资源枯竭型城市选择向旅游型城市转型，这意味着城市设定了以更高品质的环境建设作为可持续发展的长期目标英国工业遗产保护法律规定的演变见表 3-11。

表 3-11　英国工业遗产保护法律规定的演变

时间	法律	时间	法律
1882 年	《古迹法》	1967 年	《城乡文明法》
1933 年	《城市环境法》	1968 年	《城市规划法律修正案》
1944 年	《城市规划法》	1974 年	《城市康乐法》
1953 年	《城市建筑与古迹法》	1979 年	《古迹和考古区法》
1962 年	《地方政府历史建筑法》	1990 年	《规划法》

四、经典案例分析——英格兰国家煤矿博物馆

（一）英格兰国家煤矿博物馆案例

英格兰国家煤矿博物馆（National Coal Mining Museum for England）位于英格兰西约克郡韦克菲尔德（Wakefield）附近欧弗顿（Overton）的卡普豪斯煤矿（Caphouse Colliery）遗址上。它于 1988 年作为约克郡矿业博物馆开放，并于 1995 年成为国家煤矿博物馆（图 3-2）。同时，也是欧洲工业遗迹之路（European Route of Industrial Heritage）的一部分。

图 3-2　英格兰国家煤矿博物馆

Caphouse Colliery 位于 A642 韦克菲尔德旁边的哈德斯菲尔德(Huddersfield)路上，距离两边的城镇分别约 8km 和 11km。煤矿的名称似乎起源于雷迪尔旅馆(Reindeer Inn)建筑物的旧名称。根据庄园法院记录，煤炭在 1515 年已经被开采。博物馆的锅炉房和石砖烟囱是二级保护建筑，建于 1876 年左右。发动机房、锅炉场、堆垛和通风竖井等构筑物也均为二级保护建筑。锅炉房有两个兰开夏郡(Lancashire)生产的锅炉，为发动机提供动力。Caphouse 的木材头饰和希望大坑(Hope Pit)的木框架屏幕建于 1905～1911 年。坑口浴场和行政区块建于 1937～1938 年。拥有梭眼煤矿(Shuttle Eye Colliery)的洛克伍德(Lockwood)和埃利奥特(Elliott)在 1942 年获得了该煤矿的开采权。Caphouse Colliery 煤矿于 1947 年国有化，于 1985 年关闭。约克郡矿业博物馆于 1988 年开业，于 1995 年成为国家煤矿博物馆。

英格兰国家煤矿博物馆已经运营了 32 年，煤矿曾雇佣过妇女和儿童，曾有些小孩五岁就开始工作，后来因为发生了事故，禁止他们下井。该煤矿关闭前最后一年只有一万多吨的产量。井下瓦斯浓度超过 5%就会发生爆炸，所以矿井规定，如果监测仪器测到的瓦斯浓度达到 1.5%就要矿工撤离。

该博物馆 1995 年被批准为国家博物馆，由政府部门监管，设有专门基金。博物馆收入包括游客门票、咖啡厅等。60%博物馆运行的经费由政府提供。博物馆参观人数逐年上升，登记的是每年 13 万人，实际参观人数比目前统计人数还有多。目前的游客主要为本地人，大概占 80%以上，同时也有很多城市游客周末驱车来此旅游。

博物馆提供地下旅游，游客在导游的带领下可以体验矿工的工作条件，并了解他们多年来采矿使用的工具和机器。游客中心有关于矿山的社会和工业历史的展览，图书馆和档案馆有包含“煤炭新闻”的问题和整个英格兰的煤矿细节。游客还可以参观包括矿坑浴室、蒸汽发动机房、锅炉房和煤炭筛选厂等。同时能够近距离地观看以前工作的小马厩。游客可以乘坐小火车，穿过小径抵达希望大坑和过滤罐。

整个博物馆有 110 个工作人员，咖啡厅大约 10 人，最多的是煤矿工人，煤矿工人主要负责导游工作，其中全职人员有 40 人。Peter 导游曾经在矿上工作，他是矿上最年轻的矿工。目前大部分矿工都是 70 岁以上，无法做导游。后来招聘的导游都是没去过煤矿工作的，不像 Peter 那样讲解得很清楚。

这里每年的运行费用为240万～300万英镑，包括工作人员的工资，其中有大概150万英镑是用来维持矿井运行的。博物馆最大的问题是如何保证正常开馆，因为煤矿比较古老，许多设备都已经老化，周围有120个煤矿，突水是最大的问题。设备短缺是这些煤矿遇到的最大问题，设备生产商越来越少，能用的设备也寥寥无几。

1）地下旅行

戴上安全帽和电池灯走进“笼子”，下到地下140m，可以发现几个世纪以来煤炭开采的严酷现实。

地下旅行由热情的导游带领。这些导游都是曾经的矿工，他们会介绍他们曾经在煤矿的工作生活和经历。让游客了解不同时期的采矿发展历程，了解维多利亚时代的妇女和儿童与男人一起在地下工作的情境、矿坑小马的作用及现代机械如何改变。煤矿地下旅游费用为每人5英镑。抵达后，游客将收到一张传统的矿工支票。旅行结束后，游客可以保留支票并捐赠5英镑以帮助博物馆保持矿井运行，游客也可以要求退还 5 英镑。地下游览时间为80min。

2）Caphouse 煤矿建筑物

Caphouse 酒店历史悠久，其历史可以追溯到18世纪90年代末期，许多原始的建筑都保存了下来，可供游客参观游览。

3）桥秤（Weighbridge）

Weighbridge 是运输煤炭的卡车在运输煤炭之前称重的地方。Weighbridge 可能是在20世纪40年代安装的，当时煤炭已由铁路运输变为公路运输。

4）选煤厂

选煤厂是现场最大的建筑物，主要是把煤炭从石头中分选出来的地方。煤炭在被铁路运输到市场之前按其大小进行分类，随后用卡车运到市场。

5）蒸汽发动机房

蒸汽发动机房可追溯至 1876 年，这是现场最古老的建筑之一。它由 Emma Lister Kaye 公司生产安装，游客仍然可以在镌刻日期的石头上看到公司的首字母。

6）控制室

控制室是20世纪80年代矿坑的神经中枢，协调所有地下工作。

7) 马厩

马厩主要满足游客参观马厩小马的需求，并让游客了解在采煤历史中如何使用马匹和小马(图 3-3)。矿坑小马主要用于 19 世纪和 20 世纪中期煤矿的煤炭开采、运输等各种各样的工作。在矿山上，使用 1.7m 的马来运输煤炭和采矿材料(如用于屋顶支撑的木材)。大多数小马在地下工作。最小的小马长 1.2m。它们把满桶的煤炭带到了一个叫作“平原”的收集点，然后再从这个收集点将空桶带回煤面。

(a)

(b)

图 3-3　马厩

8) 坑口浴场、工资办公室和医疗中心

Caphouse 浴室于 1938 年开放。与工资办公室相连，这是矿工开始工作并结束工作的地方。医疗中心还原了护士长做一些重要工作的场景。

9) 煤炭筛选厂

煤炭提升到地面，随着输送机的传送，运输到煤炭筛选厂，在那里分选煤炭。

10) 画廊和展览

(1) 1842 年画廊。在 1842 年《煤矿法》改变生活之前，探索 19 世纪初在地下工作的妇女和儿童的工作条件和生活。

(2) 采矿生活画廊。什么是盛会？矿工们如何改变他们的工作条件？矿工住在哪里？游客通过探索互动展示，可以了解矿工的家庭和社区、矿工的体育和休闲、灾难和罢工等各种信息。

(3) 煤矿陈列馆。矿工如何解决问题？他们使用了什么机器？煤炭如何运输？游客近距离接触博物馆的技术系列，了解科技发明如何让矿工的工作生活更安全、更高效。

(4) 专业主题展览。博物馆不断变化展览主题以满足游客的特别需求。

目前的展览可通过博物馆网站进行查询。

图书馆、博物馆拥有丰富的英国煤炭开采历史的文献资料。

11）Hope Pit 和自然小径

Hope Pit 是一个可追溯到 19 世纪 30 年代的小型煤矿，曾与 Caphouse 煤矿贯通。原有煤矿建筑定期开展互动展示，帮助游客探索采矿科学奥秘。

英曼井楼曾经安装了一个横梁发动机，用于抽出矿井工作中的水。

压缩机室让游客了解如何使用压缩空气安全地为机器和照明提供动力。

风扇房让游客关注矿井通风的重要性。

自然小径和水处理厂。沿着 0.5mi①的自然小径，游客可以看到古老的被破坏煤矿如何变成野生动物和植物共生的空间。水处理厂可以让游客了解博物馆如何清理从地下抽出的橙色富铁矿井水，并通过一系列沉淀池和芦苇床等水处理后，流入溪流。

12）博物馆的冒险乐园

博物馆的冒险乐园于 2017 年 8 月开放，它是所有年龄段儿童都喜欢的地方。孩子们白天可以在博物馆玩耍，附近的咖啡馆有外卖饮料和小吃。这里有各种各样让孩子们高兴的游乐设施——秋千、幻灯片、攀爬架、丛林塔、冒险之旅等，附近还有一个带顶棚的野餐区和座位供护理人员使用。

13）现场火车

在特定日期游客可以乘坐博物馆的火车，参观 45acre②的土地。火车运行时间为上午 10 点～下午 3 点，且只在特定日期才可以乘坐，具体日期可在博物馆官网上查询。以下为 2018 年 1 月官网上提供的火车乘坐时间：

（1）2018 年 2 月 17 日和 18 日；

（2）2018 年 7 月 21 日～9 月 2 日（暑假期间）；

（3）2018 年 3 月 31 日～9 月底每个星期六和星期日；

（4）2018 年 10 月中旬后还未确定。

博物馆官网上还提供了开放时间及一些活动的举办时间，见表 3-12。

14）Nicholson-Harris 铁匠铺

约克郡的夫妇 Martin Harris 和 Jayne Nicholson 将他们的铁匠铺业务迁至国家煤矿博物馆。铁匠铺位于博物馆希望大坑遗址旁边，目的是为游客展

① 1mi=1.609344km；

② 1acre=4046.8564m^2。

示传统工艺品，并生产一系列在博物馆商店出售的手工锻造品。他们还对博物馆的藏品进行重要的保护工作。

表 3-12 开放时间

博物馆	每天上午 10 点～下午 5 点开放 每年 1 月 1 日和 12 月 24 日～26 日关闭
地下旅游	星期六、星期日：地下之旅从上午 10 点开始，最后一次地下之旅于下午 3 点 15 分结束 星期一到星期五：地下之旅从上午 10 点开始 冬季最后一次巡演是在 2017 年 10 月 30 日～2018 年 2 月 16 日星期五下午 2 点 30 分。夏季最后一次巡演是在下午 3 点 15 分(2018 年 2 月 19 日～2018 年 11 月 2 日)

(二) 英格兰国家煤矿博物馆案例分析

1. 煤矿博物馆是一个多维度开放的空间

英格兰国家煤矿博物馆是一个多维度开放的空间，其设计不会让人产生“束之高阁”“高不可攀”的感觉。开放的空间在客观上缩小了工业遗产地与城市空间的“距离”，使矿业遗产地真正地融入现代城市。英格兰国家煤矿博物馆添加了许多多元化功能，以适应不同的社会层次和年龄群体，男女老幼来这里都可以得到全面的体验。矿业遗产博物馆能够再现当时的工作场景、艰苦的工作条件及老旧的机器设备，容易吸引具有怀旧心理的老年人群体参与，同时也会吸引对科学和大自然有着强烈兴趣的儿童学生群体。历史悠久的煤矿建筑、互动画廊、鼓舞人心的工作坊，以及在真正的煤矿井下工作的机会，为学生提供了身临其境的学习环境。图书馆中拥有大量关于英国采煤历史的信息及相关的文献资料，并且可以亲自深入地下观看实物机器的演练，吸引了大批对矿业感兴趣的研究者。

英格兰国家煤矿博物馆对矿业遗产方面的再利用，更多的是对真正日常使用者的关注，而非游客的关注。当地居民对公共空间的使用成为博物馆的重要服务内容，工业遗址旅游开发的最终受益群体指向当地居民。可以通过多元化目的地的打造来吸引具有不同需求的游客前来参观，防止过度依赖特定群体而丧失持续发展的适应性。

2. 经济效应与社会效应的统一

英格兰国家煤矿博物馆在经营管理过程中充分体现了经济效应与社会效应的统一。英格兰国家煤矿博物馆中的餐馆、礼品店、冒险乐园及小火车观光是收费的，而与矿业遗产相关联的休闲项目一般都是免费的。在矿井地下体验项目中，游客将收到一张传统的矿工支票，在游客旅行结束后，游客可以保留支票并捐赠 5 英镑以帮助博物馆保持矿井运行，或者不要支票并要求退还 5 英镑。

矿业自然和文化遗产都是公共物品，承载着国民教育、美学传播、科学研究和生态保护等诸多功能。严格地说，依托于矿业遗产的旅游，应是兼经济功能的文化事业。因此，这些直接源自遗产的服务应具有公益性质，让更多的人享有旅游的权利，同时积极承担起公益性的职责，讲究社会效益。

3. 突出矿业文化，融入现代元素

英格兰国家煤矿博物馆拥有丰富多样的可供游客购买的特色旅游纪念产品(图 3-4)。例如，被修复的极具收藏价值的矿灯、由矿工的家人手工制作的精美矿灯、用煤粉和树脂制作的精美纪念品及包含矿业文化的各种小商品。

图 3-4　旅游纪念产品

传统的旅游产品已不能满足人们的旅游需求，这就需要不断地开发新型的旅游产品。将矿业文化与旅游产品相结合，保留矿业文化的同时融入现代元素，使旅游产品的内容和形式日趋多样化，更好地契合旅游者需求。

参考文献

[1] 2017 年德国国家旅游局年度推广会在京拉开帷幕[EB/OL]. (2017-11-13) [2020-05-20]. https://www.sohu.com/a/204158634_100383.

[2] 张洁. 工业旅游在德国发展历程的实证分析[J]. 安徽建筑, 2011, 18(4): 16-18.

[3] 徐鑫. 英德煤矿关闭政策及煤炭工业转型经验[J]. 中国煤炭, 2016, 42(7): 96-100.

[4] 宋兆娥. 德国后工业景观改造方式与形成机制研究[D]. 哈尔滨: 哈尔滨工业大学: 60-70.

[5] 刘青青. 工业遗产旅游开发模式探讨——以德国鲁尔区为例[J]. 东方企业文化, 2013, (1): 273.

[6] 巫莉丽. 德国工业旅游的发展及其借鉴意义[J]. 德国研究, 2006, (2): 54-58, 79.
[7] 朱梅安. 后工业景观的生态规划设计研究[D]. 杭州: 浙江大学. 2013.
[8] 迪特·哈森普鲁格(德). 德国在后工业时代的区域转型——IBA 埃姆瑟公园和区域规划的新范式[J]. 刘崇, 译. 建筑学报, 2005, (12): 6-8.
[9] 李宝芳. 英国城市复兴中的合作伙伴组织[J]. 城市问题, 2009, (12): 83-87.
[10] 易晓峰. 合作与权力下放: 1980 年代以来英国城市复兴的组织手段[J]. 国际城市规划, 2009, 24(3): 59-64.
[11] 李同升, 张洁. 国外工业旅游及其研究进展[J]. 世界地理研究, 2006, (2): 80-85.
[12] 吴相利. 英国工业旅游发展的基本特征与经验启示[J]. 世界地理研究, 2002, (4): 73-79.
[13] 孙施文. 英国城市规划近年来的发展动态[J]. 国外城市规划, 2005, (6): 11-15.
[14] 颜亚玉. 英国工业旅游的开发与经营管理[J]. 经济管理, 2005, (19): 76-79.
[15] 唐历敏. 英国"城市复兴"的理论与实践对我国城市更新的启示[J]. 江苏城市规划, 2007, (12): 23-26, 22.
[16] 吴必虎, 俞曦. 旅游规划原理[M]. 北京: 中国旅游出版社, 2010.
[17] Harrison D. Tourism and prostitution: Sleeping with the enemy? The case of Swaziland[J]. Tourism Management, 1994, 15(6): 435-443.
[18] 黄磊, 郑岩. 国内外资源型城市旅游业发展研究述评[J]. 资源与产业, 2015, 17(5): 14-21.
[19] 武红艳. 浅析德国鲁尔区工业遗产旅游的模式及启示[J]. 太原大学学报, 2010, 11(3): 77-79.
[20] 于立, Alden J. 城市复兴——英国卡迪夫的经验及借鉴意义[J]. 国外城市规划, 2006, (2): 23-28.
[21] 程世卓, 余磊, 陈沈. 旅游产业视角下的英国工业建筑遗产再生模式研究[J]. 工业建筑, 2017, 47(9): 49-53.
[22] 严钧, 申玲, 李志军. 工业建筑遗产保护的英国经验——以利物浦阿尔伯特船坞为例[J]. 世界建筑, 2008, (2): 116-119.
[23] 杨铭铎, 郭英敏. 国外工业科普旅游的发展对我国工业科普旅游开发的启示[J]. 科普研究, 2016, 11(1): 63-68, 99.
[24] 邵龙, 张伶伶, 姜乃煊. 工业遗产的文化重建——英国工业文化景观资源保护与再生的借鉴[J]. 华中建筑, 2008, (9): 194-202.
[25] Hospers G J. Industrial Heritage Tourism and Regional Restructuring in the European Union[J]. European Planning Studies, 2002, 10(3): 397-404.

第四章

我国废弃矿山工业遗产旅游开发条件的分析

废弃矿山工业遗产旅游开发受其旅游资源及外部开发条件的影响。废弃矿山旅游资源是工业遗产旅游开发的内在因素，是工业遗产旅游存在和发展的基础。废弃矿山旅游资源的价值水平决定着旅游产品开发类型、旅游产业分布特点和区域产业结构特征。工业遗产旅游开发条件即旅游资源开发的外部环境，是影响废弃矿山转变为旅游目的地的重要因素。旅游资源开发有无市场需求、技术与经济是否可行、政策与制度支持度如何等都是废弃矿山工业遗产旅游开发必须要考虑的问题。为此，本章从宏观、微观层面分析目前我国废弃矿山旅游开发机遇与威胁、优势与劣势。同时，考虑到我国不同省份废弃矿山旅游开发外部环境的差异性，从矿山开发条件之外的废弃矿山所在地影响因素——经济区位支撑、旅游产业支撑、开发政策支撑、旅游市场支撑、旅游公共服务支撑5个方面，构建了废弃矿山旅游开发环境评价指标体系，采用主成分分析模型方法，对不同省份废弃矿山工业遗产旅游开发环境进行综合评价。

第一节 废弃矿山工业遗产旅游开发条件SWOT分析

废弃矿山工业遗产旅游开发条件SWOT分析主要从国家政策、经济阶段、技术条件、市场需求等宏观层面探讨我国废弃矿山旅游开发的机遇与威胁；从废弃矿山资源条件、竞争关系、区位条件、旅游要素配置等微观层面探讨我国废弃矿山旅游开发的优势与劣势。

一、发展机遇

（一）宏观层面供给侧改革和去产能，对废弃矿山再利用提出迫切需求

“四矿”——矿业、矿山、矿工、矿城是我国国民经济社会的基础。矿业社会经济的可持续发展问题是国民经济可持续发展的重要课题。

从国际角度看，“十三五”时期，世界经济在深度调整中增长乏力，国际能源格局发生重大调整，能源结构清洁化、低碳化趋势明显，煤炭消费比重下降，煤炭生产向集约高效方向发展。从国内角度看，“十三五”时期，我国经济增速趋缓、经济结构性失衡矛盾突出，经济改革进入供给侧改革阶段，供给过剩成为我国钢铁、煤炭等行业的主要经济特征。

在国内外的宏观背景下，煤炭产能的化解及关停矿山的再利用成为煤炭工业可持续发展的迫切问题。中华人民共和国成立至今，部分矿山生命周期已经或即将结束，同时为保证煤矿安全必须淘汰落后产能，我国废弃矿山数量将大幅增加。这些已经关停或即将关停的矿山，产生了废弃土地环境污染、人居安全隐患、地方经济持续发展受限、当地百姓生活质量降低等诸多问题。这些已经或即将被关停的废弃矿山蕴含丰富的资源，迫切需要寻找可循环、再利用、再开发的途径，这成为煤炭工业应对去产能改革、优化自身产业结构的一大关键问题。

（二）“绿色矿山”的提出，指明了废弃矿山生态开发的具体思路

国家将煤炭清洁高效开发利用作为能源转型发展的立足点和首要任务，为煤炭行业转变发展方式、实现清洁高效发展创造了有利条件。

2015 年，工业和信息化部、财政部制定了《工业领域煤炭清洁高效利用行动计划》，要求煤炭消耗量大的地市制定工业领域煤炭清洁高效利用计划。2015 年 4 月，国家能源局印发了《煤炭清洁高效利用行动计划(2015—2020 年)》，提出建立政策引导与市场推动相结合的煤炭清洁高效利用推进机制。

2017 年，国土资源部、财政部、环境保护部、国家质量监督检验检疫总局、中国银行业监督管理委员会、中国证券监督管理委员会联合印发《关于加快建设绿色矿山的实施意见》，提出加强矿业领域生态文明建设，加快矿业转型和绿色发展。加快绿色矿山建设进程，力争到 2020 年，形成符合生态文明建设要求的矿业发展新模式。树立千家科技引领、创新驱动型绿色矿山典范，实施百个绿色勘查项目示范，建设 50 个以上绿色矿业发展示范区。

绿色矿山发展理念的提出，为废弃矿山的再开发利用指明了思路，探索了资源集约和循环利用的产业发展新模式及矿业经济增长的新途径。废弃矿山工业遗产旅游开发是在绿色矿山建设的理念下，寻找废弃矿山接替性产业，与旅游产业对接形成产业融合，构建循环经济发展模式，推动废弃矿山所在地社会经济的更新和再生。

（三）技术快速发展，为废弃矿山再利用提供了保障条件

近些年来，我国加快废弃地生态开发修复技术科技攻关，因地制宜地整合基质改良、植被修复、微生物修复等技术，提出适合不同废弃地特征的技术方法，为废弃煤矿旅游开发所需的安全、优质的生态环境创造了必要条件。

与此同时，世界范围内能源科技创新日新月异，以信息化、智能化为代表的信息技术快速发展，为废弃煤矿旅游方面的再利用发展提供了重要的技术支撑。新型信息技术与煤炭行业深度融合为推进煤炭领域供给侧改革、优化产业结构创造了有利条件，同时旅游大数据、智慧旅游、旅游云平台等信息技术的创新将全面推动“旅游+煤炭”的深度产业融合，为废弃煤矿生态恢复创造了有利条件，也为废弃煤矿旅游开发带来了新的机遇。

（四）矿业遗产旅游开发的世界经验和中国实践，为废弃矿山再利用奠定了基础

工业遗产的保护与再利用是对工业文明的一种尊重，也是废弃煤矿所在地重生的一个重要方向。英国、德国、法国等西方发达国家是工业革命先驱国家，也是废弃矿山再利用最为成熟的国家。这些国家在废弃矿山工业遗产旅游开发方面取得了巨大成功，培育了新增长的动力源，实现了废弃矿山升级、经济复兴。这些国家的工业遗产旅游蓬勃发展，对我国废弃矿山旅游开发具有重要的借鉴意义，同时也为我国废弃矿山旅游开发奠定了基础。

我国目前正处于转型升级、跨越发展、实现新型工业化的关键阶段，国家高度重视废弃矿山再利用，2001～2019 年国家出台了一系列政策措施，支持老工业城市和资源型城市通过发展工业遗产旅游助力城市转型发展；鼓励各地利用工业博物馆、工业遗址、产业园区及现代工厂等资源，打造具有鲜明地域特色的工业旅游产品；并开展了“国家矿山公园建设”“全国工业旅游示范点”等工业旅游实践。2004 年，国土资源部下发了关于矿山公园建设的通知，提出建设矿山公园。我国已有 88 个矿山公园获国家矿山公园资格。国家矿山公园和工业旅游示范点的建设为我国未来废弃矿山旅游开发、工业遗产保护及经营管理实践积累了丰富的经验。

（五）旅游市场体量增大且细分加剧，为工业遗产旅游开辟了全新的发展空间

1992 年，旅游业就已经超过钢铁业和汽车业，成为全球第一大产业。与此相对应，我国旅游消费也蓬勃发展，已发展成为我国的战略性支柱产业，旅游市场前景广阔。同时，随着现代旅游散客化和定制化时代的来临，旅游者的需求日益细化。

随着人类社会逐步进入后工业化时代，传统工业生产方式渐渐退出历史舞台，传统工业留存下来的井架、生产系统、运输系统、通风系统等，在旅游者历史怀旧、科普体验、求新求异等心理的驱动下，都可能成为新型旅游吸引物，工业遗产旅游需求旺盛。为了满足旅游者的需求，美国把休闲游憩开发作为废弃矿山再利用的重点，当前美国对于废弃矿山土地的再利用主要体现在以下几个方面：农耕用地（38%）、休闲游憩（24%）、牧场（16%）、森林（12%）、水域（7%）及其他用途（居住区、公路、商业区）。其中，休闲游憩的占比最大。

中国废弃矿山再利用率远低于发达国家，特别是在旅游开发方面，目前还处于起步阶段。中国现有 262 个资源型城市、145 个国家级高新技术开发区和 219 家国家级经济技术开发区，已经形成了完整的工业体系，工业遗产旅游潜力巨大，市场空间广阔，废弃矿山旅游开发迎来了前所未有的机遇期。

（六）交通网络的完善，为废弃矿山工业遗产旅游开发提供了便利条件

交通在旅游系统中占有十分重要的地位。对于旅游者而言，“行”是旅游六要素中重要的一环，交通对于增强旅游者的体验性、提高旅游者的满意度及形成良好旅游目的地感知形象具有极大的影响。交通体系是区域旅游发展的重要条件和驱动力。交通服务和设施的完善为潜在的旅游资源开发提供了更多机会。

根据中国《中长期铁路网规划》《国家公路网规划》《全国通用机场布局规划》数据显示，我国将全面构建公路、水路、航空等多元化交通运输体系。在铁路交通方面，形成了“八纵八横”的铁路交通网络；在高速公路方面，到 2030 年 2.6 万 km 的国家高速公路将全部建成，10 万 km 的普通国省干

线公路将得到改造升级；在机场建设方面，预计到2030年，中国民用机场总量将达到2300座左右。

我国高速公路、高速铁路、机场、航线不断改善，缩短了出行偏远煤矿的时空距离，大大减少了旅行者旅行的时间和成本，弱化了废弃矿山地理区位劣势，为废弃矿山工业遗产旅游开发提供了有力的支撑。

二、开发优势

(一)我国废弃矿山资源存量丰富，开发潜力巨大

“十二五”时期，我国已经淘汰落后煤矿7100处、产能5.5亿t/a。“十三五”时期，根据《煤炭工业发展“十三五”规划》，我国煤炭产业严格控制新增产能，有序退出过剩产能。强化安全、质量、环保、能耗、技术等执法，倒逼企业退出。据不完全统计，仅2017年，我国15个省(自治区)总计关闭退出煤炭产能10633万t，涉及499个矿区。中国工程院重点咨询项目“我国煤炭资源高效回收及节能战略研究”预测：2020年，我国废弃矿井数量将达到12000处，2030年将到达15000处。我国废弃矿山资源存量大，而且许多废弃老矿旅游资源丰富、工业遗产价值高，且地处城市重要地段，旅游开发潜力巨大。

(二)废弃矿山旅游资源价值独特，比较优势明显

我国很多废弃矿山对中国科技进步、经济和文化发展产生了深刻的影响，具有十分重要的历史价值、社会价值、审美价值等。

废弃矿山保留下来的建(构)筑物、生产流水线、矿山环境及有形和无形的资源记载了特定时代工业生产、生活的历史信息，见证了中国矿业发展的历史，具有重要的历史价值。同时，这些资源又是典型的怀旧资源，共同构成了群体交往活动记忆的符号和基本材料，帮助人们了解一个时代的工作生活方式，追忆工业文明发展历史，唤醒人们对个人、家庭成长的回忆。工业时代遗留下来的建(构)筑物不同于后工业时代，巨大尺度的机器设备与具有恢宏气势的工业建筑在视觉上极具吸引力和冲击力，使废弃矿山开发的旅游产品具有独特的品格和审美价值[1]。

废弃矿山丰富的历史价值、社会价值和审美价值构成了旅游开发的绝对

优势，是其他旅游资源无法比拟的。

三、开发威胁

（一）废弃煤矿工业遗产旅游开发条件复杂，模式需要创新

我国废弃煤矿关停原因多样，情况复杂，且不同区域存在较大的差异。一部分废弃煤矿是生产技术条件落后的小煤矿，以及安全事故多发、能耗不达标、国家明令禁止使用采煤工艺的煤矿；另一部分是与保护区等生态环境敏感区域重叠的矿山等，采矿活动对于土地破坏严重；还有一部分是长期亏损、资不抵债、长期停产停建、依赖政府补贴和银行续贷生存，难以恢复竞争力的煤矿企业等。

对于不同原因而关停的废弃矿山，可以借鉴国外经验，但不能照搬，必须根据我国的实际情况进行对应性分析和评估。

（二）废弃矿山开发的安全性评估成为首要问题

旅游开发要解决的首要问题就是场地的安全性和可进入性。废弃矿山旅游开发需要全面评估被关闭的矿山的地质危害风险、环境污染、地下活动风险、服务设施建设风险等，安全性评估成为废弃矿山旅游开发的首要问题。我国煤炭资源分布广，但是煤层赋存条件差异大，且地处欧亚板块结合部，地质构造复杂。千米深井多种灾害相互耦合，成灾机理复杂，防治困难。我国阶段性废弃矿山数量多，且煤矿地质条件极其复杂。而且我国废弃矿山资源开发再利用研究才刚刚起步，基础理论研究相当薄弱，煤矿旅游开发安全性评估和生态修复关键技术并不成熟，废弃煤矿旅游开发风险与安全评估体系尚未建立。这些问题直接影响着废弃矿山工业遗产旅游开发的实施。

四、发展劣势

（一）废弃煤矿生态环境破坏严重，开发风险大

工业遗产旅游开发依托于废弃矿山的旅游资源与环境资源，因此良好的生态环境及人文氛围是废弃矿山旅游开发的前提条件。

我国废弃煤矿生态环境破坏、污染问题十分突出。以露天矿为例，煤炭开采直接破坏和占用大量土地资源，对地表植物和景观造成严重的影响。同

时露天开采不可避免地对矿山岩石、土层稳定性产生影响。这些受损的土地在外部环境侵扰下，易引发矿山水土流失、矿山地表塌陷、采矿边坡滑坡、泥石流等地质灾害。

生态环境严重破坏的废弃矿山进行工业遗产旅游开发，需要投入大量的人力、物力和财力，会增加旅游开发成本。另外，废弃矿山资源禀赋、地质构造差异大，地质灾害成因复杂，需要有效的技术手段做支撑，增加了废弃矿山开发的成本与风险。

(二)废弃煤矿经济基础薄弱，旅游要素配置困难

废弃煤矿所在城市大多为资源型城市，具有明显的资源依赖性。受矿产资源有限性和不可再生性影响，废弃煤矿所在地一般要经历投入期、成长期、成熟期、衰退期或转型期4个阶段生命周期。随着对矿产资源开采的深入，不能成功转型的煤炭资源城市都不可避免地面临衰退的困境。

我国大部分废弃矿山分布在资源型城市。我国现有262个资源型城市。我国资源型城市的GDP落后于全国城市的GDP平均水平，而这些城市的人口数量仅占全国人口数量的4%。在资源依托型城市中，煤炭类的城市占63个，这些城市由于长期对煤炭资源过于依赖，经济结构单一、接续与可替代综合产业发展迟缓、城市增长方式转变滞后、城市布局和基础设施较差。而且，废弃煤矿的关停并转直接削弱了其所在城市的经济基础。

废弃煤矿所在城市一方面要修复治理矿业开发所造成的污染、地质灾害等，另一方面需要培植新兴替代产业，维持地方经济的可持续增长，这都需要资金投入。与此同时，旅游开发需要具备“吃、住、行、游、购、娱”6个要素条件。尽管部分废弃矿山拥有餐厅、宾馆等旅游接待设施，以及医院、邮局、银行等旅游服务设施，但与全面满足游客需求的旅游要素的配置还有一定的差距，这也需要资金投入。如此大量的资金投入增加了废弃煤矿所在城市工业遗产旅游开发的难度。

(三)废弃煤矿产权结构复杂，体制性制约严重

我国废弃煤矿产权结构复杂，从经营性质上看，既有大型国有企业，也有民营企业，甚至还有一部分私挖非法经营的矿山。这些矿山产权结构不一、条件不一、政策不等，对于我国废弃矿山旅游开发的政策等提出了较高的要求。

我国具有一定生产规模的矿山大都是国有煤矿，这些国有企业兼具政府职能和经营职能，由矿务局经营管理[2]。中国国有大型煤炭企业在经营中不仅要解决职工生活问题，还要承担文化、医疗、教育、卫生等多项社会职能，企业办社会现象很普遍。加之煤矿关闭退出机制不完善，人员安置和债务处理难度大，退出成本高。煤炭企业机构臃肿、负担过重，国有企业办社会等历史遗留问题突出。这些体制和制度因素制约了废弃煤矿资源再利用的发展。

（四）工业遗产尚待认定，工业遗产旅游开发政策支撑体系尚未形成

与发达国家相比，我国废弃矿山工业遗产保护和旅游开发尚处于初期阶段，矿业遗产保护法律法规缺乏，工业遗产尚待认定，开发政策尚待制定，因此，废弃矿山工业遗产旅游开发还面临巨大挑战。

目前我国工业遗产旅游开发政策支持环境还存在很多问题，主要集中在工业遗产旅游法律政策涉及面、政策衔接及体系化等方面。

工业遗产旅游法律依据层面分散，综合适用难度较大。而政策性文件的针对性、权威性和持续性不足。迄今为止，我国尚未颁布一部直接针对工业遗产旅游的法律法规，仅有国务院及国务院各个部门下发的一些政策性文件。同时，这些政策性文件大多是分别立足于旅游业或立足于工业（包括矿业）的综合文件，虽然对工业遗产旅游有所涉及，但不是专门针对工业遗产旅游的文件，而且比较笼统，不能形成旅游+工业的政策合力。

促进工业遗产旅游的政策整合体系还没有完全形成，包括财政政策、土地政策、资源利用政策、投资政策等需要进行有效的政策整合，来促进工业遗产旅游的政策体系化。

工业遗产旅游行业监管和综合管理缺失。没有专门的工业遗产旅游机构，包括专职人员；欠缺完整的工业遗产旅游规划、培训制度和统计制度等管理手段。

五、分析结论

为进一步明晰废弃矿山工业遗产旅游开发战略，本书采用 SWOT 分析方法，基于废弃矿山内部优势、劣势和外部的机会与威胁，将各因素相互匹配，得出 SO 战略、WO 战略、ST 战略、WT 战略等，见表 4-1。

表 4-1　旅游开发条件 SWOT 分析

策略组合 内部因素 / 外部因素	优势(strength)	劣势(weakness)
	√我国废弃矿山资源存量丰富，开发潜力巨大 √废弃矿山旅游资源价值独特，比较优势明显	√废弃煤矿生态环境破坏严重，开发风险大 √废弃煤矿经济基础薄弱，旅游要素配置困难 √废弃煤矿产权结构复杂，体制性制约严重 √工业遗产尚待认定，工业遗产旅游开发政策支撑体系尚未形成
机遇(opportunity)	SO 战略：发挥优势，利用机会	WO 战略：利用机会，降低劣势
√宏观层面供给侧改革和去产能，对废弃矿山再利用提出迫切需求 √“绿色矿山”的提出，指明了废矿山生态开发的具体思路 √技术快速发展，为废弃矿山再利用提供了保障条件 √矿业遗产旅游的世界经验和中国实践为废弃矿山再利用奠定了基础 √旅游市场体量增大且细分加剧，为工业遗产旅游开辟了全新的发展空间 √交通网络的完善，为废弃矿山工业遗产旅游开发提供了便利条件	√按照梯度发展规律进行去产能矿山工业遗产旅游开发，优先发展东部、东北部，逐步发展中部和西部，重点开发经济转型迫切、代表特定时代生产力进步和社会发展的去产能矿区 √迎合工业遗产旅游休闲消费的增长需求，构建适合不同地域、不同类型、不同尺度的去产能矿山工业遗产旅游示范基地	√借矿业旅游发展机遇，优化矿业旅游外部环境，健全旅游公共服务体系、矿业旅游服务质量等 √利用重点项目的市场效应，形成具有影响力的工业遗产旅游品牌 √挖掘废弃矿山旅游资源，开发高品质休闲度假旅游产品
威胁(threat)	ST 战略：利用优势，规避威胁	WT 战略：降低劣势，规避威胁
√废弃煤矿工业遗产旅游开发条件复杂，模式需要创新 √废弃矿山开发的安全性评估成为首要问题	√实施差异化发展的策略，以矿业遗产独特的工业文化为发力点，形成富有特色的产品体系 √废弃矿山与旅游关联产业融合，形成新型旅游产品、旅游业态及矿业旅游带	√完善生态重建和旅游开发的管理机制 √建立废弃矿山旅游开发安全与风险评价体系 √编写《废弃矿山旅游开发指导手册》，指导废弃矿山旅游开发实践

第二节　废弃矿山工业遗产旅游开发条件省域差异分析

如前所述，废弃矿山旅游开发的外部环境主要包括矿山开发条件与矿山所在地的开发条件。它们是废弃矿山旅游开发的重要因素，并决定着开发后旅游目的地的可持续发展。由于资源禀赋、区位、社会经济、交通等条件存在差异，各地区工业遗产旅游开发潜力也呈现出非平衡性。本节主要从矿山所在地旅游开发条件入手，在借鉴目前的研究成果和《国家工业旅游示范基地规范与评价》(LB/T 067—2017)的基础上，把废弃矿山工业遗产旅游开发条件归结为：经济区位支撑、旅游产业支撑、开发政策支撑、旅游市场支撑、旅游公共服务支撑等。运用主成分分析模型方法，以 31 个省(自治区、直辖市)(港澳台除外)及四大区域(东、中、西、东北)为研究尺度，对中国废弃矿山工业遗产旅游开发条件进行综合评价。

一、开发条件评价的理论框架

区域旅游开发条件是指区域利用其生产要素，刺激区域内与旅游产业相关的其他要素转化、促进和支撑旅游产业可持续发展的能力，主要反映未来发展的潜在后劲，具体包括旅游产业自我成长潜力和外源支撑潜力[3-5]。近年来，随着各国政府对旅游产业发展的重视，区域旅游开发条件评价体系问题已成为国内外学者研究和探讨的重点领域，其研究成果主要通过尝试分析旅游产业发展潜力的影响因素，合理构建区域旅游产业发展潜力的评价指标体系或评估模型。王兆峰[6]从旅游资源潜力、旅游市场潜力、旅游开发的效益、各种社会经济支撑和开发条件5个方面进行分析，来评价区域旅游产业发展潜力。于秋阳[7]从旅游产业自身成长、市场扩张、可持续发展等方面建立旅游系统综合评价体系，并从旅游供求角度选择了15个因素指标。尽管以上成果为废弃矿山旅游开发环境评价指标体系构建和设计研究方法提供了较大的启发和借鉴，但现有文献基本上停留在一般地区旅游开发外部条件的研究上，而涉及废弃矿山综合评价的文献相对较少，尤其是对废弃矿山旅游开发外部环境进行科学严谨的理论阐述和定量测度的研究更少，致使对废弃矿山旅游开发条件的研究仅停留在相对表象的认识上。

废弃矿山旅游开发条件是指废弃矿山工业遗产旅游开发的外部环境，是一个复杂系统，由各组成要素相互联系、相互影响，共同对旅游开发效果产生影响，决定旅游产品的竞争力和可持续发展。在对废弃矿山进行旅游开发时，要分析废弃矿山的地理区位、经济、交通、旅游公共服务体系等条件能否支撑旅游市场的需求；要分析目标客源的市场规模、结构状况如何，能否维持旅游的生存和发展。目前我国制定了《国家工业旅游示范基地规范与评价》(LB/T 067—2017)。该标准规定了国家工业旅游示范基地的术语和定义、基本条件、基础设施及服务、配套设施及服务、旅游安全、旅游信息化、综合管理等内容。本书在借鉴目前的研究成果和《国家工业旅游示范基地规范与评价》(LB/T 067—2017)的基础上，分析废弃矿山旅游开发影响因素，构建了包括经济区位支撑、旅游产业支撑、开发政策支持、旅游市场支撑、旅游公共服务支撑5个维度的废弃矿山工业遗产旅游开发评价指标体系。

(一)经济区位支撑

旅游产业的发展需要大量人力、技术、资金和财力等投入，经济条件是旅游开发产生和发展的物质基础，对旅游发展起着促进和制约作用，从而影响着旅游产业的发展潜力和空间布局[8]。发达的经济条件能为旅游产业的发展提供所需的基础设施、交通运力和高素质的人力资源，且随着社会的发展，经济发展水平、产业结构优化在旅游产业开发中扮演着越来越重的角色。经济越发达的地区旅游公共服务体系、城市基础设施越完善，人力资源越丰富，旅游需求也越旺盛，越有利于废弃矿山向旅游目的地发展。

另外，一个地区经济发展到工业化后期，人们的审美也发生了变化。原先是丑陋的、肮脏的工业遗存，可能成为现代美的象征。在这种情况下，工业旅游需求动机有可能被激发，潜在的旅游需求有机会变成现实需求。

（二）旅游产业支撑

旅游资源能否转化为旅游吸引物受地区旅游产业的影响。单一的开发矿业遗产旅游项目难以达到规模优势和轰动效应，因此必须对城市现有的旅游资源进行整合、联合开发。把旅游资源通过市场联合开发、资源互补和组合包装旅游线路，形成城市区域旅游的整体优势。具备条件的资源枯竭型矿业城市可以使矿业遗产景观与区域内其他类型的旅游资源在类型组合、地域组合、级别配置等方面形成互补效应。废弃矿山旅游开发形成的旅游目的地与传统旅游目的地之间的互补关系越好，越有利于废弃矿山旅游的持续发展。

（三）开发政策支撑

运用经济政策和法律、法规能加快旅游资源的优化配置，促进旅游经济在数量扩张、结构转换和水平提高等方面同步发展，实现旅游经济的良性循环，有利于合理布局旅游经济，减少地区间差异，实现总体效率与空间平等的统一。废弃矿山所在区域往往面临着复杂的经济、社会和生态等诸多问题，通过工业遗产旅游开发实现区域经济跨越式发展离不开政府的大力扶持。英国、德国等国家在废弃矿山工业遗产旅游开发方面，不是简单依靠市场运作的形式来自由发展，对于具有较高旅游资源价值的工业遗产一般由政府部门主导开发。废弃矿山生态环境较差，工业遗产旅游开发成本高，投资回报周期长，市场运作模式往往很难调动以经济利益为中心的企业的积极性。国家关于废弃矿山再利用的政策制度越完善，越有利于旅游开发。

（四）旅游市场支撑

旅游经济是市场经济的重要组成部分，旅游开发必须遵循市场经济的规律。一个地区旅游业的规模和水平表现为旅游客源市场的拥有程度[9]。只有在总体旅游需求上与市场趋势相吻合，才能使资源型城市的工业遗产旅游开发有的放矢，确保旅游产品适销对路。区域旅游市场需求大，旅游发展的初始条件优越，则有利于区域旅游发展，否则会影响旅游发展。废弃矿山旅游市场支撑评价就是要评判旅游开发是否具备市场机遇；相关旅游产品能否与旅游市场的需求趋势对接；目标客源的市场规模、结构状况如何，能否维持旅游的生存和发展。

（五）旅游公共服务支撑

旅游目的地公共交通服务、旅游公共信息服务、旅游公共安全服务、旅游公共环境服务、旅游公共救助服务是影响旅游目的地开放度和便利性的重要因素，也是旅游资源得以开发和持续发展的物质基础。旅游业的综合性强、涉及面广，与交通、住宿、餐饮等多个行业相关联，并且与多个服务部门相关联。旅游者在游历中不仅仅满足于传统旅游带来的视觉冲击，全方位的美好体验与感受成为其旅游追求的目标。游客的满意度依赖于游历过程中所涉及的各个环节的顺利进行。例如，高效的交通设施将提高旅游者进入和离开旅游目的地的便利性；良好的通信网络和多元化的接待设施将有利于确保旅游者旅游活动畅行无阻；完善的文化设施、完整的应急体系将有利于提升旅游者的旅游体验质量。旅游目的地的各项基础设施是旅游者旅游过程中不可或缺的重要条件，它们直接或间接地为旅游者提供旅游产品。

综合工业遗产旅游开发的外部影响因素，遵循客观性、科学性、可量化、代表性和全面性原则，把废弃矿山工业遗产旅游开发条件归结于经济区位支撑、旅游产业支撑、开发政策支撑、旅游市场支撑、旅游公共服务支撑 5 个方面，并采用德尔菲法征询行业内相关专家的意见，经过筛选最终确定 27 个废弃矿山工业遗产旅游开发条件评价指标，建立废弃矿山工业遗产旅游开发条件评价指标体系（表 4-2）。

表 4-2　废弃矿山工业遗产旅游开发条件评价指标体系

类别	指标	单位
经济区位支撑	地区生产总值(a_1)	亿元
	人均 GDP(a_2)	万元/人
	地理位置(a_3)	—
	重工业在工业中的占比(a_4)	%
	第三产业比重(a_5)	%

续表

类别	指标	单位
旅游产业支撑	旅行社数(b_1)	个
	星级饭店数(b_2)	个
	旅游景点数(b_3)	个
	表演团体机构数(b_4)	个
	旅游收入(b_5)	万元
	旅游业从业人员数(b_6)	人
	接待国际游客数量(b_7)	万人
开发政策支撑	扶持资源枯竭型城市政策(c_1)	个
	废弃地开发政策支持力度(c_2)	亿元
	旅游关联产业投资力度(c_3)	亿元
	扶持老工业基地建设政策(c_4)	个
旅游市场支撑	城市人口密度(d_1)	人/km^2
	工业遗产旅游需求(d_2)	百度指数
	居民消费水平(d_3)	元/人
	居民人均可支配收入(d_4)	元
旅游公共服务支撑	每万人拥有公共交通车辆(e_1)	标台
	人均城市道路面积(e_2)	m^2
	人均公园绿地面积(e_3)	m^2
	每万人拥有公共厕所(e_4)	座
	互联网普及率(e_5)	%
	交通线路密度(e_6)	辆/(km·车道数)
	森林覆盖率(e_7)	%

二、省域废弃矿山工业遗产旅游开发条件评价方法选择

废弃矿山工业遗产旅游开发条件评价方法的选择是开展旅游工业开发条件研究的重点，研究方法主要包括定性研究方法与定量研究方法，其中定性研究方法包括：主观判断法、德尔菲法、模糊评价法、案例分析法、层次分析法等；定量研究方法包括建立计量经济模型、主成分分析法等。本小节根据评价指标选择原则，围绕经济区位支撑、旅游产业支撑、开发政策支撑、旅游市场支撑、旅游公共服务支撑5个方面，构建工业遗产旅游开发条件测度体系，采用主成分分析法，对2016年全国31个省(自治区、直辖市)(港澳台除外)工业遗产旅游开发外部条件进行测度，为工业遗产旅游空间合理布局提供依据。

首先，设一个系统共有 p 个指标，而且这 p 个指标中有些指标互相之间存在联系。主成分分析法就是要用几个相互独立的综合因素反映原来 p 个指标的信息。

若 p 个指标是一组随机变量 $X_i(i=1,2,\cdots,p)$，采用线性组合方法可以将其表示成另一组随机变量 $Z_j(j=1,2,\cdots,p)$，Z_j 是 X_j 的线性组合，可表示为

$$Z_j=\sum_{i=1}^{p}L_{ij}X_i+S_j(j=1,2,\cdots,p)$$

式中，S_j 为特殊因素；L_{ij} 为特征值。不考虑特殊因素情况下的主成分分析是一种近似的主成分分析法，可表示为

$$Z_j=\sum_{i=1}^{p}L_{ij}X_i(j=1,2,\cdots,p)$$

式中，当 X_i 是正态随机变量时，因 X_i 的相关系数是实对称矩阵，当特征值从大到小排列为 $\lambda_1\geqslant\lambda_2\geqslant\cdots\geqslant\lambda_p\geqslant 0$ 时，特征值对应的特征向量为 $\boldsymbol{L}_j=(L_{ij},\cdots,L_{pj})(j=1,2,\cdots,p)$。

其中，Z_j 具有以下性质：

Z_j 是 X_i 的正交线性组合，Z_j 是相互独立、互不相关的。

Z_j 的方差 $V(Z_1),V(Z_2),\cdots,V(Z_p)$ 分别为 $\lambda_1,\lambda_2,\cdots,\lambda_p$，若 $\lambda_1\geqslant\lambda_2\geqslant\cdots\geqslant\lambda_p$，则 Z_j 具有最大方差 λ_1，Z_j 能解释原变量 X_i 线性组合的最大部分，$Z_1,Z_2,\cdots,Z_n$ 称为第一，第二，…，第 p 个主成分。

若存在 $j<p(j=1,2,\cdots,p)$，条件为特征值 $\lambda_{t+1},\lambda_{t+2},\cdots,\lambda_{p+1}\cong 0$ 时，Z_{t+1} 的方差很小，解释原变量能力很弱，这时，只需要取 t 个主成分就能综合代表 p 个变量。实际应用中，当 $\lambda_{t+1}<1$ 且 t 个主成分前累计贡献率达 80%左右时，认为 $Z_1,Z_2,\cdots,Z_n$ 个主成分可反映原变量 Y_i 的情况。主成分分析法应用步骤如下所述。

第一步，建立原始指标变量矩阵。若有 n 个样本，选择 p 个指标变量，则某一时期 n 个样本的原始变量可表示为一个 $n\times p$ 矩阵：

$$\boldsymbol{X}=\begin{pmatrix} x_{11} & x_{12}\cdots & x_{1p} \\ \vdots & \vdots & \vdots \\ x_{n1} & x_{n2}\cdots & x_{np} \end{pmatrix}$$

第二步，将数据进行标准化处理。为了消除各指标量纲不统一可能带来

的一些不合理的影响，将原始数据化成标准分数形式，使指标数据具有可比性，公式如下：

正指标标准化为

$$x_{ij}=\frac{x_{ij}-\min\limits_{1\leqslant i\leqslant n}x_{ij}}{\max\limits_{1\leqslant i\leqslant n}x_{ij}-\min\limits_{1\leqslant i\leqslant n}x_{ij}}$$

逆指标标准化为

$$x_{ij}=\frac{\max\limits_{1\leqslant i\leqslant n}x_{ij}-x_{ij}}{\max\limits_{1\leqslant i\leqslant n}x_{ij}-\min\limits_{1\leqslant i\leqslant n}x_{ij}}$$

式中，$\min x_{ij}$ 为随机向量$(x_{1j}, x_{2j}, \cdots, x_{nj})$的最小值；$\max x_{ij}$ 为随机向量$(x_{1j}, x_{2j}, \cdots, x_{nj})$的最大值。指标经过处理后是一个 $n\times p$ 的标准分数矩阵形式。

第三步，计算相关系数。经过标准化变换后，计算每两个指标变量之间的相关系数，就可以得到相关系数矩阵。若指标变量为 p，则可以得到一个 p 行 p 列的相关系数矩阵 $\boldsymbol{R}_{pp}$，$\boldsymbol{R}_{pp}$ 为实对称矩阵：

$$\boldsymbol{R}_{pp}=\begin{pmatrix} r_{11} & r_{12}\cdots & r_{1p} \\ \vdots & \vdots & \vdots \\ r_{p1} & r_{p2}\cdots & r_{pp} \end{pmatrix}$$

第四步，计算 $\boldsymbol{R}_{pp}$ 矩阵的特征值和特征向量。采用雅可比方法计算 $\boldsymbol{R}_{pp}$ 矩阵的特征值与特征向量。利用特征值计算各主成分的方差贡献率及累计方差贡献率，从而可决定选择因素的个数 m。通常所取的 m 使得累计方差贡献率达到 85%以上为宜，即

$$\sum_{i=1}^{m}\lambda_i\left(\sum_{i=1}^{p}\lambda_i\right)^{-1}\geqslant 85\%$$

第五步，计算系统综合值。选取每个主成分的方差贡献率为权数，并将它们线性加权求和得到综合值 F，即

$$F=(\lambda_1 Z_1+\lambda_2 Z_2+\cdots+\lambda_m Z_m)/\sum_{i=1}^{p}\lambda_i(k=1, 2, 3, \cdots)$$

三、省域废弃矿山工业遗产旅游开发条件评价

废弃矿山工业遗产旅游开发条件评价指标的数据资料主要来源于《中国统计年鉴》《中国旅游统计年鉴》《中国旅游统计年鉴(副本)》等。考虑数据的可获得性，本书选取25个指标数据构成评价工业遗产旅游开发条件的基础数据，选取资源枯竭城市数量、老工业城市数量作为扶持资源枯竭型城市政策、扶持老工业基地建设政策的衡量指标。废弃地开发政策支持力度及旅游关联产业投资力度两个指标数据不可得，实证研究中没有对两个指标进行评价。由于评价指标量纲不统一，数据不可比，我们首先利用正向指标标准化与负向指标标准化的方法，对这些数据进行标准化处理，将原始数据转化成标准分数形式。

指标经过处理后对数据进行KMO检验和Bartlett检验。KMO统计值为0.671，大于0.6，Bartlett球形检验小于0.05的显著水平，因此这些区域工业遗产旅游开发评价指标数据适于进行因子分析。通过方差最大旋转，得出因子载荷矩阵，该正交旋转后，得到25个指标的载荷和共同值。一般认为，绝对值大于0.4的因子载荷是显著的。本书以0.4作为标准，去除低于0.4的因子，进行主成分分析，计算这些指标的相关矩阵、各指标的方差贡献率，见表4-3。

表4-3　总方差解释

成分	初始特征值			提取平方和载入		
	合计	方差/%	累积/%	合计	方差贡献率/%	累计方差贡献率/%
1	5.072	42.269	42.269	5.072	42.269	42.269
2	2.588	21.565	63.834	2.588	21.565	63.834
3	1.446	12.054	75.888	1.446	12.054	75.888
4	1.100	9.165	85.053	1.100	9.165	85.053

由表4-3可知，4个主成分分量的累计方差贡献率为85.052%，所以选用第一、第二、第三、第四主成分分量作为评价的综合指标。第一主成分的解释方差最大，为42.269%；第二主成分分量的解释方差为21.565%，第三主成分的解释方差为12.054%；第四主成分分量的解释方差为9.165%，地区生产总值、居民消费水平、旅游收入、旅游业从业人员数的载荷相对较高，主要反映旅游产业支撑和旅游市场支撑。用主成分载荷矩阵中的数据除以主成

分相对应的值开平方根，便得到两个主成分中每个指标对应的系数，见表 4-4。

表 4-4　成分矩阵

指标	旋转后因子成分矩阵				成分得分系数矩阵			
	1	2	3	4	1	2	3	4
地区生产总值	0.818	−0.133	0.358	−0.264	0.161	−0.052	0.247	−0.240
居民消费水平	0.876	−0.237	0.122	0.060	0.173	−0.092	0.084	0.054
人均城市道路面积	−0.273	0.530	−0.589	0.372	−0.054	0.205	−0.407	0.338
互联网普及率	0.834	−0.310	0.071	0.144	0.164	−0.120	0.049	0.131
旅游景点数	0.507	0.689	−0.228	0.123	0.100	0.266	−0.158	0.112
旅游收入	0.957	−0.020	0.151	0.022	0.189	−0.008	0.104	0.020
旅游业从业人员数	0.836	0.393	−0.045	0.111	0.165	0.152	−0.031	0.101
资源枯竭城市数量	−0.484	0.391	0.662	0.299	−0.095	0.151	0.458	0.272
交通线路密度	−0.169	0.577	0.070	−0.649	−0.033	0.223	0.048	−0.590
老工业城市数量	−0.447	0.484	0.651	0.188	−0.088	0.187	0.450	0.171
表演团体机构数	0.209	0.637	−0.082	−0.472	0.041	0.246	−0.057	−0.429
旅行社数	0.697	0.619	0.043	0.268	0.137	0.239	0.030	0.243

将每个主成分所对应的特征值占所提取主成分总的特征值之和的比例作为权重，计算主成分综合模型：

$$
\begin{aligned}
F &= \left(\lambda_1 / \sum_{i=1}^{4} \lambda_i\right) F_1 + \left(\lambda_2 / \sum_{i=1}^{4} \lambda_i\right) F_2 + \left(\lambda_3 / \sum_{i=1}^{4} \lambda_i\right) F_3 + \left(\lambda_4 / \sum_{i=1}^{4} \lambda_i\right) F_4 \\
&= 0.4970F_1 + 0.2535F_2 + 0.1417F_3 + 0.1078F_4
\end{aligned}
$$

即可得主成分综合模型：$F = 0.076x_1 + 0.080x_2 + 0.004x_3 + 0.072x_4 + 0.107x_5 + 0.109x_6 + 0.127x_7 + 0.085x_8 - 0.017x_9 + 0.086x_{10} + 0.028x_{11} + 0.159x_{12}$

通过计算得出的结果可以看出，中国各省域工业遗产旅游开发条件存在很大的差异性，见表 4-5。具体体现在以下几个方面：

表 4-5　我国四大经济区工业遗产旅游开发支撑条件比较

经济区	经济区位支撑	旅游产业支撑	开发政策支撑	旅游市场支撑	旅游公共服务支撑	工业遗产旅游开发条件
东部	0.048	0.318	−0.105	0.084	0.159	0.504
东北部	−0.025	−0.245	0.332	−0.025	−0.036	0.002
中部	−0.010	−0.019	0.119	−0.038	−0.074	−0.022
西部	−0.033	−0.258	−0.046	−0.042	−0.096	−0.474

(一)在旅游公共服务支撑方面，我国区域工业遗产旅游开发潜力呈现出东部较强、东北部中等、中部和西部地区较弱的空间分布格局

由图 4-1 可知，在旅游公共服务支撑方面，工业遗产旅游开发条件位居前 10 位的省(自治区、直辖市)有：东部的北京、上海、浙江、广东、天津、江苏、福建、山东，东北部的辽宁、西部的内蒙古。通过计算 2016 年我国四大经济区工业遗产旅游开发支撑条件——旅游公共服务支撑的平均值发现：东部最强(0.159)、东北部次之(–0.036)、中部为第三(–0.074)、西部最弱(–0.096)。我国东部地区经济发达，基础设施较发达，旅游公共服务体系较完善，在工业遗产旅游开发方面有较大优势，而东北部、中部和西部地区相对较弱。

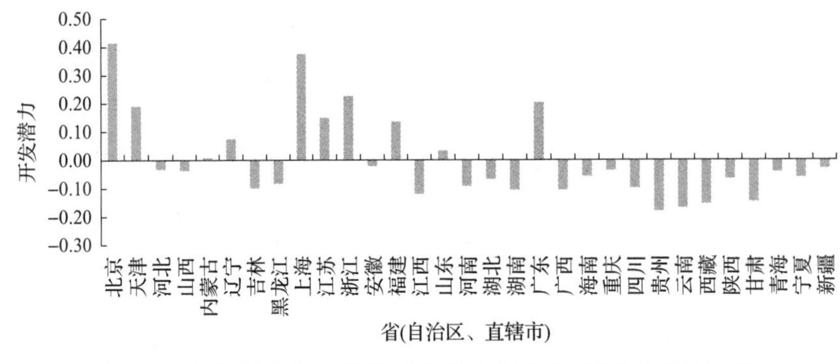

图 4-1　各省(自治区、直辖市)旅游公共服务支撑条件差异比较

(二)在旅游市场支撑方面，我国区域工业遗产旅游开发潜力呈现出东部较强、东北部中等、中部和西部地区较弱的空间分布格局

由图 4-2 可知，在旅游市场支撑方面，工业遗产旅游开发条件位居前 10 位的省(自治区、直辖市)有：东部的上海、北京、天津、江苏、浙江、广东、福建、山东，东北部的辽宁、西部的内蒙古。通过计算 2016 年我国四大经济区工业遗产旅游开发支撑条件——旅游市场支撑的平均值发现：东部最强(0.084)、东北部次之(–0.025)、中部第三(–0.038)、西部最弱(–0.042)。旅游市场需求与区域经济发展水平密切相关，我国四大经济区在旅游市场支撑方面的工业遗产旅游开发潜力与在旅游市场支撑方面有极大的相似性，即东部有较大优势，而东北部、中部和西部地区相对较弱。

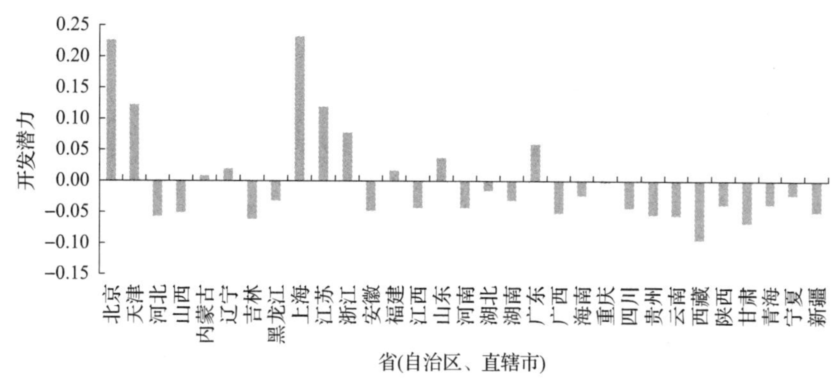

图 4-2　各省(自治区、直辖市)旅游市场支撑条件差异比较

(三)在旅游产业支撑方面，我国区域工业遗产旅游开发潜力呈现出东部较强、中部中等、东北部和西部地区较弱的空间分布格局

由图 4-3 可知，在旅游产业支撑方面，工业遗产旅游开发条件位居前 10 位的省(直辖市)有：东部的广东、浙江、江苏、山东、北京、上海、河北、福建，中部的河南、湖北。通过计算 2016 年我国四大经济区工业遗产旅游开发支撑条件——旅游产业支撑的平均值发现：东部最强(0.318)、中部次之(–0.019)、东北部第三(–0.245)、西部最弱(–0.258)。我国东部地区经济发达，基础设施较发达，旅游公共服务体系较完善，在工业遗产旅游开发方面有较大优势，而东北部、中部和西部地区相对较弱。

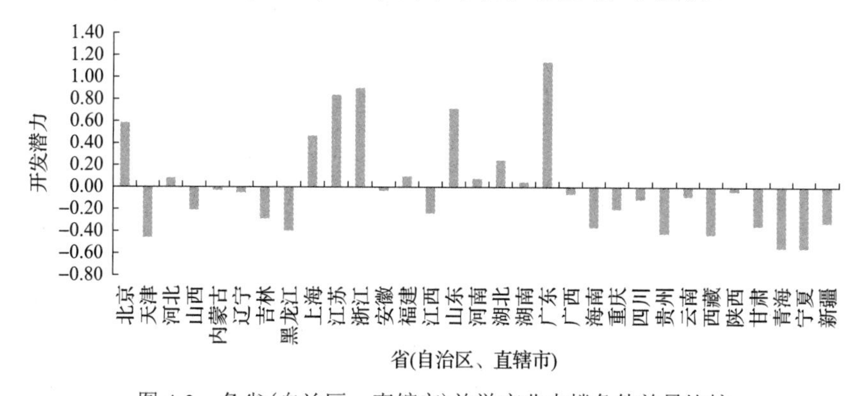

图 4-3　各省(自治区、直辖市)旅游产业支撑条件差异比较

(四)在经济区位支撑方面，我国区域工业遗产旅游开发潜力呈现出东部较强、中部中等、东北部和西部地区较弱的空间分布格局

由图 4-4 可知，在区位经济支撑方面，工业遗产旅游开发潜力位居前

10 位的省(直辖市)有：东部的上海、北京、广东、天津、浙江、江苏，中部的湖南、湖北，西部的四川、重庆。通过计算 2016 年我国四大经济区工业遗产旅游开发支撑条件——区位经济支撑的平均值发现：东部最强(0.048)、中部次之(–0.010)、东北部第三(–0.025)、西部最弱(–0.033)。

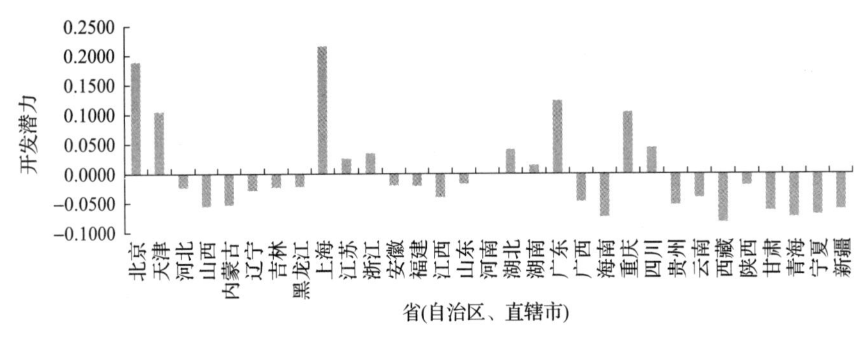

图 4-4　各省(自治区、直辖市)经济区位支撑条件差异比较

(五)在开发政策支撑方面，我国区域工业遗产旅游开发潜力呈现出东北部较强、中部中等、西部和东部地区较弱的空间分布格局

由图 4-5 可知，在开发政策支撑方面，工业遗产旅游开发潜力位居前 10 位的省(直辖市)有：东北部的辽宁、黑龙江、吉林，中部的湖北、湖南、河南、江西、安徽，东部的河北，西部的四川。通过计算 2016 年我国四大经济区工业遗产旅游开发支撑条件——开发政策支撑的平均值发现：东北部最强(0.332)、中部次之(0.119)、西部第三(–0.046)、东部最弱(–0.105)。中国近些年来出台了一系列扶持老工业基地的政策，为东北部地区开展工业遗产旅游开发创造了有利的条件。

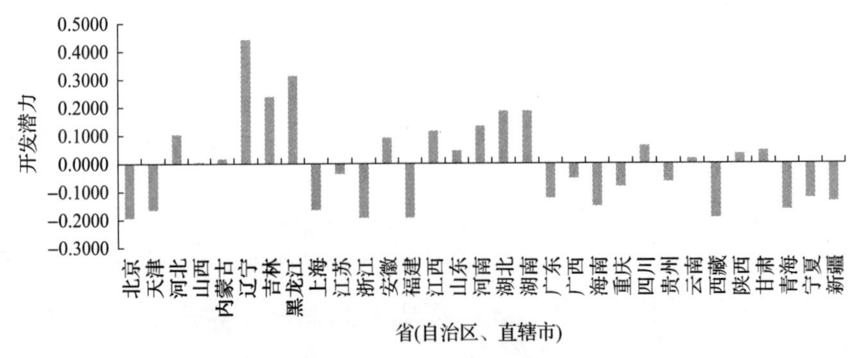

图 4-5　各省(自治区、直辖市)开发政策支撑条件差异比较

(六)从总体工业遗产旅游开发外部条件来看，我国四大经济区工业遗产旅游开发潜力呈现出东部最强、东北部次之、中部第三和西部最弱的空间分布格局

由图 4-6 可知，从总体开发外部条件上看，工业遗产旅游开发潜力位居前 10 位的省(直辖市)有：东部的广东、北京、上海、江苏、浙江、山东、河北，东北部的辽宁，中部的湖北、湖南等。通过计算 2016 年我国四大经济区工业遗产旅游开发综合潜力的平均值发现：东部最强(0.504)、东北部次之(0.002)、中部第三(–0.022)、西部最弱(–0.474)。

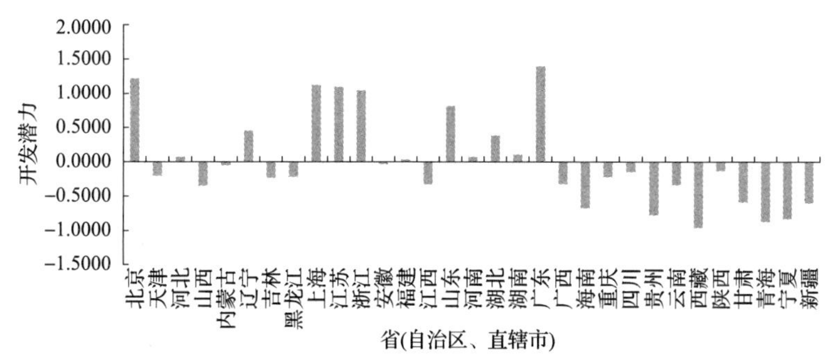

图 4-6 各省(自治区、直辖市)废弃矿山工业遗产旅游开发条件差异比较

按照中国四大经济区工业遗产旅游开发条件的差异性，应优先发展东部、东北部，其次发展中部和西部。

参 考 文 献

[1] 宋颖. 上海工业遗产保护与再利用的研究[M]. 上海: 复旦大学出版社, 2014.

[2] 刘抚英. 中国矿业城市工业废弃地协同再生对策研究[M]. 南京: 东南大学出版社, 2009.

[3] Wu W L. 矿业城镇废弃地旅游开发中的生态重建: 北美的生态重建理念和实践[J]. 旅游学刊, 2013, 28(5): 9-11.

[4] 王煜琴, 王霖琳, 李晓静, 等. 废弃矿区生态旅游开发与空间重构研究[J]. 地理科学进展, 2010, 29(7): 811-817.

[5] Jackson J. Developing regional tourism in China: The potential for activating business clusters in a social market economy[J]. Tourism Management, 2006, (27): 695-706.

[6] 王兆峰. 区域旅游产业发展潜力评价指标体系构建研究[J]. 华东经济管理, 2008, (10): 31-35.

[7] 于秋阳. 旅游产业发展潜力的结构模型及其测度研究[J]. 华东师范大学学报: 哲学社会科学版, 2009, (5): 114-119.

[8] 黄芸玛, 孙根年, 陈蓉. 陕南汉江走廊旅游开发初始条件分析[J]. 生态经济(学术版), 2011, (2): 198-202, 212.

[9] 王起静. 旅游产业经济学[M]. 北京: 北京大学出版社, 2006.

第五章

废弃矿山旅游开发的模式选择

模式是指从实践经验中归纳出的核心知识体系，即理念、概念或规律，也就是提出的一种解决某一类问题的通用方式，一种固定的组织管理方式或资源配置方式[1]。废弃矿山所在地目前正处在经济转型升级、实现区域融合的关键时期，研究废弃矿山旅游开发模式对于加快废弃矿山工业遗产旅游开发步伐，形成具有吸引力的旅游目的地具有十分重要的意义。本章从废弃矿山旅游开发模式选择的内容出发，分析模式选择的约束条件，构建了废弃矿山+旅游产品模式、废弃矿山+旅游产业融合模式、废弃矿山+区域旅游协作模式。

第一节　废弃矿山旅游开发模式选择的内容与条件约束

一、废弃矿山旅游开发模式选择的内容

将废弃矿山转变成为具有吸引力的景观与服务，涉及开发主体、盈利方式、市场服务范围、旅游产品、旅游产品地位等诸多问题。围绕这些问题，废弃矿山旅游开发模式选择的内容可以总结为以下几个方面：

(1) 要明确废弃矿山旅游开发的主体，是国家、地方政府，还是从事生产经营的煤炭企业或旅游企业。

(2) 要明确废弃矿山旅游开发的盈利模式。要明确开发是公共福利性质的还是以“盈利”为目的的经营性质的；开发的目标是追求经济利润最大化还是社会、生态目标；就地区经济发展而言，是采取“门票经济”或“免票经济”，即判断该开发项目是通过旅游景点获取直接收入，还是利用旅游产业带动作用，通过旅游关联产业发展来获得间接收入。杭州近郊的西溪国家湿地公园是中国第一个集城市湿地、农耕湿地、文化湿地于一体的国家级湿地公园，是采用以“景点收取门票”为主的经营理念。杭州西湖景区作为国家5A级旅游景区主要采用免门票的方式，吸引游客带动杭州全域的经济发展。

(3) 要明确旅游服务市场范围。要掌握国家、某一地区或某一项目的旅游市场需求状况及未来趋势，判断废弃矿山旅游开发的市场机会有多大，是立足于服务当地经济发展还是整个区域经济发展。废弃矿山旅游开发市场分析主要包括两个方面：第一，从宏观层面来看，废弃矿山旅游的开发条件是否满足、旅游开发是否可行、能否支撑区域旅游市场的需要；第二，从微观

层面来看，旅游目的地市场与客源地市场规模、结构状况如何，契合程度如何，能否维持旅游开发项目的生存和发展[2]。

(4) 明确要开发的旅游产品与原有的旅游产品之间的关系，是存在互补联动关系，还是替代选择关系；与原有旅游产品的竞合关系能否助力整个区域旅游产业的可持续发展；同时要明确开发的旅游产品能否最大限度呈现当地生态、民俗、建筑、人文等旅游资源的特色。

(5) 要明确由旅游信息、交通、餐饮、住宿、娱乐、会展等基础设施与服务构成的旅游供给体系、综合接待能力能否满足废弃矿山旅游开发的客观要求，由此制定相应的发展规划、产业政策，建设提供旅游公共服务与管理的组织和协调机构及旅游发展基金等，支持废弃矿山旅游发展。

(6) 要确定开发的旅游目的地在当地经济与社会发展中的地位。从经济维度考察，要判断废弃矿山开发的旅游目的地是否可以成为带动区域经济发展的新增长点，还是仅是现有旅游经济的适当补充。从社会福利维度考察，要判断该旅游产品开发是满足游客的需要，还是服务于当地居民休闲旅游度假需要[3]。

(7) 要确定旅游产品开发模式。旅游开发所依托的废弃矿山旅游资源类型、价值及开发条件不同，主题也不同。打造何种主题类型的旅游产品，是以自然、人文旅游资源为主题的旅游目的地，还是以人工为主题的旅游目的地。本书重点分析废弃矿山旅游产品开发模式及约束条件。

二、废弃矿山旅游产品开发模式及约束条件

本节主要从废弃矿山旅游产品开发模式选择的内在因素与外部条件两个方面，分析废弃矿山旅游开发模式选择的约束条件，如图 5-1 所示。

(一) 废弃矿山旅游产品开发模式选择的内在因素

旅游开发内在因素如矿业遗产资源类型、旅游资源价值决定着旅游开发的走向。废弃矿山蕴含了丰富的旅游资源，矿业生产设备及与矿业生产相关的交通、运输、仓储等都是废弃矿山工业遗产旅游开发的重要资源。这些旅游资源的自身属性——废弃矿山旅游资源价值、生态损害类型、生态损害程度、与原有景点的关系等直接影响着废弃矿山工业遗产旅游开发产品的选择和具体的开发模式。

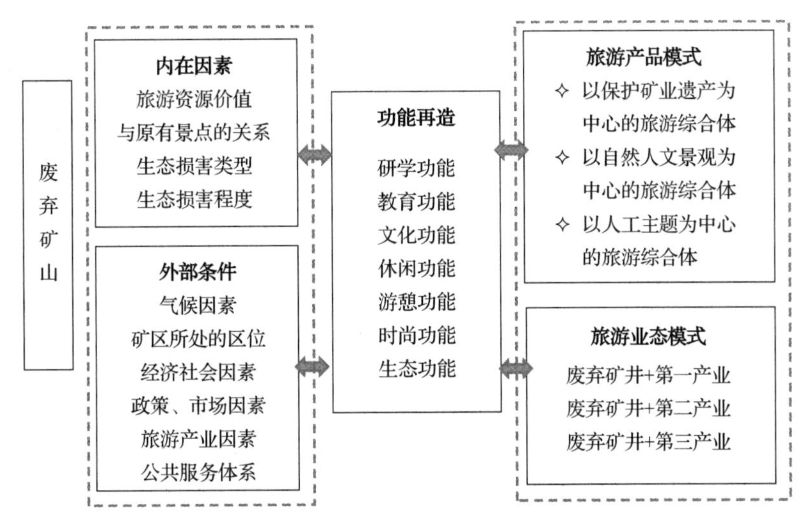

图 5-1　废弃矿山旅游开发模式选择的约束条件

1. 旅游资源价值不同，开发模式不同

资源禀赋是废弃矿山工业遗产旅游开发的前提条件。如前所述，按照矿业遗产价值等级不同，将废弃矿山旅游资源分为 3 类：矿业遗址遗迹，与矿业活动无关的自然、人文资源和作为潜在旅游资源的一般类土地资源，见表 5-1。

表 5-1　不同旅游资源类型对应的开发模式

开发模式影响因素	依托资源	开发模式	旅游产品
旅游资源种类	矿业遗址遗迹	以矿业遗产保护为中心的旅游目的地	矿山公园、博物馆
	一般类土地资源（区位条件好）	以人工主题为中心的旅游目的地	文化创意园区、大地艺术、酒店集群、餐馆集群
	与矿业活动无关的自然、人文资源	以自然、人文景观为中心的旅游目的地	山水疗养度假区、户外运动旅游区、乡村田园旅游

第一类废弃矿山旅游资源在历史、社会文化、艺术审美、科学技术等方面具有较高或非常独特的价值。在进行废弃矿山旅游开发时，如果其符合文物保护单位或近现代建筑评审标准，可列入相应的保护名录，将废弃矿山整体场地原貌，包括所有建筑物、仪器设备，以及为生产提供支持的辅助系统完整地保留下来，让游客获得关于矿业遗迹、遗址、采矿工具、矿业制品和矿山开采等新奇的工业文化体验和工业知识。

第二类是废弃矿山矿业遗产价值低，甚至是无价值的地区。废弃地虽然退出了生产，但依然是土地资源，除了土地复垦为农用地和建设用地外，对于区位条件好的地区，可以开发以人工主题为中心的旅游综合体。在开发这类旅游综合体时，要以充分利用城市土地资源和满足居民与游客的需要为前提，引入“吃、住、行、游、购、娱”等旅游要素，使废弃矿山增加具有研学、教育、文化、休闲、游憩、时尚、生态功能的人工景观，将废弃闲置资源就地转换为旅游资源，将废弃矿山与餐饮业、零售业、住宿业、娱乐业及创意产业等旅游关联产业相对接，使之具有文化性、艺术性、生活性和实用性，成为新型休闲娱乐的发展空间，成为具有别具一格、具有现代气息的旅游目的地。

第三类废弃矿山尚存具较好的文化和自然资源，可以开发以自然人文景观为中心的旅游综合体。利用多元化的自然和人文资源开发自然山水旅游，构建生态度假产品集聚区。在开发中要保留具有代表性的矿业遗址景观元素，如保留一座建(构)筑物、设施结构或构造上的一部分，如墙、基础、框架、桁架等构件[4]，加以规划赋予其新的内涵，创造矿业生产遗迹和生态环境结合而形成的独特美感。不仅让游客放松身心，感受大自然与人文气息，同时可以使游客从矿业遗址景观元素中看到工业时代留下的痕迹，增加对矿产资源知识的了解，唤醒其对过去的记忆并产生联想，形成更为丰富的旅游体验。

2. 开发的旅游产品与原有景点的关系不同，开发模式不同

开发的旅游产品与原有旅游景点的关系是影响废弃矿山旅游开发成功与否的重要因素。每一个旅游资源个体都有自己的独特性，同时也有与其他个体类似的共性。在旅游开发中，新旅游资源的引入会作用于原有的旅游景点，对原有的旅游景点产生影响，同时也会反作用于新开发的旅游目的地，形成复杂的竞合关系，从而产生不同的经济效应。不同类型旅游产品集聚在一个地区，可以延长旅游者的游玩时间，增强整个地区旅游产品的核心竞争力，从而产生 1+1＞2 的互补效应。同类旅游产品集聚在一个地区，一方面使旅游者产生审美疲劳，降低旅游者的旅游体验；另一方面旅游产品间会产生光影效应，高级别、吸引力大的旅游产品会抑制低级别、吸引力小的旅游产品的发展。

废弃矿山的旅游资源被视为一种人为干扰下的特殊旅游资源。新开发的旅游产品能否与原有景点产生互补效应，形成相容、相生的关系，取决于两种资源的互补性。新、旧旅游资源互补性越强，就越容易整合出富有竞争力

的产品和服务，也就越容易吸引更多的游客关注。因此，废弃矿山在开发过程中要依托其独有的工业遗产资源、自然与人文资源，开发与原有景点主题不同的旅游产品，形成互补效应，避免新开发的工业旅游产品可能弱化原有产品的吸引力，同时也可能导致自身无法可持续发展的问题。

3. 生态损害程度不同，开发模式不同

废弃矿山是由人类采矿活动而产生的特殊地物地貌，是重建矿山环境，重塑矿山景观的基础。废弃矿山受到损毁和污染的程度是不同的，以矿产资源的开采导致地表形态的变化及所带来的生态损害作为依据，一般将废弃矿山分为三大类：挖损型(excavation)、塌陷型(subsidence)和压占型(occupation)[5]。挖损型废弃矿山主要是露天开采将矿产资源上覆围岩剥离开，使用运输工具将其运送到排土场进行排弃，对裸露出来的矿产进行采掘，经过开采不断推进，形成的大而深的采矿坑。塌陷型废弃矿山主要是井工开采，将地下矿产资源采至地面，使采空区的顶板岩层在自身重力和其上覆岩层的压力作用下产生向下的弯曲和移动，随着采掘工作向前推进，在地表形成的不同大小、深浅的近似椭圆形的塌陷盆地。压占型废弃矿山主要是露天开采剥离表土使土方堆积形成的排土场，如矿产资源开采或选矿过程中产生大量不可利用废弃物堆积形成的矸石山或尾矿库。

废弃矿山不同的生态损害类型决定其旅游开发的方向不同。挖损型和塌陷型废弃矿山形成的水域更易发展成为城市湿地。目前我国很多城市利用煤炭开采形成的塌陷地，建成湿地公园，如唐山的南湖公园。压占型废弃地则更易通过植被的引入，形成山林生态园区。

废弃矿山旅游开发必须进行生态治理和景观重建，这就要投入大量人力、物力和技术支撑，不同生态损害类型的废弃矿山，生态危害程度不同，其生态恢复、景观重建等前期开发的成本也有差异，开发后期控制矿山安全隐患和地质灾害风险的安全成本、维护成本也是不同的。这些成本限制了旅游开发的可行性与开发模式。

(二)旅游产品开发模式选择的外部条件

废弃矿山旅游产品开发是否合适除了依赖于旅游资源禀赋外，还受旅游开发条件的制约。旅游开发外部条件——微观环境和宏观环境决定着废弃矿山工业遗产旅游的生存与发展，它是由相互联系、相互影响的要素组成，决定着旅游产品的竞争力、可持续发展的能力及旅游开发模式。借鉴目前的研究成果和《国家工业旅游示范基地规范与评价》(LB/T 067—2017)，分析旅游资源再生条件、地理区位等方面对开发模式的影响。

1. 旅游资源再生的条件不同，开发模式不同

气候是某一地域多年某一时段内的大气统计状态(某一地方大气的温度、降水、气压、风、湿度等气象要素在较长时期内的平均值或统计量及其年周期波动)。气候条件是旅游开发的先决条件[6]，决定着旅游目的地的有效经营时间和游客接待量。从需求的角度来看，气候条件是旅游活动的重要基础，是旅游者外出旅行的重要动机之一。

气候条件不同，废弃矿山形成的旅游资源也会有所差异，在此基础上开发的旅游目的地模式也是不一样的。气候是地物地貌形成的重要原因。气候影响土壤水分和养分的储存、运输和转化过程，从而影响土壤发育过程。气候还影响植被及其生产力(植被区系、群落演替和结构、生态系统的物质和能量过程)[7]。构成气候的各种要素——热、冷、干、湿、云、雾等都会对废弃矿山环境恢复、造景和育景产生直接或间接的影响。由于气候差异，干旱的北方地区废弃露天矿多形成了裸露岩体的大坑，而南方地区则形成了水坑。大地艺术是北方露天矿进行废弃地改造更新的重要手段，其通过粗犷质朴、富有震撼力的艺术形式形成旅游吸引物，而南方露天矿坑形成的水域可打造成为城市湿地。

2. 废弃矿山所处的地理区位不同，开发模式不同

按照矿业城市与矿山的区位关系，矿山可分为 3 个类型：矿山结合型、矿山城市型和独立矿山型。①矿山结合型。矿山主体企业行政管理部门地处发达城市，主体企业的生产经营系统分布于城市附近或城市中，矿山有相应的社区政府行使社会管理的部分职能。②矿山城市型。是指以矿山为基础逐渐发展起来的具有明显城市特点的城市，城市的主体企业也是矿山的主体企业，主体企业的生产经营系统分布于城市附近或城市之中。③独立矿山型。矿山基本是独立存在的，远离中心城市，具有相应的政府行使矿区社会管理职能[8]。

矿山结合型、矿山城市型的废弃矿山地处城市中心，具有经济发达、城市发展配套设施齐全、基础设施配套完备，便于利用废弃矿山的土地资源、

人力资源与物力资源等优势，更适宜开发都市休闲旅游。

矿山结合型的废弃矿山集聚于城市，又相对独立于城市，在进行旅游开发时，更适宜开发矿业遗产小镇。矿山城市型的废弃矿区，由于矿业元素已渗透到城市的方方面面，适合将一个城市作为一个旅游产品进行开发，将整个城市打造成以矿业文化为核心，融旅游设施、产品供给模式与供给内容为一体的旅游综合体。

独立矿山型的废弃矿山远离城市中心，基础设施相对较差，经过生态结构与功能修复的土地，可以为废弃矿山开发城郊型休闲旅游创造条件。例如，可以在废弃矿山生态修复的基础上，利用废弃矿山土地资源进行功能重构，使其具有为居民提供参与田间劳作、健身康体、娱乐养生、科普教育及休闲体验等功能的场地。

第二节　废弃矿山+旅游的创新模式内在要求

废弃矿山旅游开发一定要在保持矿业遗产完整性和原真性的基础上，立足于区位条件、资源禀赋、产业积淀和地域特征，结合游客需求和区域发展需要，兼顾游客和当地居民的利益，形成旅游消费结构丰富、内部功能多元、地域特色突出、旅游主题多样的旅游综合体。具体的内在要求包括以下几个方面。

一、旅游消费结构丰富，内部功能多元

随着旅游者消费心理越来越成熟，一般化的自然景观和人文景观不足以吸引旅游者。旅游者更倾向于具有“一站式体验”特征的旅游产品，即在一次旅游活动中获得集知识性、娱乐性、体验性、享受性等于一体的综合性的体验。

市场需求是决定资源配置和旅游开发路径的关键依据。旅游者多元化、多层次的消费需求，促使废弃矿山旅游开发需通过综合性的功能来实现，即在旅游开发中要整合“吃、厕、住、行、游、购、娱”“文、商、养、学、闲、情、奇”等旅游要素，融合旅游、文化、餐饮、娱乐、购物、住宿、房地产等多个产业，使废弃矿山成为旅游景区、酒店、餐饮中心、购物区、体育馆、休闲空间、影院和一系列交通、市政配套设施等集聚的综合体，成为

突显矿业特色、凝聚人气的新地标。

二、地域特色突出，旅游主题多样

废弃矿山旅游开发都是以矿业文化为基底的，特别容易产生同质化的问题。因此，在进行废弃矿山工业旅游开发时，要结合矿业遗址旅游资源的特点、地域文化特点，在建设观赏、体验、科普、娱乐、度假等传统旅游产品的基础上，拓展和开发矿业文化内涵丰富、娱乐内容奇特、体验性强的旅游产品，多角度呈现矿业发展地域特色。

把废弃矿山开发成为矿业生产、地质考察的科研基地。利用地质遗迹、矿业生产遗迹、矿业制品遗迹、矿山社会生活遗迹和矿业开发文献史籍等旅游资源，还原当时矿业生产过程中“探、采、选、冶、加工”等生产场景和生活情境，开展研学旅游、科普旅游。利用废弃矿山保留的具有重大审美价值和科学价值的地质地貌景观、地质剖面、构造形迹，重要价值的古人类遗址、古生物化石遗迹，典型的地质灾害遗迹等[9]，开展不同类型的遗迹研学旅游。

把废弃矿山开发成为灾害治理、生态保护的示范基地。将废弃矿山现存的破坏严重的生态结构、地质结构和土壤作为矿山废弃地恢复利用的实验基地，为相关的生态修复、地质研究、采矿学等不同学科的研究者提供实习和实验的场所。

把废弃矿山开发成为继承革命传统、发扬民族精神的教育基地。我国很多废弃矿山见证了我国的革命发展史、帝国主义侵略史和矿工英勇反抗的血泪史，其资源为开展红色旅游、继承革命历史文化传统和进行爱国主义教育提供了最鲜活的素材。利用废弃矿山历史价值较高的矿业遗产，将红色人文景观和矿业文化景观结合起来，将革命传统教育与旅游开发结合起来，使之成为红色旅游景区，既可以使游客了解革命历史，又可以发扬奋勇抗争、自强不息的民族精神，传承中华民族的先进文化和优良传统。

把废弃矿山开发成为传承工业文化、唤醒工业记忆的纪念地。废弃矿山旅游开发要充分尊重工业遗址背后的工业文化，保留代表特定时代的工业遗产景观，保持工业文化景观的个性化和多样化，形成矿业生产遗迹与自然生态环境相结合的独特美感，从而帮助人们从这些景观中引发联想，唤醒过去的记忆。

三、对内功能协调，对外与城市功能统一

废弃矿山旅游开发应保持其旅游功能与旅游公共服务功能相协调。以畅达便捷的交通网络、完善的集散咨询服务、规范的旅游引导标识和干净舒适的厕所卫生服务等为标志的旅游公共服务体系是区域旅游产业发展的重要基础。从开发旅游产品功能入手，优化整个区域在环保、健康、交通、信息和卫生等方面的资源配置，提升旅游公共服务功能，实现旅游业内部功能协调统一。

废弃矿山工业遗产旅游开发应以周边城市规划为基础，立足于打造整体综合竞争优势，强调与整个城市相匹配、相依托、相关联。废弃矿山工业遗产旅游开发要把对废弃矿山的再利用与社会、社区价值充分结合起来，通过旅游元素的植入，整合矿业遗产、周边自然人文旅游资源，激发旅游相关产业相互借力和转化，使废弃矿山形成的旅游目的地与城市文化相协调，建筑风格相一致，生产、生活、生态功能相补充，进而实现废弃矿山和城市空间的有机融合，促进整个城市经济溢出效应的扩大和空间的拓展。

四、多元主体参与，主客共享

废弃矿山旅游资源的开发需要各级旅游部门、煤矿企业、房地产开发商、非营利组织、当地社区/当地居民等社会多元主体参与、合作。促进社会参与既是为了创造更好的公共服务，充分发挥矿业遗产的资源价值，也是为了让更多的人享有工业遗产所带来的文化服务。

在众多利益相关者中，社区居民的参与尤为重要。随着全景化旅游时代的到来，当地居民成为一种独特的景观，吸引旅游者的关注。当地居民的语言表达、生活方式、精神风貌等都是旅游者形成旅游目的地感知形象的重要内容。在与当地居民的交往中，旅游者可以获取更多信息，从而更深入地了解旅游目的地，丰富旅游者的旅游情感体验。

社区居民不仅仅是废弃矿山旅游开发的参与者，更应该是受益者。矿业遗产属于一种文化层面上的东西，没有所谓的权属之分，所有人包括游客、当地居民都有权去分享这种价值。废弃矿山形成的旅游目的地不仅要服务于外来游客，更要充分考虑当地社区/居民的利益。当地居民是废弃煤矿建设、成长、壮大乃至衰落的见证者，也是煤矿的生产者、建设者，他们对煤矿有

着特殊的记忆与情感，他们应当成为废弃矿山旅游开发真正的受益者。废弃矿山开发的旅游目的地应是主客共享的休闲游憩空间。

五、兼顾经济、社会和生态效应

旅游开发具有经济、社会和生态等多层效应。旅游产业是国民经济的重要组成部分，长期以来被视为地方经济发展的工具之一，在增加外汇收入、转变经济增长方式、优化产业结构等方面发挥着重要的作用。与此同时，旅游业与区域环境治理、生态平衡、社会发展等具有密切的关系，作为绿色产业，旅游业的发展能够保护生态环境，保证以最小的生态环境代价获得利润，实现环境与经济发展间的和谐共生，因而具有巨大的生态效益。旅游业是一个关联性、渗透性极强的产业，上下游产业链长。旅游产业发展既能够实现自身产业发展，同时也能带动与产业链利益相关者协同发展，从而创造更多的就业机会，具有巨大的社会效益。

在进行废弃矿山旅游开发时，要兼顾经济、社会和生态等多层效应。产业结构单一、经济发展放缓是废弃矿山所在地存在的普遍现象。废弃矿山迫切需要加速推进废弃地矿业开采经济向服务经济转型，催生区域经济发展新“动力源”，以实现资源枯竭型城市的经济转型升级。

废弃煤矿旅游开发在强调区域经济增长的同时，还要解决矿工再就业问题。通过“废弃矿山+旅游”创新模式，形成新型旅游产品，可以刺激旅游需求的增长，为废弃矿山带来更多的就业与创业机会，促进矿工再就业。废弃矿山工业遗产旅游开发应以保持遗产的原真性为前提，宣扬历史文化，保存工业遗迹，延续工业文脉。通过工业遗产旅游开发，帮助人们找到个人的生存目的与发展使命。

废弃煤矿旅游开发还要关注区域环境治理、生态平衡等问题，因地制宜地进行污染治理、生态修复、景观改造，把挖损地、沉陷地、压占地、污染土地、露天采场、排土(岩)场、工业广场等不同类型的煤矿废弃地改造成为生态宜居、宜游的休闲空间，为当地居民和游客提供良好的人居环境。

六、由门票经济，走向全产业链经济

废弃矿山工业遗产基本上是公共物品，在有原住民社区的遗产地中，矿山拥有传统资源权。由工业遗产衍生出来的服务功能，如教育、科研、旅游等，依托于矿业遗产，往往是兼具经济功能的文化事业。因此，这些直接源自遗产的服务应具有公益性质，让更多的人享有旅游的权利。矿业遗产旅游开发不是一味地追求产出一定大于投入，收费可以较低，甚至可以是免费的。但这并不意味着放弃营利目的，而是从门票经济向全产业链经济转型，利用旅游业具有综合性强、产业关联度高、带动效应强、投资回报率高等产业优势，以废弃矿山工业遗产开发作为杠杆，通过旅游业向各个行业渗透，带动旅游关联产业——餐饮业、零售业、住宿业、娱乐业等的发展，从而推动废弃矿山的发展，乃至整个经济圈的发展。

第三节　废弃矿山+旅游产品的创新模式

构建废弃矿山+旅游产品模式，是从旅游产品功能出发，迎合“休闲旅游时代”的需求。废弃矿山旅游开发要立足于区位条件、资源禀赋、产业积淀和地域特征，整合矿业遗产、周边自然生态、民俗文化、美丽乡村等旅游资源，拓展废弃矿山休闲空间，形成多功能、跨行业的旅游创新模式。在按照矿业遗产价值分类的基础上，结合国内外开发的工业产品，按照服务对象、功能、产品属性、依托资源等方面，可以进一步细化废弃矿山工业旅游开发模式，见表 5-2。

表 5-2　废弃矿山+旅游产品开发模式

模式	服务对象	功能	产品属性	依托资源	案例
以矿业景观为主要吸引物的矿山公园	游客为主	遗产保护、教育、休闲	私有品	矿业遗产	弗米利恩湖-苏丹地下矿井州立公园
以休闲功能为主导的旅游综合体	游客为主，居民为辅	休闲	私有品	地理区位	波兰维利奇卡盐矿旅游综合体
以教育、生活体验为中心的博物馆	主客共享	遗产保护、教育、文化交流	公共品、准公共品	矿业遗产	英国比米什(Beamish)露天博物馆、中国煤炭博物馆
整治填造地上景观形成的休闲游憩园区	居民为主，游客为辅	休闲、游憩	公共品、私有品	地理区位	江苏徐州潘安湖国家湿地公园
以创意产业为核心的文化创意园区	游客为主，居民为辅	文化交流、休闲、游憩	私有品	地理区位	德国鲁尔区旅游开发
基于共享空间营造的生态社区	居民为主，游客为辅	休闲、游憩	准公共品	矿业遗产、地理区位	四川嘉阳国家矿山公园
结合非工业旅游资源的旅游区	游客为主，居民为辅	休闲、游憩	私有品	自然资源、人文资源	山西大同晋华宫国家矿山公园
基于艺术创造的大地艺术体验区	游客为主，居民为辅	休闲、游憩	私有品	地理区位	美国西雅图煤气厂公司

资料来源：作者根据资料整理绘制。

一、以矿业景观为主要吸引物的矿山公园

矿山公园是以矿业遗产保护为中心的旅游综合体。矿山公园是以展示人类矿业遗迹景观为主体，体现矿业发展历史内涵，具备研究价值和教育功能，集游览观赏、科学考察与科学知识普及为一体的空间地域[10]。

国家矿山公园依托矿山工业遗产，融合了矿山周边的自然景观与人文景观，在呈现方式上既具有一般公园的共性——自然环境优美、文化历史悠久，又能体现矿山公园独有的神韵。矿山公园建设依托于矿山开采形成的矿业遗迹、遗址、采矿工具、矿业制品和矿山开采揭露的地质遗迹等旅游资源。这些旅游资源科学价值、历史价值、社会价值、美学价值独特，超越了一般公园的共性，具有地质遗迹、矿业遗迹和地质环境保护、地质研究和矿业发展史研究、科学考察等属性。以波兰、德国、美国、英国为代表的欧美国家都有具体的开发实例。其中，弗米利恩湖-苏丹地下矿井州立公园是一个利用废弃矿山发展矿山公园的典型例子，具体如下所述。

参考案例：弗米利恩湖-苏丹地下矿井州立公园

苏丹铁矿是19世纪后期在明尼苏达州北部发现的。这个矿具有极其丰富的赤铁矿脉资源并且含有超过65%的铁。1854年伊利沙·莫尔康和他的矿工成立了明尼苏达州的第一座铁矿。该露天矿于1882年开始正式运营，为了安全起见，于1990年开始转成地下开采模式。该矿山已经开采至地表以下达2341ft①。而整个地下矿井有超过50mi的建设工程，如漂移、平地、加高。第二次世界大战以后，苏丹铁矿的运营成本逐渐增高、利润降低。日益变化的技术和高额的运营成本使该矿山在1962年关闭。1963年美国钢铁公司将1200acre的苏丹铁矿山及其周围土地捐给明尼苏达州政府，并在此建立了一个国家公园。2010年，明尼苏达州政府向美国钢铁公司购买了剩下的2848acre土地，成立了紫红山州立公园，用以保护弗米利恩湖岸线。2014年5月，两公园间的边界被合法消除，两个公园合并成为一个州立公园并命名为弗米利恩湖-苏丹地下矿井州立公园。

与大多数州立公园/国家公园一样，弗米利恩湖-苏丹地下矿井州立公园的主要目标是为公众提供生态环境优良且具有特殊历史文化意义的旅游休闲选择。苏丹地下矿井是美国国家历史地标之一，对于明尼苏

① $1ft=3.048\times10^{-1}m$。

达州具有重要的文化及考古意义。该公园的首要目标是保存并且向公众推广矿山文化；该公园位于弗米利恩湖湖岸线一带，因此，该公园的次要目标是保护自然资源并向公众提供娱乐休闲场所，该公园还提供各种自然休闲活动；最后，该公园也竭力保存矿井资源以作科研用途。

弗米利恩湖-苏丹地下矿井州立公园所提供的旅游项目主要有两种：第一种是和其他国家公园/州立公园类似的公共游憩项目（徒步旅行、野餐、观鸟、钓鱼），另一种则是其核心项目——地下矿井游览。该矿井游览项目是基于苏丹铁矿而发展起来的。地下矿井游览项目时长1.5h左右，只在每年的5月底～9月底开放。最有特色的是该游览项目的向导大多来自传统矿工家庭，他们的祖辈和父辈都在这个矿井工作过，而现在这些矿工家庭的下一代担任矿井解说的工作。

此外，苏丹铁矿还设有地下实验室。该实验室位于弗米利恩湖-苏丹地下矿井州立公园，并于1984～1986年建成。该实验室由明尼苏达州自然资源部出租，目前由明尼苏达大学物理与天文学院负责运营。这个地下实验室保存了明尼苏达州最古老的铁矿。该实验室是世界上少数的几个深层地下物理实验室之一。地下实验室可以提供独特的科研环境，因为宇宙射线可以被岩石层吸收而减少到达实验室的宇宙粒子数量。世界上也有少数地下矿井物理实验室与苏丹地下实验室极为类似的案例。目前苏丹铁矿已成为休闲、科普、科学研究等的场所。弗米利恩湖-苏丹地下矿井州立公园景区地图如图5-2所示。

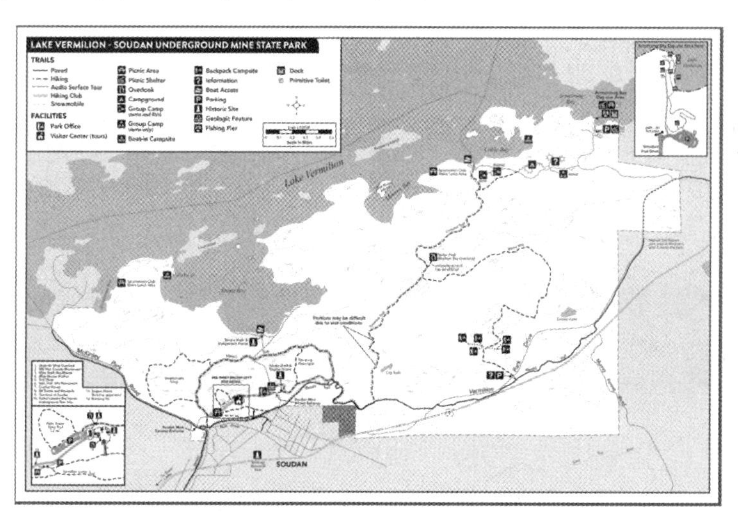

图5-2　弗米利恩湖-苏丹地下矿井州立公园景区地图

资料来源：作者根据资料整理

二、以休闲功能为主导的旅游综合体

这种模式就是在工业遗产的原址上，以“混合使用”为理念，以服务当地居民和游客为主旨，融合游憩、休闲等多种旅游功能，通过工业景观建筑的修复、更新和改造，把它们变成集商店、咖啡厅、餐馆、酒吧、办公楼、住宅和文化设施于一体的综合体。这种模式通过挖掘废弃矿山工业遗产文化历史价值和审美价值，在保护工业遗产的基础上，营造气息浓郁的商业氛围。该模式一方面保护了工业遗产建筑、设施装备等与矿业相关的文化遗迹和人文景观；另一方面激活了工业遗产的商业价值，通过休闲功能的引入带动废弃矿山经济发展，两者相辅相成、相互影响，形成了更大的经济社会效应。

萨拉银矿利用废弃矿井建设观光设施，在矿井深处建设了被誉为“世界上最深的地下洞穴酒店”。奥伯豪森利用废弃金属矿，新建了一个大型的购物中心，同时开辟了一个工业博物馆，并就地保留了一个高 117m、直径达 67m 的巨型储气罐。购物中心并非单纯的购物场地，还配套有咖啡馆、儿童游乐中心、网球和体育中心、影视娱乐中心及由废弃矿坑改造的人工湖等[11]。波兰的维利奇卡盐矿也是集观光、游乐、购物、体验、文化、科普等各类旅游体验为一体的旅游休闲综合体。

参考案例：波兰维利奇卡盐矿旅游综合体

维利奇卡盐矿位于波兰克拉科夫附近，傍喀尔巴阡山，是一个从 13 世纪就开始开采的盐矿，是欧洲最古老的盐矿之一(图 5-3)。

图 5-3　波兰维利奇卡盐矿旅游综合体

维利奇卡盐矿在 1995 年便结束了开采，但为了使盐矿内保持干燥，现在每年仍要出产 1.5 万 t 盐。1995 年，维利奇卡盐矿结束了它作为盐矿的使命，成为专门接待游客的观光休闲地，本地居民不到两万人的维利奇卡，每年要接待150万游客。深达327m的盐矿共分为9层，巷道总长近300km，盐矿中有房间、教堂和地下湖泊等。1978年，维利奇卡盐矿被联合国教科文组织认定为世界文化遗产。维利奇卡盐矿地下共有40个教堂，最深的一个在盐矿第七层(地下270m处)，至今没有向游人开放。盐矿的第一层位于地下64m深处，主要景点有神话厅、哥白尼厅等；第二层距离地面有100多米，主要景点有圣金加教堂、地下盐湖等；第三层是巨大洞穴和多功能展厅，波兰电影配乐大师兹比格纽·普瑞斯纳(Zbigniew Preisner)曾在这里录制过专辑。

(1)水晶洞。最让维利奇卡人引以为傲的是发现于19世纪末的水晶洞。这是一个天然形成的大山洞，位于地下80m处，洞里拥有光彩的石盐及目前世界上最大的石盐晶体，其中最大的一块有50cm宽，约1t重。

(2)圣金加公主教堂。圣金加公主教堂位于地下101.4m处，始建于1896年。教堂高12m，长54m，最宽处达18m，可容纳400余人。令人叹为观止的是一座如此庞大的宫殿是3名矿工历时67年开凿的，直到1963年才完工。教堂内的圣坛、神像、壁画、吊灯、天花板全部都是用盐雕刻而成。

(3)盐矿历史博物馆。盐矿历史博物馆分3个相连的展览大厅，大厅非常高大，但均无梁柱，四壁笔直，每个大厅可容纳600余人，通过馆内展品，反映了盐矿的全部历史。展品中有25万年前凝固在盐中的动植物化石、966年发现该矿的经过、王公大臣游览盐矿时乘坐过的车子、反映盐矿工人武装起义的油画等。

(4)疗养处。该盐矿不仅可供游人参观，还可供某些疾病患者来此治疗。1964年在盐矿第5开采区211m深处开设了研究过敏性疾病的疗养所，1974年又在矿井下建成了一座疗养院，供呼吸道疾病患者疗养治病。

随着维利奇卡盐矿旅游的发展，如今的维利奇卡盐矿已经是观光、游乐、购物、体验、文化、科普等各类旅游体验汇聚的旅游休闲综合体。

三、以教育、生活体验为中心的博物馆

将矿业遗址开发成为博物馆，来展示矿山的科技、历史和艺术价值，是目前国际上废弃矿山工业遗产开发最为普遍的方式。根据工业遗产的价值、规模、空间分布，博物馆呈现方式主要有两种：露天博物馆和展示型博物馆。露天博物馆主要通过活化矿业矿山的方式，再现矿业生产过程、生产风貌、工作生活场景，全方位为游客提供重要的旅游体验。展示型博物馆主要采用文字、照片、沙盘、多媒体等展示方式，展现原有的工业生产环境和生活方式，并通过导游解说、现场表演等方式来增强游客体验度。

将废弃矿山开辟为博物馆，可以实现废弃矿山的生态重建、科普、休闲等多重目标。特别是露天博物馆，它能将最难保存的人类遗产——历史民居及居民生活场景保存下来，让游客感受其历史感和真实感，激发社区参与感和认同感，也能使废弃矿山矿业遗产地得以保护、历史记忆得以传承、传统生命力得以保持，为我国当下废弃矿山的发展提供了新思路。

世界上所有的“露天博物馆”都已成为该国或地区著名的旅游观光点，都是展示与欣赏该地区传统与历史风情的地方。英国利用 Beamish 煤矿，开发了 Beamish 露天博物馆，是利用废弃矿井进行博物馆开发的典范。

参考案例：英国 Beamish 露天博物馆

Beamish 露天博物馆位于英格兰达勒姆郡斯坦利镇附近。博物馆位于 Durham 煤田，1913 年曾有 165246 名男子和男童在该煤矿工作。20 世纪初煤炭行业蓬勃发展，并在 1913 年达到顶峰(图 5-4)。

博物馆的指导原则是保存 20 世纪初工业化高潮时期英格兰北部城市和农村地区的生产生活场景，特别要保护的是维多利亚晚期和爱德华时代，以及 1825 年工业革命影响下的部分乡村。Beamish 露天博物馆利用 350acre 的土地，还原和再现了特定时期的建筑、生产生活设施、车辆及牲畜和穿着特定时代服饰的人们。自 1972 年开放博物馆以来，该博物馆已经获得了许多奖项，并在其他“活博物馆”中发挥了重要的影响力。

Beamish 露天博物馆以时间为主线，全方位再现了 1820～1940 年不同历史时期的生产生活场景，形成了 5 个游览观光主题：1820s Pockerley (鲍克尔利农庄)、1900s Town(城镇)、1900s Pit Village(大坑村庄)、1900s Colliery(煤矿)、1940s Farm(农场)。

(a) 1900s Town

(b) 1900s Pit Village

(c) 1940s Farm

(d) 1900s Colliery

(e) 1820s Pockerley

(f) Rowley Station

图 5-4 Beamish 露天博物馆

资料来源：Beamish museum, Beamish, The Living Museum of the North[EB/OL]. [2018-12-03]. http://www.beamish.org.uk/

1820s Pockerley 主要是基于代表该地区的格鲁吉亚后期景观——农业机械和田间管理发展而改造的。它于 1990 年成为博物馆的一部分，主要包括 4 个部分：佃农的家园、Pockerley 花园、Pockerley 车道、圣海伦教堂。佃农的家园的历史可追溯至 1440 年，主要展现传统的格鲁吉亚烹饪和手工活动。Pockerley 花园拥有格鲁吉亚时代的植物、香草和蔬菜，通常可以采摘并在大厅中烹饪。在 Pockerley 车道上乘坐蒸汽火车，可以了解铁路诞生的故事，并且参观多个品牌的动力引擎。圣海伦教堂因故意破坏而被拆除，直到它在博物馆被保存和重建。

1900s Town 博物馆创建了 1900 年的街道场景，此镇于 1985 年正式开放，主要呈现的是 1913 年维多利亚时期发展的城市建筑环境，主要包括赫伦(Heron)面包店、车库、合作社商店、拉文斯沃思露台、太阳酒店、马厩、糖果店、雷德曼公园、W 史密斯的化学家和 JR＆D 埃迪斯摄影师、共济会大厅等旅游景点。

1900s Pit Village 主要展现英格兰东北部煤炭生产高峰时期的煤矿社区。这些矿村位于煤矿旁边，是与东北部的煤炭生产一起发展起来的，代表着矿区的生活，主要包括矿工小屋(第四号小屋住着在矿难中失去丈夫的矿工家属)、戴维的炸鱼店、黑顿银乐队大厅(百年历史的煤矿乐队遗产)、小马马厩(达勒姆煤田矿井下工作的小马)等景点。

1900s Colliery 主要呈现 Beamish 煤矿(由 James Joicey＆Co.所有，

由 William Severs 管理）的生产生活场景，煤矿开采是英格兰东北部几代人的主要工作，主要包括：提升设备、马霍戈尼(Mahogony)煤矿、煤矿铁路、灯舱等。

四、整治填造地上景观形成的休闲游憩园区

废弃矿山资源枯竭的同时，还伴生着地下采空区及地上废坑。国外不少废弃矿山改造，采取从周边河流、湖泊等水域抽填废坑，填造地上景观，进而形成生态游憩园区的模式。城市兴建城市公园都必然需要征用农田、林地，既不利于农业的发展，又会破坏地域原始的生态环境。土地的紧缺和公园的高额建设成本，都不利于生态、社会、经济效益的提高[12]。

很多废弃矿山地处城市发展的重要区域，周边被居民住宅所包围。将废弃矿山改造成为公共休闲游憩空间，既能方便居民休闲娱乐，又能减少征用土地的费用。并且在废弃矿山旅游开发过程中，可以充分利用废弃矿山开采后形成的地形地貌，“借坡、取势”，大幅度降低休闲区建设成本。

目前该模式最典型的代表为江苏徐州潘安湖国家湿地公园。潘安湖的开发，将旅游业作为一种新兴产业经济形式，满足了居民休闲娱乐的需求，同时改善了地区居住环境，带动了“贾汪”地区实现了“真旺”。

参考案例：江苏徐州潘安湖国家湿地公园

2017 年 12 月 12 日，习近平来到徐州贾汪区潘安湖神农码头考察，这里原来是采煤塌陷区，经生态修复蝶变成湖阔景美的潘安湖国家湿地公园。习近平夸赞贾汪转型实践做得好，现在是“真旺”了。他强调，塌陷区要坚持走符合国情的转型发展之路，打造绿水青山，并把绿水青山变成金山银山①。

潘安湖煤矿塌陷地位于徐州东北部、苏鲁两省交界处，采矿历史非常悠久，自 1882 年至今已有 138 年的开采历史，现在是徐州现存最大的采煤塌陷区——百年煤城贾汪区权台煤矿和旗山煤矿所在地，是一座“百年煤城”。经过 100 多年不间断的开采，贾汪区的煤炭资源几近枯

① 新华网. 习近平考察徐州采煤塌陷地整治工程[EB/OL].（2017-12-12）[2020-06-21]. http://www.xinhuanet.com/politics/2017-12/12/c_1122100823.htm.

竭，贾汪区也因此入选国家资源枯竭型城市，成为江苏唯一入选的地区。大面积破坏的土地和人地矛盾的加剧，造成环境急剧恶化，坍塌地人均耕地面积的减少使得大批农民失去生存的保障，给矿山的生态环境和矿区周边的人民居住环境造成了严重的影响。

贾汪区政府抓住“振兴徐州老工业基地”的历史性机遇，利用潘安湖在徐州 1h 周末休闲圈内较优的区位条件，利用废弃的煤矿塌陷区形成的湿地资源，投资 2.23 亿元人民币，实施中华人民共和国成立以来首个单位投资最大的土地整理项目——江苏省潘安湖采煤塌陷区综合整治工程，并在此基础上实施了“基本农田整理、采煤塌陷区复垦、生态景观开发”三位一体的发展模式(图 5-5)。

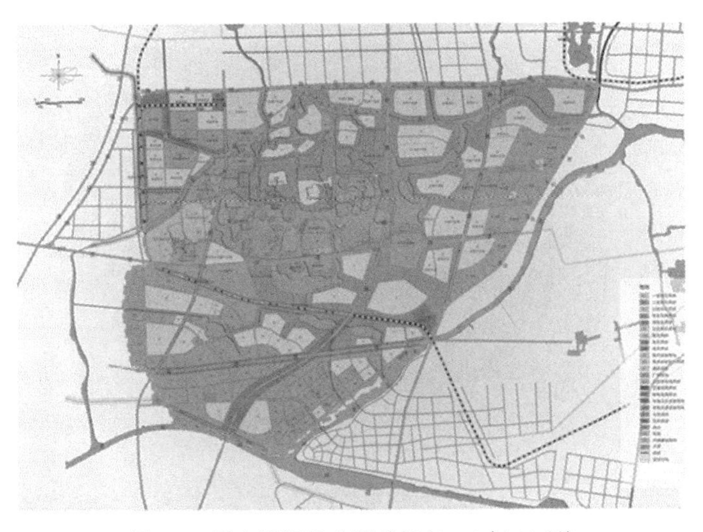

图 5-5　潘安湖湿地公园总规(2010 年 10 月)

潘安湖的生态旅游开发积极主动地连接周边资源。邻近潘安湖的马庄是具有苏北乡村建筑、文化、民俗的村落，其因西洋乐队而闻名全国，是中国唯一一个拥有自己的管弦农民乐队的村庄。潘安湖的开发，整合了马庄的文化资源，两者资源共享、优势互补，形成了共谋“双赢”的发展方式(图 5-6)。

贾汪是一个“百年煤城”，是因煤建矿、因矿建城的资源型地区，煤矿工业是其经济发展的核心支柱产业。随着煤矿的大量开采，矿产资源日益枯竭，煤矿城市面临转型。江苏徐州潘安湖国家湿地公园的建设，

(a)

(b)

图 5-6 潘安湖的景色

对塌陷废弃地进行了整治和再利用，不但减少了对农田的征用面积、征地费用，而且可以充分利用塌陷地的地形地貌特征，减少了土地的翻、挖和再整理，极大地降低了湿地公园的建设成本[12,13]。

五、以创意产业为核心的文化创意园区

创意产业源于 20 世纪 90 年代的发达国家，不仅成为区域经济社会发展的新引擎，也是地区经济转型的重要战略。工业遗产保护与再利用理论研究认为，工业遗产的重新利用不仅是对废弃遗址进行保护性开发和展示，还可以对遗址区工业功能进行改变和拓展，基于当地的工业建筑、工业景观和当地居民进行科学规划和增值利用，通过新的产业开发，在遗产保护和新经济机遇间寻求平衡。

以创意产业为核心的文化创意的模式，需要在保护历史文化遗存的前提下，利用废弃矿区所遗留下来的工厂建筑物、生产设施等，充分引入“创意、艺术、时尚、高科技”等元素对周边环境进行整治与改造，赋予工业遗产新的文化内涵、生产出高附加值的产品。这种模式实施的关键在于对原有工业建筑进行重新设计和理解，在历史文脉传承和区域经济可持续发展之间、在实用与审美之间、在现实与未来之间寻求最佳平衡点，实现精神追求与经济发展共赢。此种模式适用于区位较好的废弃矿区。

北京的 798 艺术区是我国废弃地实践文化创意模式的典型案例。它曾经是 20 世纪 50 年代苏联援助中国建设的工厂，在工厂失去生产功能后，以招租的方式获取收益。低廉的租金、包豪斯建筑风格、便利的交通，吸引了大批入驻者，他们来自设计、出版、展示、演出、时装、酒吧、餐饮等诸多创意产业。如今 798 艺术区已发展成为深受入境游客喜爱的旅游目的地。

参考案例：德国鲁尔区开发改造

鲁尔区位于德国中西部的北莱茵-威斯特法伦州境内，面积达 $4432km^2$。鲁尔区经过近 200 年的大规模煤矿开采和钢铁生产，成为世界上最著名的重工业区和最大的工业区之一。然而，鲁尔区于 20 世纪 50 年代末～60 年代初开始出现经济衰落。经过多年建设，德国人将废弃矿山利用与旅游业充分结合起来。

鲁尔区首先通过区域范围内保护和再生的绿地连接成一个链状的绿地空间结构，构建成完整的区域性公园系统，实现区域内居民的生活和工作环境的持续改进。其次通过打造公园式的工作和宜居环境，吸引和支持高新技术企业进入该区域，成为区域新引擎。规划对废弃土地重新利用和组织，建设现代化的商业、住宅和服务设施及科学园区，对旧建筑进行改造提升，并布置大量的绿色开放空间。各种工作场所都建设在优美的、高质量的生态和建筑环境中，犹如在公园工作。创新性的活动和项目带动了整个地区的结构性自我活化，此外，该区域还提供了培训和就业机制，使区域公众尽快适应并辅助区域转型升级。

德国鲁尔区的开发涵盖了污染治理、生态恢复与重建、景观优化、产业转型、文化发掘与重塑、旅游业开发、就业安置与培训及办公、居住、商业服务设施、科技园区的开发建设等环境、经济、社会多个层面的目标和措施。

六、基于共享空间营造的生态社区

矿山生活区是人类聚集的一种形态，是一种以从事矿业活动为典型特征的社区。世界上很多煤炭资源型城市都是因煤而兴的，废弃矿山占领着城市的重要区位，随着工业化进程的深入，其周边也逐渐被住宅小区所包围，矿山的社区特征更加凸显。这种模式就是在有效地保留原有的历史空间和环境的前提下，利用废弃矿山场地、设施和环境，结合城市规划和社区建设的配套功能，加入现代文化元素，将工业遗址和工业建筑改造为社区景观公园或公共游憩空间，满足社区居民消遣、求知、休闲、康体、娱乐等复合型需求。

在工业遗产旅游发展过程中应确保地方遗产保护与当地居民、旅游者低环境风险相协调，在保持当地文化特质的前提下，在遗产保护和新经济机遇间寻求平衡。这种模式既可以满足居民休闲娱乐的需求，还可以带动周边地块改善环境。

这种方式适用于周边有大量居住用地的工业遗址地。嘉阳矿区充分发挥自身的文化优势，通过嘉阳小火车、川南传统民居和独具特色的西式建筑打造出了一张只属于嘉阳的工业旅游名片，提升了整个社区的生态环境，弘扬了本地区的煤矿工业文化、民俗文化，使得四川嘉阳国家矿山公园成为优秀的工业旅游品牌。

参考案例：四川嘉阳国家矿山公园

四川嘉阳国家矿山公园的前身是四川嘉阳煤矿，其始建于1958年，嘉阳煤矿地处四川南部的犍为县山区芭蕉沟，是四川最早的中英合资煤矿。嘉阳矿区距县城20km。由于交通条件的改善及日益繁忙的采矿业务，芭蕉沟地区的经济日趋繁荣，逐渐形成街市。兴盛时，芭蕉沟总居住人口达3万多人。然而由于煤炭资源的枯竭，芭蕉沟的两口矿井均于20世纪80年代先后关闭，芭蕉沟的人口开始逐渐减少，区域发展处于停滞甚至衰退的状态(图5-7)。

(a)

(b)

图5-7　四川嘉阳国家矿山公园

随着嘉阳矿区的衰落，矿区及矿区所在的社区政府开始考虑废弃矿区所具有的旅游资源价值。嘉阳矿区的建筑兴建于20世纪50年代后，这些建筑是乐山市范围内该时期保存最好的建筑群。在几千户保存较为完好的建筑中，既有体现当地文化习俗的传统民居，更有当年中英合资办矿时修建的欧式建筑，这些建筑都有很高的参观和研究价值。

另外，嘉阳矿区最大的优势在于嘉阳小火车。嘉阳小火车始用于1958年，运行于嘉阳矿区的石溪和黄村段，是目前世界上运行的稀有的载人客运窄轨蒸汽小火车。其早期主要为嘉阳煤矿的煤炭运输服务。由于煤炭运输方式的改变，小火车成为连接四川嘉阳集团有限责任公司新老矿区间唯一的客运交通工具。小火车因其自身的稀缺性、独特性，以及和山地环境的高度融合性而引起国内外游客及多方媒体的关注，被称为“第一次工业革命的活化石”。2007 年 4 月 18 日，嘉阳小火车作为“工业遗产”，被乐山市政府正式授予市级文物保护单位，目前已成为区域范围内的重要旅游资源。

结合区域内的现状和独有的优势，嘉阳矿区因地制宜地开发出了一条很有特色的发展模式。即在突出小火车文化、煤炭工业文化及居住区文化为特色的基础上，使芭蕉沟逐渐发展成为一个了解蒸汽小火车与煤矿工业文化、体验煤矿工人生活方式和居住环境、品尝嘉阳传统村野名菜、感受川南民居特色及享受回归自然的乐趣等功能多元化的文化与生活体验社区。

由此，嘉阳煤矿在资源枯竭的背景下，依托废弃矿区及所在的社区，修复废弃矿山生态，建设矿山公园、绿色矿山，发展工业旅游与农业旅游。2010 年，嘉阳矿区获批第二批国家矿山公园，2015 年被命名为国家级绿色矿山。嘉阳小火车是目前国内乃至全世界唯一还在正常运行的客运窄轨蒸汽小火车。矿区每年吸引大量游客，旅游收入逾千万元。

在矿山公园建设的基础上，嘉阳煤矿还积极筹划煤炭之路暨四川煤炭工业博物馆主题公园。以嘉阳小火车为龙头，沿芭石铁路和芭马古道，建设煤炭之路，并将其作为嘉阳的复兴之路，在芭蕉沟—黄村井社区建设四川煤炭工业博物馆主题公园。计划将四川煤炭工业博物馆主题公园建设成为一个煤炭工业文化和传统村落特色浓郁，设施配套完善，自然景观优美，生活空间良好、舒适的集工业文化遗产保护、煤炭文化展览、煤炭科技教育、生态旅游、娱乐休憩、商业餐饮等于一体的多功能综合性社区[14,15]。

七、结合非工业旅游资源的旅游区

单独发展工业旅游类景点往往缺乏吸引力。与非工业旅游资源组合的开发模式就是将矿业旅游资源与不同旅游类型整合，如与当地的历史文化、自然风光等旅游资源相结合，将工业旅游开发融入整个地区大的旅游体系建设当中，共同打造全面的旅游产业。

废弃矿区往往距离城市较远，地理区位处于劣势。但远离城市，往往处于较为自然的生态环境中，或与一些已经开发的旅游景区为邻。可以利用周边景区的知名度，进行捆绑开发、错位开发。此外，废弃矿区经过生态修复和治理后，可开展特色农业旅游，与其他旅游资源在产业、空间和结构上相互配合，形成相互促进、共同发展的一体化旅游服务园区。

参考案例：大同晋华宫煤矿

大同晋华宫煤矿建于 1956 年，矿井位于大同煤田东北边缘，总面积 41 万 km^2，可采储量 1.5 亿 t。目前已形成了年产煤 380 万 t，拥有采掘、洗选等多种煤矿设施和包括职工家属在内共五万多人的大型煤炭企业，是全国最大的优质动力煤生产基地之一的大同煤矿集团公司唯一的多井口现代化矿井，其煤炭以低硫、低灰、高发热量闻名。2000 年，大同晋华宫煤矿开发了中国第一个“井下探秘游”项目，被国家旅游局命名为首批全国工业旅游示范点。2005 年，又取得了国家矿山公园建设资格。晋华宫煤矿是一个大型、现代化矿井，生产系统健全、安全，煤炭生产的整个过程都可以展示在游客面前，使游客了解丰富的煤炭文化和知识(图 5-8)。

(a)

(b)

图 5-8　山西大同晋华宫国家矿山公园和云冈石窟

晋华宫煤矿与云冈石窟毗邻，地处大同市西 12.5km，与世界文化遗产云冈石窟仅一河之隔。因此，山西大同晋华宫国家矿山公园是云冈旅游区的一个重要组成部分，是恒山—悬空寺—云冈游的重要环节，云冈旅游专线和大同市至新高山铁路客运专列都从矿区内穿过。两种不同旅游主题的旅游目的地整合在一起，提高了整个区域的旅游竞争力。

八、基于艺术创造的大地艺术体验区

大地艺术又称“地景艺术”“土方工程”，是指艺术家以地表的自然物质如岩石、土壤、砂、水、植被、冰、雪、火山喷发等形成物及人工干扰自然留下的痕迹作为创造媒体进行创作的艺术形式。

大地艺术对环境的轻度扰动与工业废弃地的生态恢复和重建的思想相耦合，可极大地提高环境品质，并创造出超大尺度、简单质朴、富有震撼力的艺术情景。因而大地艺术不仅是工业废弃地更新的一个重要手段和媒介，也成为废弃地工业旅游开发的重要模式。

很多国家对运用大地艺术手法改造工业废弃地做了很多尝试和探索。罗伯特·莫里斯利用矿坑创作的名为“无题”的露天剧场；密歇尔·海泽利用伊利诺伊矿山上的废渣塑造了5个巨型动物形体，称为“古冢象征雕塑”[16]；美国西雅图煤气厂公园(Gas Works Park)、德国鲁尔区国际建筑展埃姆舍公园(IBA Emscherpark)(图 5-9)中的一系列园林如北杜伊斯堡景观公园都保留了原有工厂的设备，将废旧的机器与场地完美结合，共同构成具有强烈场所感的大地艺术品。

(a)

(b)

图 5-9　美国西雅图煤气厂公园和德国鲁尔区国际建筑展埃姆舍公园

大地艺术的精神领袖罗伯特·史密森认为，大地艺术最好的场所是那些被工业化和人类其他活动严重降质(degraded)的场地。例如，污染严重的废弃地都可以被艺术化地再利用，创造旅游景观，实现工业废弃地功能的更新与再造。

第四节　废弃矿山+旅游产业融合的创新模式

随着国家供给侧结构性改革的深入，众多资源枯竭型城市、废弃矿山转型压力巨大。发展矿山替代型新兴产业已成为废弃矿山及其所在地转型与实现可持续发展的重要内容。废弃矿山旅游开发需要和现代化的服务业、工业、农业等各个产业融合，构建专业化、多样化的生态体系，这也是废弃矿山及其所在地经济顺利转型的新模式。基于废弃矿山+旅游产业融合的创新模式，强调了产业与产业之间的关联，注重旅游产业与其他产业的融合，将旅游的功能渗透到社会生产的各个领域和各个层次中，凸显旅游产业的辐射性作用。从产业融合发展的角度出发，将旅游业与其他新兴替代产业相结合，将废弃矿山旅游开发与城镇化、农业现代化、新型工业化、现代服务业高度化融合发展，形成废弃矿山+城镇化、废弃矿山+农业现代化、废弃矿山+新型工业化、废弃矿山+服务业高度化模式，加快废弃矿山功能置换，开发新型旅游产品，推动废弃矿山由生产型向综合服务型转变，形成旅游休闲的新业态和高附加值新产品（图 5-10）。

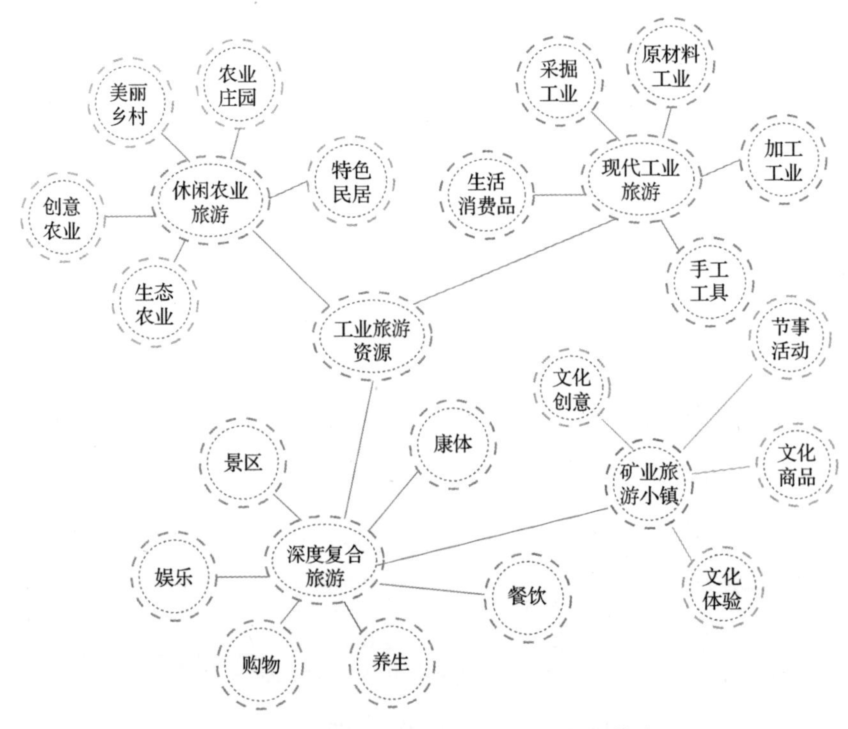

图 5-10　废弃矿山+旅游产业融合的创新模式

一、废弃矿山+城镇化模式——矿业遗产旅游小镇

党的十八大以来，城镇化工作受到了中央政府的高度重视，陆续出台了一系列重要的政策导向文件，其中“村镇规划与建设”占据了重要的位置。国务院在《关于深入推进新型城镇化建设的若干意见》中，提出加快培育中小城市和特色小城镇。《中央城镇化工作会议》指出“促进大中小城市和小城镇合理分工、功能互补、协同发展”。要传承文化，发展有历史记忆、地域特色、民族特点的美丽城镇。《十三五规划纲要》中提出“因地制宜发展特色鲜明、产城融合、充满魅力的小城镇”。

特色小镇是指依赖某一特色产业和特色环境因素(如地域特色、生态特色、文化特色等)，打造的具有明确产业定位、文化内涵、旅游特征和一定社区功能的综合开发体系。特色小镇的建设要求是产业特色鲜明、环境美丽宜居、文化独具特色、设施配套完善、体制机制创新(图 5-11)。

图 5-11　矿业遗产旅游小镇特色

将废弃矿山打造成为矿业遗产旅游小镇具有一定优势。废弃矿山保留了深深的矿业生产痕迹，工业文化独具特色。恢宏的工业建筑和巨大尺度的机器设备在视觉上极具吸引力，以“矿业历史文化”为导向，以矿业遗存为载体，更容易形成个性化、艺术化、传承化、文化化的景观与建筑风貌，塑造矿业小镇“特色鲜明”的形态，使其迥异于一般自然人文类旅游目的地。矿业遗产对于长期工作于此，包括产业工人在内的居民来说有特殊的情感。打造矿业遗产旅游小镇将给予矿山居民心理上的成就感和归属感，更易于使工业遗迹得以保护和工业精神得以传承。同时，废弃矿山的空间相对独立且公共基础设施比较完善，更易彰显矿业遗产特色。

相对独立、具有典型社区特征的废弃矿山比较适合建立矿业遗产旅游小

镇，如瑞士温特图尔成功运用闲置的厂房和矿产资源采掘后留下的矿坑，改造成为瑞士最摩登的工业小镇。

参考案例：瑞士温特图尔——最摩登的工业小镇

温特图尔在19～20世纪一直是瑞士著名的工业重镇，以发动机、机车制造和纺织工业等闻名，直到跟随世界性的经济结构调整步入“后工业时期”。面对大片逐渐闲置的厂房和矿产资源采掘后留下的矿坑，城市规划者认为：“那些与重型运输相关的工厂、设施和基础设施，也曾是组成社会的重要因素，可以为城市增加场所感和历史感。而且作为逆工业化过程的结果，这些旧工业区的历史建筑正变得日益稀少，应该将部分工业遗存保留下来。”棉花工厂被改建为线条冷峻的大学新校区，露天车间稍加修饰便是后现代艺术区的雏形，钢铁垃圾摇身变为现代艺术装置，就连老旧的火车车厢或是大型吊车构架，也改造成了迷你店铺或是街头装饰景观。同时添加了艺术博物馆、钟表博物馆等6家博物馆和剧场，通过对工业遗存功能的置换，让温特图尔的历史老街区原本缺失的职能如教育、娱乐、休闲等得以补充。温特图尔通过改造成为最摩登的工业小镇。

资料来源：梦想的心跳. 世界经典小镇丨最摩登工业小镇——瑞士温特图尔[EB/OL].（2017-02-23）[2020-05-20]. http://www.pinlue.com/article/2017/02/2321/44463475304.html.

二、废弃矿山+农业现代化模式——休闲农业旅游

这种模式是以废弃矿山生态恢复与重建为基础，采取工程技术手段恢复大气环境、土壤环境、地形环境、水环境和植被环境，根据场地的具体环境条件，进行农业、林业、渔业、畜牧业的发展，对功能布局和场地风貌进行景观再造，使废弃区修复后的场地与自然、人文景观及现代旅游相结合，把农业生产生活、科学应用、农艺展示、艺术加工与旅游要素融为一体，增进游客对农业生产生活的体验，提升产品附加值，创造经济价值。它是在废弃矿山生态修复治理的基础上将新型农业与现代旅游业相结合的模式。

利用废弃矿山发展休闲农业旅游在保证资源充分利用、农业可持续发展、提高游客体验度和改善生态环境方面均具有重要作用和意义。英国康沃

尔郡伊甸园利用陶土矿采掘后形成的巨坑，进行土壤生态修复与治理，建设了世界上最大的温室。

废弃矿山休闲农业旅游开发可以根据自然资源、生态环境等不同条件，形成不同的旅游开发模式。

以种植业与林业为重点的休闲农业模式，采用生态设计手法和现代科技设施，开发可供观赏和游玩的农业种植园，或利用工程措施结合先进的栽培技术，向游客展示农业产品领域的最新成果。例如，引入观赏花卉、优质果蔬、特色瓜果、绿色食品等，因地制宜地组建各具特色的采摘园、农俗园、观赏园、农业栽培体验馆、循环农业试验园等。开发人工林场、林业公园、林业氧吧等，为游客休闲、观光、露营、探险、疗养、养生等提供舒适的场所。

以牧业为重点的休闲农业模式，主要开发具有观光和体验功能的牧场、狩猎场、竞赛场、动物园、养殖场等，为游客提供草原赛马、农场体验、猎场狩猎、牧业知识普及等一系列活动，以满足人们多元化的体验需求。

以渔业为重点的休闲农业模式，主要使用生态修复和环境改造等一系列专业技术，对采矿沉陷区形成的次生湿地进行改造，并引入具有观赏价值的植被和鱼种，使其成为具有休憩、娱乐功能的旅游观光项目，如学习养殖技术、参观捕鱼活动、体验湖中垂钓、品尝新鲜海鲜、了解生态修复技术等一系列活动。这种模式适用于可进入性强、污染程度低和环境景观较好的轻度沉陷区。

以农林牧渔等综合利用为重点的休闲农业模式，突出生产过程的艺术性、趣味性、动态性，强化游览过程的体验度、感知度、参与度等，生产丰富多彩的绿色健康食品，展现专业的种植栽培技术，为游客提供观赏和学习农业知识的良好环境，形成林果粮间作、农林牧结合、桑基鱼塘等农业生态景观，如广东珠江三角洲地区的桑、鱼、蔗相辅相成的生态农业景观[17,18]。

废弃矿山+农业现代化模式主要以交通通达性强、工业遗产价值不高、占地面积广、有一定污染的废弃矿山为基础，以生态修复为主导发展第一产业。废弃矿山的休闲农业恢复模式需要恢复受损的地物地貌。土地复垦过程中需要利用物理、化学、生物技术改良土壤，同时需要遵循生态美学和景观设计学对废弃矿山进行分析、规划、改造、管理、保护等工作，使废弃矿山重新产生经济效益与环境效益，在具有景观观赏价值的同时具有游憩、休闲、居住的功能。我国一些废弃矿山可以结合自身的特点，发展一批休闲农业旅游目的地。休闲农业旅游开发中受到市场消费群体的限制，一般选择在城市或城乡接合部开发。

参考案例：英国康沃尔郡伊甸园

英国伊甸园建在康沃尔郡圣奥斯特尔附近废弃的陶土矿坑中，是世界上最大的温室。矿坑主要由黏土组成，没有支持大量植物生长所需的营养物质。在工作人员开始建造温室前，先堆积了一层富含营养物质的土壤。通过将当地的黏土废弃物与绿色废弃物堆肥混合，堆肥分解了废弃物质，产生了富含营养物质的肥料。这种肥料支持生物群落各种植物生长所需的土壤量(图 5-12)。

(a)

(b)

图 5-12 英国康沃尔郡伊甸园开发前后比较

伊甸园主要由 8 个充满未来主义色彩的巨大蜂巢式穹顶状建筑构成，其中每 4 座穹顶状建筑连成一组。面积相当于 35 个足球场，包括热带植物区、暖温带植物区、温带植物区和露天植物区，其中生长着 10 万多种来自世界各地的植物。

热带植物区再现了热带雨林自然环境的多穹隆温室。温暖潮湿的封闭环境中珍藏着数以百计的树木和其他植物，分别来自南美、非洲、亚洲和澳大利亚等地区。温带温室植物区是与热带温室植物区相同的多穹隆建筑，它珍藏着来自世界各地温带雨林的植物。由于温带雨林与热带雨林相比距离赤道较远，具有明显的季节变化，温带温室植物区拥有来自南非、地中海和加利福尼亚等温带雨林的各种植物。露天植物区是一片开放区域，拥有来自温带康沃尔地区及智利、喜马拉雅山脉、亚洲和澳大利亚相似气候条件下的各种植物[19]。

伊甸园已成为生态观光、休闲体验、科普教育的旅游目的地，在开业的第一年就吸引了超过两百万游客，开业至今游客量已过千万。

三、废弃矿山+新型工业化模式——现代化工业旅游

在国务院发布的《国务院关于加快发展旅游业的意见》中明确提出“大力推进旅游与文化、体育、农业、工业、林业、商业、水利、地质、海洋、环保、气象等相关产业和行业的融合发展”，为以矿业废弃地为载体发展的新型煤矿开展现代旅游带来了前所未有的发展契机。废弃矿山+新型工业化模式是以废弃矿山历史遗迹为载体，与现代企业对接，利用精密的设施设备、先进的工艺流程、现代管理制度等手段，打造的现代企业与旅游相交叉的新兴综合旅游业态[20]。这种模式可以清除工业旅游中的亲身体验障碍，使游客零距离体验产品生产与制作过程，对于企业扩大品牌影响力、建立客户信任感等具有重要的意义。

现代化工业旅游主要以占地面积不太大、交通便利性强、文化价值弱、土地污染轻的废弃地为基础，通过延伸原有产业链和发展新型替代产业等手段，提升废弃地的再利用价值。在发展工业的同时可以因地制宜地开发现代工业旅游，并推出特色旅游纪念品，形成产业效益的叠加。目前比较成熟的现代工业旅游模式主要有：新能源模式和地产模式。

(一)新能源模式

开发新能源不仅能够起到重建地区形象、改善地区环境、增加经济收入等作用，同时又能提升地区的旅游竞争力。例如，我国三峡工程的建立，不仅解决了周围地区的能源使用问题，又增强了三峡地区的旅游吸引力，带动了当地的旅游发展。由此可以发现，开发新能源的价值不仅仅在于解决能源供给、消耗等方面的问题，同时也能为当地旅游业的发展增添活力。另外，将新能源产业与其他产业相结合，能够避免产业结构单一，刺激各产业循环发展，起到 1+1＞2 的发展效益。新能源模式需要基于地区本身所具备的自然、技术优势等，带动原始产业与旅游产业融合，建立横竖向产业体系，实现效益最大化。

(二)地产模式

旅游和地产相辅相成，两者在融合中共同发展，如上海建设在废弃矿坑中的深坑酒店，该酒店在保障自身利益的同时刺激了旅游业和地产业的发展。旅游地产的发展取决于旅游资源的价值，旅游资源开发利用的好坏决定

了旅游业的成败。旅游业的成功发展能够吸引众多游客和关注度，从而提升该土地的无形价值，土地的增值是旅游地产开发的最终目的，因此旅游资源是旅游地产开发的核心[21]。

四、废弃矿山+服务业高度化模式——深度复合型旅游

旅游产业作为第三产业经济发展的主导，具有广泛的渗透性和综合性的产业特征。废弃矿山+服务业高度化模式就是利用产业关联性强的特征，通过产业融合、元素融合、功能融合，将废弃矿山旅游资源与第三产业部门无缝对接而形成新型旅游业态。餐饮业、娱乐业、零售业、教育产业、环境艺术产业、会展业、影视业、文化业、美容业、体育业等都可以成为废弃矿山旅游开发融合发展的对象，从而形成休闲旅游、研学旅游、度假旅游、会奖旅游、影视旅游、文化旅游、养生旅游和体育旅游等新兴旅游业态。

例如，废弃矿山旅游资源开发与餐饮业相结合，让美食文化体验成为废弃矿山旅游休闲的重要组成部分。通过培育打造具有工业文化气息的矿工主题餐厅、突出工业文明的休闲集聚街区，形成了集矿工特色饮食风味与创新美食、浓郁矿井风情与商业氛围交相辉映的休闲美食体验产品；废弃矿山旅游资源开发与体育产业相结合，依托废弃矿山形成的特殊地形地貌，以“关注大众、全民参与运动休闲”为出发点，针对不同市场消费群体，开发出不同运动强度的户外体育运动项目——攀岩、蹦极、登山、滑雪、潜水、冲浪、滑翔、跑酷、骑游、赛车、越野、巷道野战、矿山探险、矿难逃生等，形成功能休闲化、娱乐化、多元化的体育旅游业态；废弃矿山旅游资源开发与教育相结合，围绕地质遗迹、矿业生产与安全管理、矿业开采历史等开展科普旅游、研学旅游、红色旅游等；废弃矿山旅游资源开发与矿业文化、地域文化相结合，开发以突显工业文化和工业文明为主题的旅游演艺节目，开展具有矿山特色的曲艺、戏曲、杂技、民俗表演、文化巡游等活动，促进新兴广播影视、动漫、手工艺品、视觉艺术、画廊、表演艺术、酒吧等文化元素的渗透，增强旅游的品质与趣味性。

参考案例：申家庄模式“光伏+”复合型生态循环经济发展模式

河北省磁县申家庄煤矿原为私营的北河、增盛两矿合并而成的磁县白土公私合营煤矿，始建于1956年3月，位于白土村北。1958年6月，邯郸专区将白土煤矿下放到磁县，改名为磁县白土煤矿。

磁县申家庄煤矿是百年老矿，历史悠久，工业遗存文化特色鲜明，具有区域唯一性，开发改造潜力较大。各级政府陆续出台相关政策，鼓励利用废弃煤矿工业广场及周边地区，发展风电、光伏发电和现代农业。矿区结合自身优势，遵循“经济生态化，生态经济化”的产业发展理念，强调工业、农业、生态、旅游相结合，农光互补相结合，导入新业态、新产业，使一、二、三产业相融合。申家庄矿区力求建立集工业旅游、农业旅游、生态休闲、绿色能源展示、教育商务会议等功能于一体的新申煤示范区、工矿旅游新坐标、河北省农光互补产业的示范园、磁县生态旅游和乡村旅游相结合的示范点。

结合申家庄自身优势资源及未来发展潜力，以“光伏+农业”定位为基础，现代物流、农业设施装备制造、劳务服务为主导，逐步发展创意农业、工业旅游和大健康养老产业等衍生产业来作为非煤产业。建立全产业链光伏农业产业体系，即将光伏发电、光伏农业生产、光伏农业科研、光伏农业旅游及其他生产和生活服务业整合起来，在申美煤矿转型特色小镇内形成完整的光伏农业产业链，发挥各产业之间的协同促进作用并提高产业附加值。特色小镇转型产业规划如图 5-13 所示。

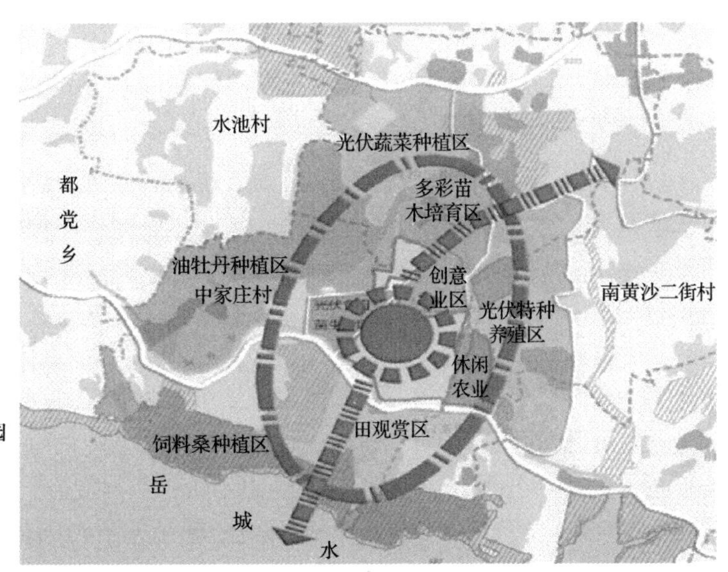

图 5-13　煤矿转型特色小镇产业布局示意图

光伏+农业为科技研发和现代服务业提供发展基础，通过科技研发带动生产加工水平，提升辐射示范作用，促进服务业发展；以旅游深度融合激活小镇活力。申家庄煤矿转型特色小镇的发展模式为废弃矿区再利用及可持续发展提供了路径[22]。

资料来源：河北省人民政府.“申煤”转型蝶变“申美”[EB/OL].(2018-03-24)[2020-04-20]. http://www.hebei.gov.cn/hebei/14462058/14471802/14471750/14194929aa/index.html.

第五节　废弃矿山+区域旅游协作的创新模式

基于废弃矿山+区域旅游协作模式，从促进跨区域资源要素整合的角度出发，依托完整的工业遗产单元，在省域、经济圈、城市群等尺度的区域范围内，通过立体化、快速、现代化的交通体系，将多个具有相似或相关文化背景的工矿废弃地旅游目的地有机串联起来，从而形成在功能上相互补充、相互连接，在主题上互有特色的工业旅游功能区，如工业遗产文化旅游带、工业文化廊道等。

废弃矿山+区域旅游协作模式可以把区域内不同主题、不同特色、不同区位的矿业遗产旅游景点作为空间节点，通过工业文脉，将各旅游空间节点有机串联起来，它们相互作用，协调发展，并都有自己的服务范围和影响区域，且在特色与功能上有所区别和分工。废弃矿山+区域旅游协作模式重点打造区域工业旅游一体化开发的发展格局，从区域规划、协作体制、产品创新等要素出发，促进工业旅游、产品、市场、交通、政策、形象等协同发展，从而在区域内产生工业遗产保护和旅游开发的协同效应和溢出效应。

德国鲁尔区的工业遗产旅游已经形成了工业遗产旅游带，鲁尔区带动埃森、多特蒙德、杜伊斯堡、奥伯豪森这些邻近城市都发展了工业旅游，形成了旅游带共同发展，这样就形成了区域旅游的整体优势。工业旅游带的打造，使分散的旅游资源集中为一体，发挥集聚效应，并带动本不占优势的旅游散点的发展，进而推动沿线地区工业遗产旅游的发展。

参考案例：“欧洲工业遗产之路”

“欧洲工业遗产之路”(European Route of Industrial Heritage，ERIH)。该遗产之路是贯穿全欧洲最重要的工业遗产网络，是从英国的铁桥遗产开始，途经 32 个国家，最终在德国鲁尔区结束的 850 余个工业遗产地保护和更新的区域线。其基本结构框架包括德国、荷兰等欧洲国家在工业革命进程中形成的具有突出价值的工业纪念物，以及由此向外拓展延伸直至欧洲边界的绝大部分工业遗迹。

德国“工业谷”工业遗产线路(The “Industrial V alleys” Regional Route)。该路线涵盖的区域是德国最古老的工业区域之一，是最早生产焦炭、制铁、兴建水利工程、采矿的区域。该线路包括15个城市的21个工业场所。

德国中部“Saxony-Anhalt”区域工业遗产线路(Saxony-Anhalt. The Central German Innovation Region)。Saxony-Anhalt是20世纪早期欧洲重要的工业区域，包含了当时一些新兴的加工制造业，也有褐煤开采、化工、制盐、钢铁、能源等工业，目前该区域的主导产业已经转化为商业。该线路包括16个城市的17个工业场所。

德国劳济茨地区电力工业遗产线路(The Lusatian Route of Industrial Heritage)。劳济茨地区褐煤矿藏丰富，150年的工业历史形成了露天煤矿、发电厂等大量工业景观。该线路涵盖了10城市的10个工业场所。

德国莱茵—美因工业遗产线路(Route of Industrial Heritage Rhine-Main)。莱茵—美因区域工业主要是加工制造业和交通与通信业。该线路连接了区域内3个城市中具有重要工业历史价值的5个工业场所。

欧洲工业遗产巡游线路将工业遗产分为3个层级：锚点(anchor points)、区域线路(region routes)和主题线路(theme routes)。截至2012年12月，ERIH网站中共有42个欧洲国家的950多处景点，其中锚点，即ERIH线路的核心景点82处，覆盖13个国家。锚点是整个体系的主干，包含了欧洲最重要和最有吸引力的工业遗产旅游点，配备有比较完善的旅游设施，其他景点围绕锚点展开。16条区域线路和13条主题线路与锚点共同构成了网状结构。

从遗产线路结构看，欧洲工业遗产线路是由锚点、区域线路、主题线路组成的星群状系统，而非单纯的线性廊道。

(1)锚点：它是欧洲西北部最具有影响力和吸引力的工业遗产地。连接锚点便形成前面提到的ERIH虚拟线路(virtual route)，其中共有23个矿业遗产地作为“锚点”联系次级网络(图5-14)。

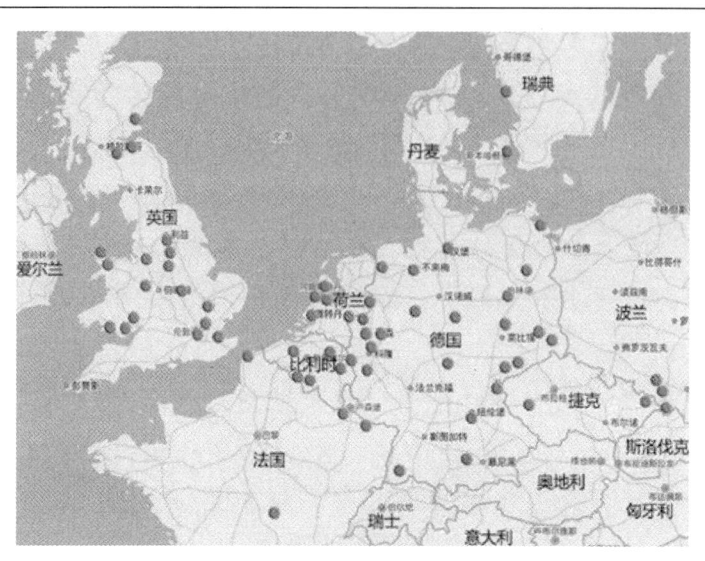

图 5-14 欧洲工业遗产之路主要锚点分布

图片来源：作者根据资料绘制

(2) 区域线路：根据欧洲传统工业区范围，以锚点为中心构建起的区域性线路，每个区域有其独特的工业发展特征。例如，德国鲁尔区、英国南威尔士等地区都保存了很多表征区域工业发展重要历史价值的工业纪念物。欧洲工业遗产之路涵盖了 14 条区域性工业遗产线路，包括：分布在德国的 6 条线路；分布在英国的 4 条线路；分布在荷兰和波兰的线路各 1 条；1 条跨越法国、德国、卢森堡 3 个国家的工业遗产线路；1 条跨越比利时、德国、荷兰 3 个国家的工业遗产线路。其中，涉及德国的区域工业遗产线路有 8 条。其中最著名的是德国鲁尔区工业遗产线路。鲁尔区是世界上最大的工业城市群之一，区域中大量规模相近的工业市镇通过高速公路连接起来，均分布于区域空间中，其中的工业遗产也相对均匀地散布其中。鲁尔区工业遗产之路是德国鲁尔区的区域规划制定机构于 1998 年规划的一条覆盖整个鲁尔区、连接区内全部工业遗产节点的区域性游览路线，是 ERIH 上最早形成的区域工业遗产线路。德国鲁尔区工业遗产线路包括 16 个城市的 25 个工业场所[23-25]。

第六节 抚顺西露天旅游开发的设想

抚顺西露天矿始建于 1901 年，是一个经历了清朝、民国和中华人民共和国 3 个历史时代的百年老矿。西露天矿是抚顺煤炭工业的缩影，是抚顺城市记忆的载体，见证了中国工业化的历史进程。其工业遗产旅游资源丰富，历史悠久，具有不可复制的历史价值、文化价值和精神价值。与此同时，西露天矿所在的城市——抚顺是清王朝的发祥地，满族崛起的地方，也是努尔哈赤的出生地。抚顺也是中国抗日战争史上开始时间最早、历时最长的城市之一。抚顺是辽东乃至东北、全国“对日打响第一枪”的城市。抚顺是东北第一个建立县、村民主抗日政权的城市。

综合考量抚顺西露天矿自身的地质条件、旅游资源价值、抚顺的清朝文化和抗日战争文化的历史背景，其比较适合开发世界级“环坑”露天博物馆。

一、抚顺西露天矿旅游开发总体设想

抚顺西露天矿旅游开发总体设想——以矿业遗址活化为导向，坚持工业遗产保护和适宜性利用相结合的原则，结合抚顺西露天矿业清前历史文化、抗日战争文化、满族文化及工业文化，全时段、全景式、全要素还原、再现 1900～1978 年不同历史时期的社会生产、生活场景，向世人展示抚顺的“前世今生”。将历史文化、特色民俗文化、矿山工业文化有机融合，形成四大主题旅游功能区：1900s 清朝文化、1910s 战乱纷飞、1949s 激情岁月、1978s 改革开放，将抚顺西露天矿打造成为一个集爱国主义教育、科普、休闲、娱乐为一体的世界级“环坑”露天博物馆，并以点带面，辐射抚顺各旅游景区，带动抚顺乃至沈抚区域旅游整体发展，实现工业遗产保护、爱国精神弘扬、工业文化传承、生态保护等综合效益的最大化。

特色呈现：

(1) 全时段——该博物馆采用历史诉说的方式，全时段呈现了抚顺 100 多年的历史变迁。

(2) 全景式——以时间为主线还原不同时期人们的生产和生活场景，再现建筑、生产生活设施、车辆及牲畜和穿着特定时代服饰的人们等自然和人文元素，形成不同年代、不同主题的功能体验区。

(3) 全要素——按照生活化、精品化、品牌化、融合化、国际化的理念，以 1900s 清朝文化、1910s 战乱纷飞、1949s 激情岁月、1978s 改革开放 4 个工业功能区为集聚核，以特色建筑、便利交通、特色餐饮、住宿体验、节事演艺和娱乐购物等为补充，整合 “吃、住、行、游、购、娱”旅游要素在西露天矿“环坑”集聚，形成互相交融和促进的旅游全要素集聚区。

(4) 立体交通——形成包括马车驿道、小火车轨道、自行车骑道、健走步道等在内的立体旅游交通体系，串联各个旅游功能区。

二、抚顺西露天矿旅游开发功能分区

（一）“1900s 清朝文化”旅游功能区

结合清朝文化、农耕文化和民俗元素的特点，形成以农耕文化传播、清前历史皇家文化体验、乐活农耕体验和满族村寨特色休闲为四大方向的旅游体验区。满族村寨主要包括民族风情展示、舞蹈娱乐和满族餐饮文化体验。满族购物街区以满族文化为基底，打造集特色餐饮、文化创意、休闲娱乐、购物体验为一体的满族风情商业街区。矿坑酒店建设依照五星级酒店建设和服务标准，融入现代化服务理念与满族文化元素，打造东北地区首家矿坑酒店。

建设项目主要为满族村寨、农耕体验园区、购物街区、矿坑酒店。

（二）“1910s 战乱纷飞”旅游功能区

以 20 世纪 10 年代抚顺遭日本侵占为背景，依照当时的社会生活，复原一个全面体现当时抚顺人民生产生活的社会村落——千金寨，分设“日军暴行、人民战争、抗日战争胜利”等红色主题，让游客身临其境地体验千金寨经济的富庶，以及日本控制下满铁时期矿工乃至整个抚顺人民的悲惨遭遇、艰苦抗争和抚顺人民抗击侵略的光辉历史和不朽业绩。以抚顺真实的抗日战争为背景，全面模拟抗日战役，激发游客的爱国情怀和民族精神。

建设项目主要为千金寨、战争模拟体验区、骑马射击培训区。

（三）“1949s 激情岁月”旅游功能区

依托创业奋斗地、雷锋精神诞生地等历史文化资源，传承红色基因，深度开发一批集教育性、知识性、文化性、体验性、娱乐性于一体的“废弃矿坑+旅游”产品，推进旅游创新发展。以火红的“五六十年代”为主，开发职工大食堂、职工之家等体现当年抚顺乃至西露天矿辉煌的旅游产品。在已有的抚顺煤炭博物馆、观景台的基础上，紧紧围绕增加游客体验性为核心，全面提升旅游产品。开发以煤炭开采流程、煤炭开采设备为依托的研学旅游产品，以矿区生活为依托的民俗风情旅游产品，特别是开发以非物质文化遗产为依托的节事活动。原貌和历史的呈现，让游客能够感受到当时的那种火热的氛围。

建设项目主要为职工大食堂、职工之家、煤炭博物馆、西露天矿坑。

（四）“1978s 改革开放”旅游功能区

展览展示改革开放后抚顺西露天矿的贡献、技术进步与困境。此外，西露天矿还可以依托矿坑地形地貌，设计各类极限运动，如自行车越野、滑板、跑酷、滑雪、矿难逃生等。按照国际摩托车赛道标准、汽车拉力赛赛道标准，建设滑雪、摩托车比赛、滑翔机体验等项目，承接世界摩托车锦标赛、世界汽车拉力锦标赛、国际越野摩托车大赛、民族滑雪比赛、国际滑翔伞比赛等，打造比赛圣地。也可引入迪士尼乐园、环球影城等人工主题类旅游项目。

建设项目为冰雪体验道、草上飞翔道、赛车勇士道、滑翔道、迪士尼乐园、环球影城。

参考文献

[1] 芮明杰. 管理学: 现代的观点[M]. 上海: 上海人民出版社, 1999: 29-31.

[2] 郑斌, 刘家明, 杨兆萍. 资源型城市工业旅游开发条件与模式研究[J]. 干旱区资源与环境, 2009, 23(10): 188-193.

[3] 何建民. 旅游发展的理念与模式研究: 兼论全域旅游发展的理念与模式[J]. 旅游学刊, 2016, 31(12): 3-5.

[4] 叶婉星. 浅析矿区废弃地的景观更新与改造[J]. 铜业工程, 2011, (3): 45-47, 37.

[5] 常江, 刘同臣, 冯姗姗. 中国矿业废弃地景观重建模式研究[J]. 风景园林, 2017, (8): 41-49.

[6] 赵双健, 弓太生, 周浩. 矿山废弃地的再利用模式与影响因素探究[J]. 美与时代(城市版), 2017, (1): 37-38.

[7] 杨永均. 矿山土地生态系统恢复力及其测度与调控研究[D]. 北京: 中国矿业大学(北京), 2017.

[8] 宋飏, 王士君. 矿业城市空间: 格局、过程、机理[M]. 北京: 科学出版社, 2011.

[9] 刘晓静. 河南省科普旅游资源分类、评价及开发研究[D]. 开封: 河南大学, 2016.

[10] 武强, 崔芳鹏, 刘建伟, 等. 解读国家矿山公园的评价标准与类型[J]. 水文地质工程地质, 2007, (4): 129-132.

[11] 胡刚. 城市工业遗产的创意开发[D]. 上海: 上海社会科学院, 2010.

[12] 叶东疆, 占幸梅. 采煤塌陷区整治与生态修复初探——以徐州潘安湖湿地公园及周边地区概念规划为例[J]. 中国水运(下半月), 2011, 11(9): 242-243.

[13] 刘秋月, 王嵘, 刘涛, 等. 徐州市潘安湖煤炭塌陷区湿地生态治理[J]. 江苏科技信息, 2016, (27): 52-54.
[14] 罗萍嘉, 冯姗姗, 常江. 嘉阳煤矿工业旅游开发规划与废弃矿区的复兴[J]. 煤炭经济研究, 2007, (11): 30-32.
[15] 常江, 陈华, 罗萍嘉. 四川嘉阳煤矿芭蕉沟工人村落的保护与开发[J]. 中国煤炭, 2007, (7): 26-28, 4.
[16] 刘抚英, 潘文阁. 大地艺术及其在工业废弃地更新中的应用[J]. 华中建筑, 2007, (8): 71-72.
[17] 刘云. 休闲农业的九大模式+五大客源[J]. 世界热带农业信息, 2017, (2): 27-29.
[18] 马思捷, 严世东. 我国休闲农业发展态势、问题与对策研究[J]. 中国农业资源与区划, 2016, 37(9): 160-164.
[19] 段明非. 建在废弃矿山上的世界最大温室植物园[J]. 地球, 2017, (10): 48-51.
[20] 梁强, 罗永泰. 天津滨海新区高端旅游业发展战略与路径选择[J]. 城市, 2011, (12): 43-48.
[21] 丁姗. 中国旅游地产开发研究[D]. 上海: 复旦大学, 2009.
[22] 陆瑶, 常江. 去产能背景下矿区转型绿色产业体系构建——以申家庄煤矿“光伏+”产业为例[J]. 科技进步与对策, 2017, 34(9): 121-126.
[23] 胡燕, 张勃, 钱毅. 以旅游为引擎促进工业遗产的保护——欧洲工业遗产保护经验[J]. 工业建筑, 2014, 44(1): 169-172.
[24] 刘青青. 工业遗产旅游开发模式探讨——以德国鲁尔区为例[J]. 东方企业文化, 2013, (1): 273.
[25] 崔一松. 区域性旅游开发视角下的鲁尔区工业遗产再开发研究[D]. 哈尔滨: 哈尔滨工业大学, 2012.

第六章

我国废弃矿山工业遗产旅游开发战略及政策建议

第一节　指导思想与战略目标

一、指导思想

把握经济发展新常态，以供给侧结构性改革为主线，秉承“创新、协调、绿色、开放、共享”的发展理念，基于“安全、技术、环境、经济”一体化的煤炭科学开采思想，以国家《煤炭工业发展“十三五”规划》《关于加快建设绿色矿山的实施意见》《煤炭清洁高效利用行动计划(2015—2020年)》等文件为指导，以《国务院关于促进旅游业改革发展的若干意见》《全国工业旅游发展纲要(2016—2025 年)(征求意见稿)》为重要参考依据，以产业融合与全域旅游为基本思路，采用旅游资源评估、环境更新、生态恢复、景观再造、文化重现等手段，按梯度开发的原则形成废弃矿山的工业遗产旅游景区、工业遗产旅游功能区、跨区域的工业遗产旅游带及“一带一路”工业遗产旅游廊带。通过废弃矿山工业遗产旅游的开发，着力解决我国废弃矿山再利用问题，优化煤炭产业结构和布局，推进清洁高效低碳发展，探索煤炭产业融合发展新机制。通过废弃矿山工业遗产旅游的开发，丰富工业遗产旅游产品的供给，扩大转型时期工业和旅游业的发展空间与内涵，促进城市功能与城市空间优化，最终实现矿业城市经济转型、矿产资源循环利用、人居环境改善、生活质量提高等多重目标(图 6-1)。

二、战略目标

党的十九大报告明确指出，中国特色社会主义进入新时代，我国社会主要矛盾已经转化为人民日益增长的美好生活需要和不平衡不充分的发展之间的矛盾。随着我国居民收入不断提高，对旅游的消费需求不断增长，旅游已成为人们追求美好生活的重要内容。旅游业的发展也存在不充分不平衡问题，工业旅游特别是工业遗产旅游，一方面滞后于我国旅游产品业态的整体开发水平，另一方面滞后于国内外游客的总体需求水平。文化和旅游部(原国家旅游局)提出了我国旅游业三步走战略：第一步，从粗放型旅游大国发展成为比较集约型旅游大国(2015～2020 年)；第二步，从比较集约型旅游大国发展成为较高集约型旅游大国(2021～2030 年)；第三步，从较高集约型旅游大国发展成为高度集约型的世界旅游强国(2031～2040 年)。废弃矿

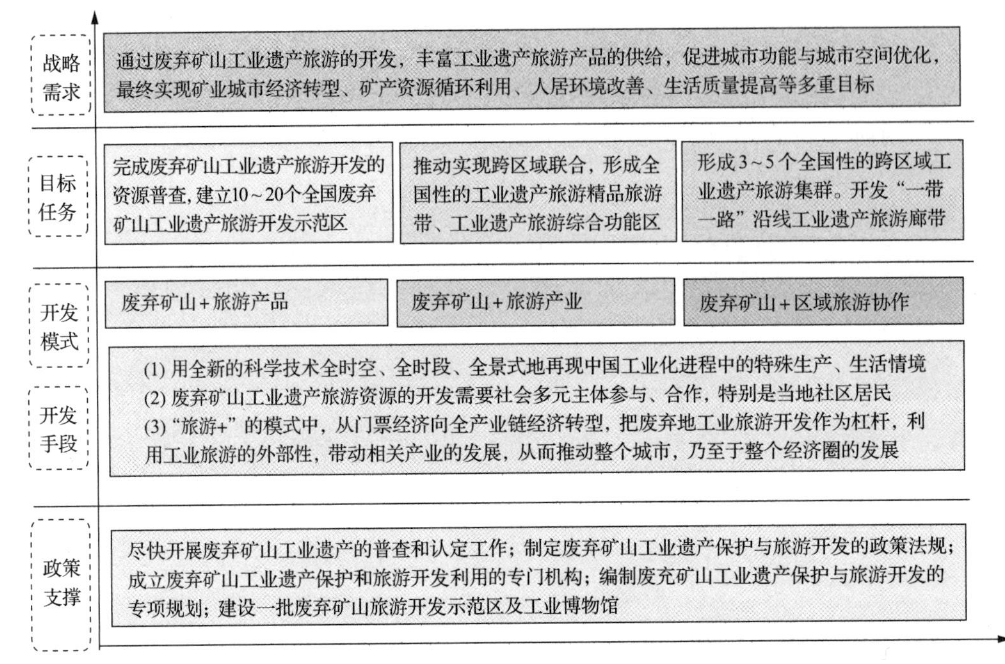

图 6-1　废弃矿山工业遗产旅游开发战略

山工业遗产在中国整个工业遗产中是最具有代表性的旅游资源。在推进我国从粗放型旅游大国到迈入世界旅游强国行列过程中，废弃矿山工业遗产旅游开发必须在阶段划分、阶段目标等方面与国家旅游发展大战略高度契合，成为引领工业遗产旅游发展的生力军。

2015～2020 年，完成全国废弃矿山工业遗产旅游开发的资源普查准备工作，初步绘制全国废弃矿山工业遗产旅游资源分布图，制定全国废弃矿山工业遗产旅游资源评价标准及分级体系。全面启动废弃矿山资源开发利用，依托老工业基地，选择条件较为成熟的废弃矿山，初步打造 10～20 个全国废弃矿山工业遗产旅游开发示范区，承接中国将发展成为比较集约型旅游大国的目标。

2021～2030 年，编制完成全国废弃矿山工业遗产旅游发展规划，确定全国废弃矿山旅游区开发的重点时序，依托废弃矿山资源，对于全国旅游资源型城市进行分级、分类型开发；加快全国废弃矿山工业遗产旅游区的建设；对于建设较为成熟的废弃矿山工业遗产旅游示范区，推动实现跨区域联合，形成全国性的工业遗产旅游精品旅游带或工业遗产旅游综合功能区，承接中国将发展成为较高集约型旅游大国的目标。

2031～2040 年，建设跨区域特色废弃地工业遗产旅游功能区和多元产业体系，形成 3～5 个全国性的跨区域工业遗产旅游集群。在此基础上，开发“一带一路”沿线工业遗产旅游廊带，联合申报世界工业遗产，推动我国成为具有国际竞争力的废弃矿山工业遗产旅游带上的领头羊，承接中国将发展成为高度集约型的世界旅游强国的目标(图 6-2)。

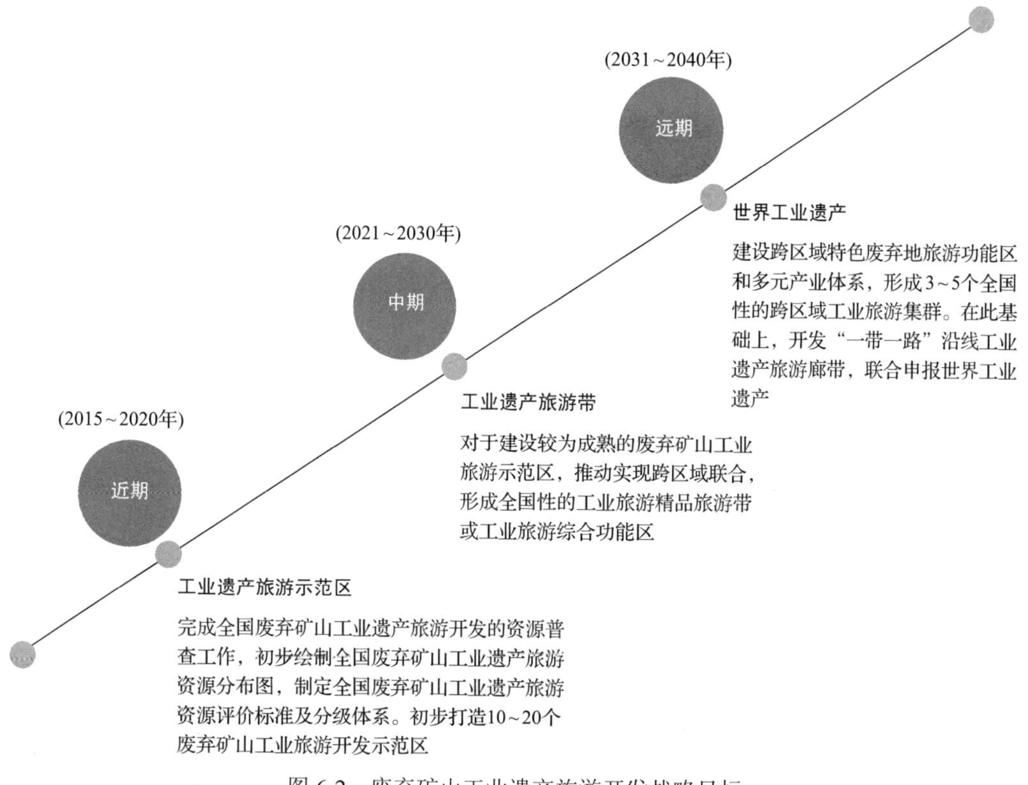

图 6-2　废弃矿山工业遗产旅游开发战略目标

第二节　发展战略内在要求

废弃矿山工业遗产旅游开发必须遵循经济可持续发展的内在规律，必须体现在工业遗产旅游开发中废弃矿山所在地对经济、社会和生态的内在要求。

一、以产业融合为依托，推动废弃矿山旅游产品创新

抓住我国经济新常态下经济转型升级、过剩产能化解的发展机遇，以创新、协调、绿色、开放、共享为发展理念，从旅游产业与工业产业融合开发的角度，挖掘废弃矿山的实体资源及蕴含在其中的工业文化资源，创新以废弃矿山为资源本底的泛旅游产业开发，创新旅游产业新业态，推动新旧业态

聚集创新，实现产业间相互渗透、资源交融。推动废弃矿山的再利用和再开发，以转型升级为主线，推动废弃矿山向形态更高级、分工更优化、结构更合理的阶段演化[1]。

二、以生态文明建设为指导，加强废弃矿山生态环境保护

适应我国资源约束趋紧，环境污染严重，人民群众对清新空气、清澈水质、清洁环境等生态产品的需求迫切，以生态文明理念和可持续发展理论为指导，引领废弃矿山工业遗产旅游发展，将生态环境约束转变为矿业绿色持续发展的推动力。以老工业基地改造为抓手，走新型工业化道路，利用发展工业遗产旅游开发的契机，完善地区生态环境，增加城市文化特征，对城市自然资源和人文资源进行循环再利用。

三、以全域旅游化为抓手，促进资源型城市产业转型升级

废弃矿山旅游开发不仅是旅游+工业的“产业融合”战略，更是旅游+工业城市的“产城融合”战略。要从废弃矿山所在的资源型城市开发的高度，以工业遗产保护与资源再生为主线，全面实施旅游+工业城市的全域化战略，形成完整的工业遗产旅游产品体系和产业推进模式[2]。把废弃矿山所在的整个区域按照一个旅游景区系统打造，实现旅游产业的全景化和全覆盖，整合废弃矿山所在地的人力、财力、物力等资源，开发工业遗产旅游产品，来促进资源型城市产业转型升级。

四、以科学规划为重点，推动全国废弃矿山旅游协调发展

从国家宏观层面总体来把控开发的进度与时序，确定全国废弃矿山旅游发展的优先发展示范区域、重点发展区域、一般发展区域和禁止开发区域，形成结构优化、布局合理的全国废弃矿山工业遗产旅游发展格局。

坚持优化布局与结构升级相结合，推动全国废弃矿山旅游协调发展。主要依托我国能源发展的主体功能区、全国主要资源枯竭型城市、大型煤炭基地和大型骨干企业集团的废弃矿山资源等，对废弃矿山旅游目的地进行重点开发。

五、以工业文化传播为引领，加强矿业旅游产品品牌建设

坚持工业遗产保护和适度性开发相结合的原则，在保持矿业遗产完整性

和原真性的基础上，立足于区位条件、资源禀赋、产业积淀和地域特征，结合历史价值、技术价值、社会意义、科研价值等，以工业文化传播为引领，适度地对工业废弃地的空间、功能进行改造，活化废弃矿山工业遗产。

与旅游业融合的废弃矿山旅游开发，如矿山公园、井下探秘游、矿山遗迹等新产品、新业态，是加强矿业文化品牌建设、打造具有鲜明矿业特色文化活动品牌和扩大矿业文化的社会影响力的重要实现形式。通过对废弃矿山旅游资源的重新利用和适宜开发，对工业城市、工厂废弃建筑物和工业发展历史重新进行梳理、改造与开发，强调对工业遗迹和当地历史文化传统的保护与尊重。

六、以保护与适度性开发为原则，丰富旅游产品体系建设

坚持工业遗产保护和适度性开发相结合的原则。工业遗产资源是工业转型城市实现依靠旅游产业复兴城市的关键，是城市发展工业遗产旅游的依托。工业遗产本身具有巨大的历史文化价值，同时也是重要的旅游吸引物，所以在开发和管理工业遗产旅游资源时，要注重保护其本身的价值，在保持其原始风貌的同时合理开发，尤其是在运营时，尽量控制减少人为破坏和污染，达到旅游资源可持续使用和发展的目的。

在保持矿业遗产完整性和原真性的基础上，立足于资源禀赋、开发外部环境，探索多功能、跨行业的旅游创新模式：废弃矿山+旅游产品、废弃矿山+旅游产业、废弃矿山+区域旅游协作。通过废弃矿山旅游开发，把废弃矿山丰富的旅游资源变成高浓缩的工业文化遗产观览视窗、高颜值工业发展历程的景观群落、高品位的工业文化体验场所、高效益的创意经济中心[3]。

第三节　废弃矿山工业遗产旅游开发空间格局

废弃矿山工业遗产旅游开发，既要实现产业融合方面产业链的延伸，又要实现在空间上的突破，从而构建集“点”“线”“面”于一体的工业遗产旅游开发框架模型，形成“以点成线，以线带面”的“点”“线”“面”空间发展格局。在“点”上，形成旅游景区(点)、特色小镇、旅游综合体等特色鲜明的旅游节点。在“线”上，以已开发的工业遗产旅游目的地为支点，串联不同旅游目的地之间的联系，形成跨区域、主题各异的工业遗产旅游线路、

旅游发展轴、旅游发展带。在“面”上，通过旅游线路的交织、拉动形成工业遗产旅游集聚区，打造区域工业遗产旅游集群。

一、形成特色鲜明的工业遗产旅游景区

借鉴“点-轴”理论，推进资源枯竭型煤矿工业遗产旅游开发整体、有序、健康发展。在已开园的煤炭类国家矿山公园——黑龙江鹤岗国家矿山公园、黑龙江鸡西恒山国家矿山公园、河北唐山开滦国家矿山公园、辽宁阜新海州露天矿国家矿山公园、安徽淮北国家矿山公园、四川嘉阳国家矿山公园、山西大同晋华宫国家矿山公园等和规划建设的煤矿遗址类国家矿山公园的基础上，选择辽宁、吉林、山东、江苏、河北、河南、安徽、山西、江西、重庆等部分省(直辖市)作为开发重点，立足于工业遗产旅游开发条件，并在保持矿业遗产的完整性和原真性的基础上，结合废弃矿山工业遗产旅游资源价值，整合旅游要素，融合旅游、文化、餐饮、娱乐、购物、住宿、房地产等多个产业，适度地对工业废弃地空间、功能进行改造，拓展和开发新型的体验式、互动式、文化内涵丰富、娱乐内容奇特的旅游产品，形成与原工业文化底蕴一致的不同主题的旅游综合体。

二、形成跨区域的工业遗产旅游带

在建设较为成熟的废弃矿山工业遗产旅游示范区的基础上，推动实现跨区域联合，构建我国废弃矿山工业遗产旅游开发空间格局。以已建成的和在建的煤炭类国家矿山公园为节点，以铁路和“一带一路”经济动脉线为线索，依托完整的矿业遗产单元，将多个具有相似性或相关文化背景的矿业遗产旅游目的地有机串联起来，以典型废弃矿为节点，形成六大废弃矿山工业遗产旅游集聚区：东北煤矿工业遗产聚集区、津浦煤矿工业遗产聚集区、京广线煤矿工业遗产聚集区、西南煤矿工业遗产聚集区、陆上丝绸之路煤矿工业遗产聚集区及海上丝绸之路煤矿工业遗产聚集区(表 6-1，图 6-3)。

以抚顺国家矿山公园(拟建)、辽宁阜新海州露天矿国家矿山公园、本溪湖煤铁公司、黑龙江鹤岗国家矿山公园及黑龙江鸡西恒山国家矿山公园为中心，以中东铁路为主线，以长吉铁路、哈伊铁路等铁路线为支线，开发东北地区废弃煤矿所属城市，形成东北煤炭类遗产旅游带。

表 6-1 我国废弃矿山工业开发空间网络结构

序号	划分地区（主要省、自治区、直辖市）	“面”要素	“线”要素	“点”要素
1	东北地区（黑龙江、吉林、辽宁、内蒙古）	东北煤矿工业遗产聚集区	中东铁路（哈大线、京哈线）	阜新、辽源、抚顺、鹤岗、鸡西
2	华北部分地区（北京、天津、河北、山东、江苏、上海、安徽）	津浦煤矿工业遗产聚集区	津浦铁路（京沪线）	淮北、淮南、枣庄、徐州、唐山、井陉、淄博
3	中北-中南地区（河南、山西、湖北、湖南、江西）	京广线煤矿工业遗产聚集区	京广线	焦作、萍乡、耒阳、霍州
4	西南地区（云南、贵州、四川、重庆）	西南煤矿工业遗产聚集区	成昆铁路、成渝铁路、襄渝铁路、沪昆铁路	华蓥、攀枝、六盘水
5	陕西、甘肃、内蒙古、新疆、西藏、宁夏、青海	陆上丝绸之路煤矿工业遗产聚集区	路上丝绸之路、青藏铁路	石嘴山、红古区、乌海
6	东南部沿海地区（浙江、福建、台湾、广东、广西、海南）	海上丝绸之路煤矿工业遗产聚集区	海上丝绸之路	合山

资料来源：作者根据研究成果绘制。

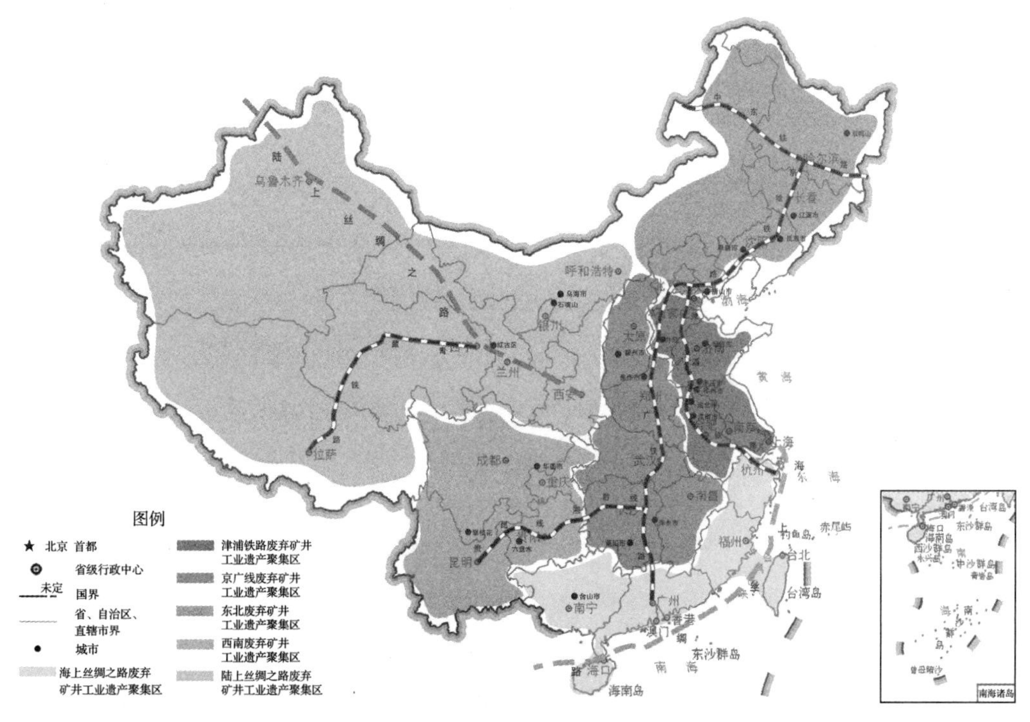

图 6-3 我国废弃煤矿工业遗产区划图

资料来源：作者根据研究成果绘制

以河北唐山开滦国家矿山公园、安徽淮北国家矿山公园、山东枣庄中兴国家矿山公园、北京史家营国家矿山公园等为中心，以津浦铁路为主线，开发各地区废弃煤矿，形成津浦煤矿工业遗产聚集区。

以四川嘉阳国家矿山公园为中心，以成昆铁路、成渝铁路、襄渝铁路、沪昆铁路为主线，开发华蓥、攀枝、六盘水等地废弃煤矿，形成西南煤矿工业遗产聚集区。

以江西萍乡安源国家矿山公园、山西大同晋华宫国家矿山公园、河南焦作国家矿山公园等为中心，以京广铁路、湘桂线为主线，开发各地区废弃煤矿，形成中北-中南地区煤矿工业遗产集聚区。

结合工业遗产旅游资源空间识别及开发省域差异性评价，明确我国废弃矿山工业遗产旅游开发空间时序。遵循优先发展东部（包括东部沿哈大线、京哈铁路）、东北部（包括中东铁路、哈大线、京哈铁路）、华北（包括津浦铁路沿线）和东南沿海（海上丝绸之路沿线），以东部的发展带动中西部（包括中南、西南、西北地区）发展的基本原则，最终形成全国范围的废弃矿山工业遗产旅游网络，带动区域经济长远发展，如图 6-4 所示。

三、形成世界级工业遗产旅游集群

到2040年，建设跨区域特色废弃地工业遗产旅游功能区和多元产业体系，

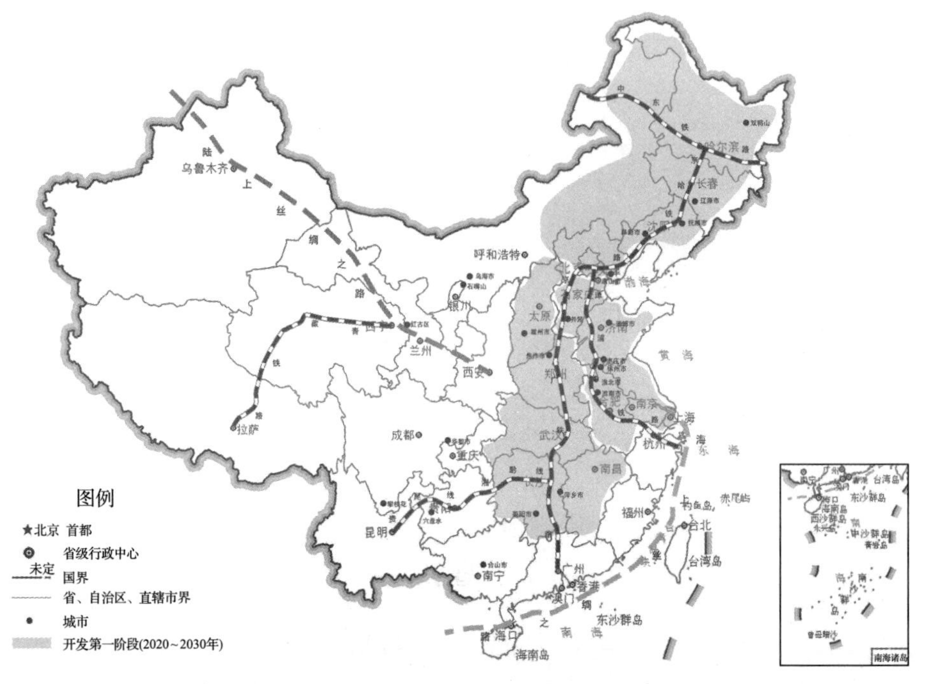

(a) 废弃煤矿工业遗产旅游开发第一阶段（2020~2030年）

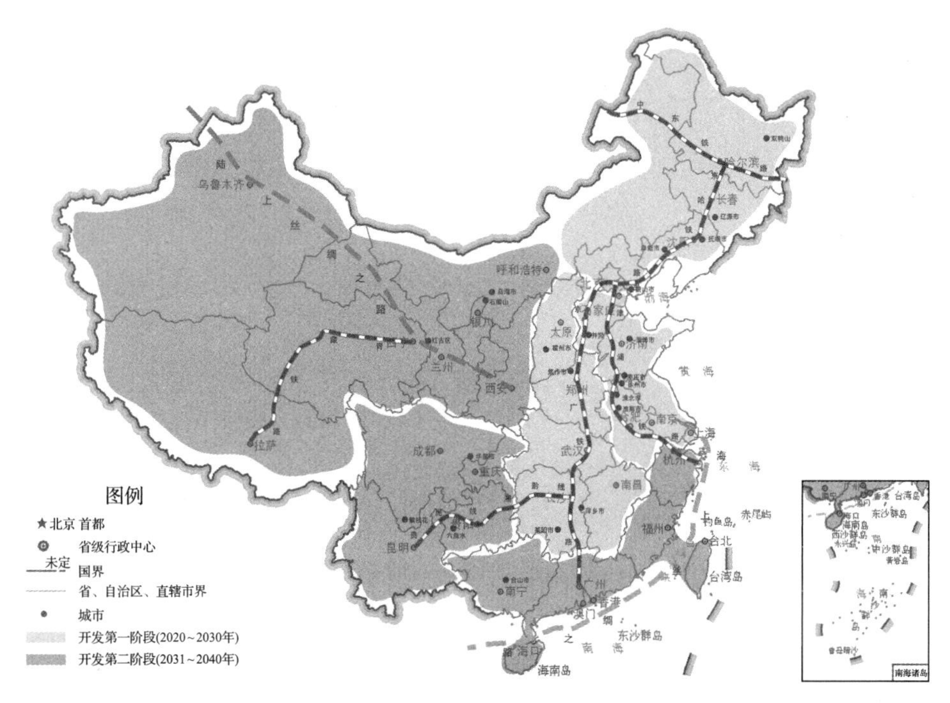

(b) 废弃煤矿工业遗产旅游开发第二阶段(2031~2040年)

图 6-4　我国废弃煤矿工业遗产旅游开发时序

资料来源：作者根据研究成果绘制

形成5～10个全国性的跨区域工业遗产旅游集群。在此基础上，开发“一带一路”沿线工业遗产旅游廊带，联合申报世界工业遗产，推动我国成为具有国际竞争力的废弃矿山工业遗产旅游带上的领头羊。

第四节　废弃矿山工业遗产旅游开发的实施保障

以中央“五位一体”总体布局为指导，在国家供给侧改革深化、资源型城市产业转型及“美丽中国”建设的背景下，从组织架构、规划标准、机制体制、治理结构4个方面构建废弃矿山工业遗产旅游开发的保障机制，并对接、利用及创新投融资、土地利用等相关政策。

一、废弃矿山工业遗产旅游开发的保障机制

(一)推动制度创新，构建国家层面的废弃煤矿工业遗产保护和旅游开发组织架构

从废弃煤矿再利用角度看，废弃煤矿工业遗产旅游开发涉及矿山与地区

政府的关系、矿山所在资源型城市的城市更新战略及资源枯竭型城市的产业转型战略等多层次关系，需要协调矿山企业与地方政府、矿山企业与中央政府管理部门及矿山企业与周边社区居民等多主体之间的关系。

从工业遗产旅游角度看，旅游业本身就是一个综合性产业，产业关联性极强，同时又强烈依托废弃矿山所在地的基础设施、人居环境、当地文化等，需要解决多产业、多部门之间的利益关系。

从全国工业遗产旅游区域开发角度看，废弃煤矿旅游开发将不仅是废弃矿山的开发，更是所在地资源型城市的更新改造，未来还将走向工业遗产旅游区域协同发展的开发模式。例如，“一五”期间废弃煤矿工业遗产旅游带，陆上、海上丝绸之路废弃煤矿工业遗产旅游带等的开发，都需要跨地区、跨部门的协调与配合。

我国目前尚无国家层面的废弃矿山工业遗产旅游开发的统一领导机构。为了全盘统筹废弃矿山工业遗产旅游开发工作，迫切需要建立相应的组织机构，特别是建立国家、地方不同层级的废弃煤矿工业遗产旅游开发领导小组，以解决废弃煤矿旅游开发中的制度设计、法规条例、实施机制、政策保障等重大问题。

国家层面的废弃矿山工业遗产旅游开发领导小组应由国家发展和改革委员会、自然资源部、文化和旅游部、住房和城乡建设部、农业部、科学技术部、工业和信息化部、商务部等部门联动响应，共同研究制定相关政策，提供制度和资金支持，协调废弃矿山工业遗产旅游开发中的重大问题，以实现总体协调、统筹兼顾的目标。

（二）做好资源普查，制定废弃煤矿工业遗产评价标准和旅游开发规划

开展我国煤矿工业遗产资源普查工作，特别要掌握废弃煤炭工业遗产资源状况、空间分布、利用状况及工业遗产旅游开发的外部环境。

在废弃煤矿工业遗产资源普查的基础上，结合世界遗产评定标准《保护世界文化和自然遗产公约》、中国的《旅游资源分类、调查与评价》（GB/T 18972—2017）及《工业遗产保护和利用导则》等，制定我国废弃煤矿工业遗产评定标准体系，评价废弃煤矿的工业遗产价值，并建立我国废弃煤矿工业遗产名录和分级保护机制。

制定废弃煤矿工业遗产旅游开发的总体规划，并有序衔接国家产业发展

规划、土地利用总体规划等，明确我国废弃煤矿工业遗产旅游开发的总体时序及开发格局。出台我国废弃煤矿工业遗产旅游示范区标准，筛选、建设一批工业遗产价值突出、旅游开发条件好、特色鲜明的废弃矿山工业遗产旅游示范区，形成持续的示范点带动效应，推动废弃煤矿工业遗产旅游开发的顺利进行。

目前的研究仅从交通作为纽带，串联老工矿区，明确矿业遗产旅游开发区域与重点。未来的研究可从工艺流程的关联性，经济、社会的内在联系及历史发展历程方面，确定旅游开发空间格局与战略。此外，矿业遗产旅游开发还受到开发条件的制约，未来可在全面评估区域旅游开发条件的基础上，进一步细化开发的时序与战略。

未来随着更多门类的矿山退出生产，可以将区域内不同门类、不同规模、不同区位的矿业遗产旅游景点作为空间节点，依托矿山资源特征或矿业文化，将它们有机地串联在一起，形成在功能上相互补充、相互连接的区域工业遗产旅游网络与域面，推进区域工业遗产旅游一体化开发模式的构筑和运行。

（三）完善政策法规，发挥市场作用，引导扶持工业遗产旅游开发

出台指导废弃矿山工业遗产旅游开发的政策法规，引导废弃煤矿工业遗产旅游开发有序进行。规范和整合现有的土地、旅游开发、金融和财政政策，形成专门指导废弃矿山旅游开发的政策规范，让废弃矿山工业遗产旅游开发有章可循。

从体量上看，我国既有的大型废弃矿山大多为国有矿山，但由于旅游开发对于基础设施与公共服务设施具有大量依赖的属性，废弃矿山发展工业遗产旅游不能仅靠国家投资，而是要坚持使市场在资源配置中起决定性作用。尤其是要借鉴政府和社会资本合作（public-private partnership，PPP）等开发模式，积极引导社会资本参与建设，形成多元主体参与的合作开发机制。

根据《国务院关于进一步加快发展旅游业的意见》、《国务院关于鼓励和引导民间投资健康发展的若干意见》及《关于鼓励和引导民间资本投资旅游业的实施意见》等文件，抓住旅游业具有开放性、包容性、竞争性等特征的鲜明属性，充分发挥市场配置资源的基础性作用，鼓励各类社会资本公平参与旅游业发展，鼓励各种所有制企业依法投资旅游产业，推进市场化进程。

充分发挥政府在废弃矿山工业遗产旅游开发中的引导、扶持与公共服务作用。在废弃煤矿相对集中的资源枯竭型城市及周边地区设立专门的部门和专职人员，其职能是在资源调查、规划编制、企业筛选、资源整合、质量促进、教育培训、信息咨询、日常管理等方面进行规范和服务，给具有发展意愿的企业提供专业化指导，积极支持开发企业通过市场营销手段加大工业遗产旅游推广力度。

(四)构建“官、产、民、学、媒”共建的参与式治理结构

旅游开发是区域内多利益主体博弈及共建的过程，因此，废弃矿山旅游开发也应以“官、产、民、学、媒”共建的社区参与模式，构建废弃矿山工业遗产旅游开发的新型治理结构。

一是积极鼓励和支持废弃矿山企业与高校、科研机构等建立产学研用协同创新网络，以产业融合和旅游+的思路，推动废弃矿山工业遗产旅游的科学开发与有序开发。

二是支持旅游行业协会、煤炭行业协会等非政府组织行使其职能，推动行业协会在标准制定、商业模式推介、文化挖掘、资源保护、品牌营销等方面发挥职能，形成多元化主体介入的旅游开发组织。

三是建立废弃矿山工业遗产旅游开发的人才培养机制，鼓励利用社会培训资源开展工业遗产旅游人力资源培训工作，为废弃矿山工业遗产旅游开发储备不同层级的人力资源。

(五)建立多元主体参与开发机制

基于旅游开发的废弃地再利用不仅是对资源的重新利用，更是提供一种公共文化服务。从这种认识出发，废弃地再利用关注的是“人”的问题，因此，激发更多利益相关者参与应该成为废弃地再利用的出发点。指导工业遗产保护的多个国际文件都提到鼓励多方参与、非营利组织参与和当地居民参与。如果废弃地再生仅是政府和企业单方面的行为，其结果往往是广大社区居民只是被动地接受服务，或被排除在参与者之外，而开发的旅游项目也会因社区居民的缺失而失去生机与活力。

因此，在对废弃地进行工业遗产旅游开发时，应考虑政府、非营利组织、

矿山及公众等多方主体的参与[4]，既要保证能从社会效益、工业遗产保护、科普教育、居民休闲的方面开发契合多方主体诉求的景点，也能得到包括资金、人才、场所等必要的支持。

（六）建设一批废弃矿山旅游开发示范区及工业博物馆

坚持工业遗产保护和适度性开发相结合的原则，活化废弃矿山工业遗产，拓展休闲、游憩等功能，推进“废弃矿山+旅游”融合发展，培育“废弃矿山+旅游”新产品、新业态、新模式，创新旅游产品体系。

积极推广河北唐山开滦国家矿山公园、江西萍乡安源国家矿山公园、四川嘉阳国家矿山公园的先进经验，筛选一批工业遗产价值突出、旅游开发条件好、特色鲜明的废弃矿山建设旅游开发示范区，探索废弃矿山旅游开发、建设、管理、服务等系列工作的经验。特别是建设一批内容丰富、形式新颖的工业博物馆，形成不同形态、不同类型、不同尺度的工业博物馆体系。

二、废弃矿山工业遗产旅游开发的政策建议

积极对接国家产业结构转型升级、资源枯竭型城市产业转型、国家特色小镇建设、扶贫攻坚、城乡社区治理等范畴的政策体系，并嵌入产业、资金、人才、组织、平台、土地、基础设施、公共服务等方向的政策工具中去，综合纳入多领域政策环境、分享多样化的政策红利。在此基础上，根据实际情况和切实需要，对已有政策没有涵盖到的地方争取政策倾斜和用新政策来补充完善。

（一）依托现有政策平台，推进废弃矿山工业遗产旅游开发

1. 借力资源型城市转型支持政策

资源型城市面临的最主要的问题是资源枯竭和产业转型升级。废弃矿山集中的地方通常是已经出现资源枯竭的老工业城市，而进行旅游开发利用是产业转型升级的有效途径。

《全国资源型城市可持续发展规划（2013—2020 年）》指出推进工业历史悠久的城市发展特色工业旅游。大力推进废弃土地复垦和生态恢复，支持开展历史遗留工矿废弃地复垦利用试点。因此，利用废弃矿山开展旅游完全可以纳入这一规划的配套政策体系中，实现另一方向的政策支持。

2016 年《发展改革委关于支持老工业城市和资源型城市产业转型升级的实施意见》中，也明确提出鼓励改造利用老厂区、老厂房、老设施及露天矿坑等，建设特色旅游景点，发展工业旅游。所以，利用好资源型城市转型的政策平台可能为利用废弃矿山进行旅游开发提供更多、更广泛有效的政策支持。

2. 充分利用工业遗产旅游相关政策

2001 年，国家旅游局正式启动工农业旅游项目，到 2004 年，国家旅游局正式命名 306 家全国工农业旅游示范点，其中工业旅游示范点 103 家。这些示范点成为我国发展工业旅游的样板，促进了工业旅游健康有序地发展。2004～2007 年，先后又有 4 批 345 家工业企业成为全国工业旅游示范点[5]，据统计，其中与矿业密切相关的工业旅游示范点有 28 家，占全国工业旅游示范点的 8%，其中又以能源矿产型旅游（如煤、石油）为主，约占 43%[6]。

工业旅游示范点和国家矿山公园的建设已经为废弃矿山工业遗产旅游奠定了良好的基础，要继续运用好这个平台，形成废弃矿山工业遗产旅游示范点的带动效应。同时，近些年来国家密集出台了一系列工业旅游相关的政策。2016 年，《工业和信息化部 财政部关于推进工业文化发展的指导意见》中提出以推进实施《中国制造 2025》为主线，大力弘扬中国工业精神，夯实工业文化发展基础，不断壮大工业文化产业，培育有中国特色的工业文化。2017 年，国家旅游局组织编制完成了《国家工业旅游示范基地规范与评价》（LB/T 067—2017）行业标准。2018 年，工业和信息化部印发《国家工业遗产管理暂行办法》。这些政策为废弃矿山工业遗产旅游开发提供了重要的支撑。在废弃矿山旅游开发过程中，要充分利用工业旅游相关政策，形成政策合力。

3. 对接国家特色小镇建设政策

特色小镇建设目前已进入快速推进阶段。围绕特色小镇建设，国务院及各相关部委已出台多项配套政策，包括用地计划倾斜政策，并建立了相应的收益形成和返还机制。配套政策明确要为特色小镇的建设增加公共服务新供给、完善配套公共设施，政策性金融支持通道已经开通，用以提升特色小镇以公共服务水平和承载能力提高为目的的基础设施和公共服务设施建设。配套政策还鼓励特色小镇建设有条件的参照不低于 3A 级景区的标准规划建设特色旅游景区。

2016 年，住房和城乡建设部、国家发展和改革委员会、财政部三部委联合发布《关于开展特色小镇培育工作的通知》，提出到 2020 年，培育 1000 个左右各具特色、富有活力的休闲旅游、商贸物流、现代制造、教育科技、传统文化、美丽宜居等特色小镇，引领带动全国小城镇建设。矿业小镇也是在支持的范围内。2016 年 11 月 1 日，《国务院关于深入推进实施新一轮东北振兴战略加快推动东北地区经济企稳向好若干重要举措的意见》，提到支持资源枯竭、产业衰退地区转型；建设一批特色宜居小镇。

利用废弃矿山发展旅游可借力特色小镇、特色旅游小镇建设的相关政策，要借助上述配套的用地倾斜政策、争取配套公共设施的完善、利用好统筹调配信贷规模，保障融资需求。开辟办贷绿色通道，对相关项目优先受理、优先审批，在符合贷款条件的情况下，优先给予贷款支持[6]。建立贷款项目库等相应的政策性金融工具，大力进行废弃矿山旅游特色小镇的建设，利用这一政策平台还要注意着重把握以下几个方面：

在废弃矿山资源分类的基础上，分类施策。挑选废弃矿山旅游资源禀赋比较好的地方，重点突破，建立废弃矿山旅游特色小镇试点，试点建设中重点探索其发展模式，突出特色。

结合国家特色小镇建设工程(旅游小镇)，将其嵌入“五位一体”的国家发展战略中。废弃矿山的旅游利用也要选择文化基础较好的地方，结合生态建设，重点考虑旅游发展的可持续性。

利用废弃矿山建设特色旅游小镇要加强旅游规划，规划要延及如何包装、如何外宣。

发挥当地矿山或社区的主动性和自觉性，确保当地居民和矿工积极参与特色小镇建设。一方面，要通过培训、教育、引导的方式保障当地居民参与。另一方面，要在废弃矿山经济转型发展中为分流矿工创造新的就业空间，解决分流矿工再就业问题。

4. 融入国家扶贫政策及总体规划

旅游扶贫是实施国家扶贫的一种方式。2016 年 11 月国务院颁布的《“十三五”脱贫攻坚规划》，在其产业发展脱贫范畴中，专门设定“旅游扶贫”的内容。提出通过发展乡村旅游、休闲农业、特色文化旅游等实现旅游扶贫。

中国人民银行等七部门联合印发了《关于金融助推脱贫攻坚的实施意见》。文件指出，各金融机构要立足贫困地区资源禀赋、产业特色，积极支持能吸收贫困人口就业、带动贫困人口增收的绿色生态种植业、经济林产业、林下经济、森林草原旅游、休闲农业、传统手工业、乡村旅游、农村电商等特色产业发展。

旅游成为贫困地区脱贫的最重要手段和产业。通过旅游扶贫方式，吸收贫困人口就业，带动休闲农业、休闲林业等关联产业的发展，促进贫困地区增收。

废弃矿山的集中地失业人口多，相应的贫困人口也多。除了依托于资源型城市外，废弃矿山也有相当一部分依托于县级以下的贫困地区，甚至有些是依托于乡村的零散废弃矿，对于这部分有条件的可以因地制宜将其纳入乡村旅游扶贫工程项目中打包建设，具体如下所述：

(1)将废弃矿山的旅游开发纳入旅游扶贫工程中的旅游基础建设工程。该工程支持贫困村周边10km范围内具备条件的重点景区的基础设施建设。

(2)将废弃矿山的旅游利用打包纳入旅游扶贫工程中的乡村旅游产品建设工程。该工程“十三五”期间将培育1000家乡村旅游创客基地及鼓励开发建设各类乡村旅游产品、A级旅游景区、中国风情小镇、特色景观旅游名镇名村等。

(3)将废弃矿山的旅游开发纳入乡村旅游扶贫培训宣传工程。可以对转型从事旅游产业服务的矿工进行经营管理和服务技能等方面的分类培训；还可以借助乡村旅游扶贫工程的营销渠道，对废弃矿山旅游线路、旅游产品进行宣传推介。

(二)废弃矿山工业遗产旅游开发的重点政策创新

在利用好国家现有政策的基础上，我国废弃矿山工业遗产旅游开发需要在投融资政策及土地政策方面进行制度创新。鼓励各地在推进实施《中国制造2025》过程中，统筹加强工业文化建设。鼓励各地设立专项资金支持工业文化发展。

1. 投融资政策

废弃矿山工业遗产旅游开发投入大，亟待加强产业政策与财税等政策的协同，迫切需要健全完善政府支持引导、全社会参与的多元化投融资机制[7]，探索采取多元主体参与的资金投入体系，建立政府和社会资本合作模式，完善工业遗产旅游开发综合服务平台，打造工业遗址博物馆、工业旅游景区等，促进工业遗产保护与利用等。

要出台相关政策鼓励各类资本设立废弃矿山工业遗产旅游发展基金；加大国家和地方专项建设基金对废弃矿山工业遗产旅游示范区的支持力度；鼓励利用特许经营、投资补助、政府购买服务等方式，加快废弃矿山工业遗产旅游开发中的生态恢复、地质灾害治理、旅游配套设施与旅游服务水平的建设，解决废弃矿山工业遗产旅游开发中的瓶颈问题。

出台相关金融政策支持废弃矿山工业遗产旅游区及其所在资源型城市的发展，利用股权投资基金、企业债、中期票据、短期融资券和项目收益票据等融资工具，进行多渠道融资，支持废弃矿山工业遗产旅游项目[8]。

2. 土地政策

在国家土地政策管制日益趋紧的形势下，旅游开发如何突破土地用地政策的限制、如何盘活利用多种类型的土地资源，成为旅游项目开发的关键问题。而废弃矿山由于矿山关停留下了大量地上、地下土地空间，如果能够通过相关政策激活废弃矿山用地，将其转化为合法且合理的旅游用地，将成为废弃矿山工业遗产旅游开发的重大利好。

2012 年，国家旅游局颁布《关于鼓励和引导民间资本投资旅游业的实施意见》指出，支持民间资本依照有关法律法规，利用荒地、荒坡、荒滩、垃圾场、废弃矿山、边远海岛和可以开发利用的石漠化土地等开发旅游项目。2015 年 8 月国务院《关于进一步促进旅游投资和消费的若干意见》，提出要新增建设用地指标优先安排给中西部地区，支持中西部地区利用荒山、荒坡、荒滩、垃圾场、废弃矿山、石漠化土地开发旅游项目。2015 年 12 月，《国土资源部、住房和城乡建设部、国家旅游局关于支持旅游业发展用地政策的意见》，支持使用未利用地、废弃地、边远海岛等土地建设旅游项目。在符合生态环境保护要求和相关规划的前提下，对使用荒山、荒地、荒滩及石漠化、边远海岛土地建设的旅游项目，优先安排新增建设用地计划指标。对复垦利用垃圾场、废弃矿山等历史遗留损毁土地建设的旅游项目，各地可按照“谁投资、谁受益”的原则，制定支持政策，吸引社会投资，鼓励土地权利人自行复垦。

因此，要抓住旅游用地政策改革的机遇，充分利用国家旅游用地相关政策，并进一步争取废弃矿山工业遗产旅游用地政策的制度创新。

参 考 文 献

[1] 王煜琴, 王霖琳, 李晓静, 等. 废弃矿区生态旅游开发与空间重构研究[J]. 地理科学进展, 2010, 29(7): 811-817.

[2] 姜淼. 城市功能重构视角下的工业遗产旅游开发模式及路径研究[D]. 宁夏: 宁夏大学, 2013.

[3] 王国华. 工业旅游如何重塑区域人文地貌——以湖北省黄石市为例[J]. 北京: 北京联合大学学报(人文社会科学版), 2018, 16(1): 72-80.

[4] 冯姗姗, 常江. 区域协作视角下的矿业遗产线路——从“孤岛保护”走向“网络开发”[J]. 中国园林, 2012, 28(8): 116-119.

[5] 付业勤, 郑向敏. 国内工业旅游发展研究[J]. 旅游研究, 2012, 4(3): 72-78.

[6] 李胜连, 张丽颖, 马智胜. 扶贫对象可行能力影响因素探析——以赣南等原中央苏区为例[J]. 企业经济, 2019, (5): 134-139.

[7] 刘丽. 矿业废弃地再生策略研究[D]. 北京: 北京林业大学, 2012.

[8] 常江, 汤鉴君, 冯姗姗. 工业废弃地——矿区复兴的潜在资源[J]. 城市建筑, 2009, (2): 20-22.